Maurice Denis-Papin / Georges Cullmann

Übungsaufgaben zur Informationstheorie

W0261522

Maurice Denis-Papin / Georges Cullmann

Übungsaufgaben zur Informationstheorie

Mit 38 Bildern

Akademie-Verlag · Berlin
1972

Titel der französischen Originalausgabe:
Exercices de calcul informationnel avec leurs solutions
Copyright © 1966 by Editions Eyrolles, Paris

Übersetzt und bearbeitet von
Rudolf Ludwig

ISBN-13: 978-3-528-03528-0   e-ISBN-13: 978-3-322-86352-2
DOI: 10.1007/978-3-322-86352-2

Erschienen im Akademie-Verlag GmbH, 108 Berlin, Leipziger Straße 3—4
Von Friedrich Vieweg + Sohn GmbH, Braunschweig, genehmigte Lizenzausgabe
Copyright © 1972 der deutschen Ausgabe by Friedr. Vieweg + Sohn GmbH,
Verlag, Braunschweig
Lizenznummer: 202 · 100/422/71
Satz: Friedr. Vieweg + Sohn, Braunschweig

Buchbinder: W. Langelüddecke, Braunschweig
Bestellnummer: 761 407 7 (5843) · ES 19 B 5

Inhaltsverzeichnis

1. Zahlensysteme und Kombinatorik

1.1. Zahlensysteme

1.1.1. Zahlendarstellungen

Man betrachtet das Polynom

$$f(x) = a_n x^n + a_{n-1} x^{n-1} + \ldots + a_1 x^1 + a_0 x^0, \tag{1.1}$$

bei dem x eine bestimmte natürliche Zahl ist, während die Koeffizienten a_i, i = n, n − 1, . . . , 0, ganzzahlige Werte in dem Intervall $0 \leqslant a_i < x$ annehmen können. Für ein vorgegebenes x und für Koeffizienten a_i, die den oben angegebenen Bedingungen genügen, stellt f(x) eine Zahl in dem Zahlensystem mit der *Basis x* dar.

Es sei z. B. x = 10; in diesem System kann jeder Koeffizient einen der zehn Werte 0, 1, . . . , 9 annehmen. Wählt man $a_4 = 5$, $a_3 = 0$, $a_2 = 4$, $a_1 = 2$, $a_0 = 0$, $a_i = 0$ für i > 4, so ist dadurch die Dezimalzahl

$$f(10) = 5 \cdot 10^4 + 0 \cdot 10^3 + 4 \cdot 10^2 + 2 \cdot 10^1 + 0 \cdot 10^0 = 50\,420$$

bestimmt.

Umgekehrt sei N_x eine Zahl in dem durch den Index x gekennzeichneten Zahlensystem. Es ist dann leicht, sie als Summe von Potenzen der Basis x darzustellen, wenn man sich zuvor über die Reihenfolge der Potenzen geeinigt hat. Es soll hier immer die Schreibweise der Zahlen im Dezimalsystem gelten: der Koeffizient der höchsten Potenz n steht am weitesten links, „dahinter" folgt der Koeffizient von x^{n-1} usw. Dezimalzahlen werden im folgenden nicht indiziert. Die Zahl N im obigen Beispiel ist also die durch das Polynom

$$f(10) = 5 \cdot 10^4 + 4 \cdot 10^2 + 2 \cdot 10^1$$

dargestellte Dezimalzahl 50 420.

Beschränkt man sich auf Zahlen mit maximal m Ziffern, so ist der höchste Exponent der Potenz mit der Basis x der Wert n = m − 1, man kann mit x^m verschiedene Zahlen darstellen, deren größte $x^m - 1$ ist. Im Dezimalsystem sind für m = 6 also $x^m = 10^6$ verschiedene Zahlen von 000 000 bis 999 999 (= $10^6 - 1$) darstellbar.

Die folgende Tafel zeigt charakteristische Daten für einige Zahlensysteme:

Basis x	Werte der Koeffizienten a_i (Symbole)	Name des Zahlensystems
2	0, 1	Binär-System
3	0, 1, 2	Ternär-System
8	0, 1, 2, 3, 4, 5, 6, 7	Oktal-System
10	0, 1, . . . , 9	Dezimal-System
12	0, 1, . . . , 9, A, B	Duodezimal-System
16	0, 1, . . . , 9, A, B, C, D, E, F	Hexadezimal-System (Sedezimal-System)

Übung:

Es sei D eine Zahl in einem System mit der Basis x_1, also $x_1^{n_1} = D$. Wieviel Ziffern braucht man, um dieselbe Zahl in einem anderen Zahlensystem mit der Basis x_2 darzustellen? Es gilt

$$D = x_1^{n_1} = x_2^{n_2}$$

(n_1 und n_2 brauchen hier keine ganzen Zahlen zu sein)
oder

$$n_1 \log x_1 = n_2 \log x_2 \quad \text{und} \quad n_2 = n_1 \frac{\log x_1}{\log x_2}.$$

Ist $x_1 = 2$ und $x_2 = 10$, so gilt unter Benutzung von Logarithmen mit der Basis 2 (s. Anhang 4, Tab. 2):

$$n_1 = n_2 \log_2 10 = n_2 \cdot 3{,}322,$$

daraus folgt:

$$n_1 = 3{,}322 \, n_2.$$

Im Mittel braucht man mehr als dreimal soviel binäre Stellen wie Dezimalstellen, um eine Dezimalzahl als Dualzahl darzustellen.

Bemerkungen:

Ein Zahlensystem ist durch seine Basis x charakterisiert. Die Basis bestimmt die Anzahl der Zahlsymbole, die in diesem Zahlensystem erlaubt sind, um die Folge der Elemente festzulegen, beginnend mit dem Null-Element mit dem Symbol 0, dem Eins-Element mit dem Symbol 1, bis zum $(x - 1)$ten Element. Letzteres ist das Symbol 2 im Ternär-System bzw. das Symbol 9 im Dezimalsystem. Beim Abzählen wird zunächst eine erste Stelle benutzt, die mit dem $(x - 1)$ten Element schließt. Fügt man ein Element hinzu, so braucht man eine zweite Stelle, denn es ist:

$$1_2 + 1_2 = 10_2 \quad \text{im Binärsystem}$$
$$2_3 + 1_3 = 10_3 \quad \text{im Ternärsystem und}$$
$$9 \ + 1 \ = 10 \quad \text{im Dezimalsystem.}$$

Diese Folge von Stellen läßt sich erweitern. Die folgenden Beispiele zeigen, wie sich weitere Stellen aufbauen:

$$10_2 + 10_2 = 100_2 \quad \text{im Binärsystem}$$
$$10_3 + 10_3 = \ 20_3$$
$$20_3 + 10_3 = 100_3 \quad \text{im Ternärsystem und}$$
$$10 \ + 10 \ = \ 20$$
$$20 \ + 10 \ = \ 30$$
$$\cdots\cdots\cdots\cdots$$
$$90 \ + 10 \ = 100 \quad \text{im Dezimalsystem.}$$

Natürlich sagt das verwendete Zahlensystem, mit dem man die Elemente einer Menge abzählt, nichts über die Existenz dieser Elemente in der betrachteten Menge aus. Es ist stets möglich, eine Korrespondenz zwischen den einzelnen Darstellungen derselben Menge von Elementen in verschiedenen Systemen herzustellen, etwa mit Hilfe einer Korrespondenztafel. Bei einer solchen Tafel bezieht man sich gern auf das uns vertrauteste System, das Dezimalsystem.

Basis x	Zahlen
10	0, 1, 2, 3, 4, 5, 6, 7, 8, 9, 10, 11, 12, 13, 14, 15, 16, 17, 18, 19, 20, ...
2	0, 1, 10, 11, 100, ...
3	0, 1, 2, 10, 11, 12, 20, 21, 22, ...
8	0, 1, 2, 3, 4, 5, 6, 7, 10, 11, 12, 13, 14, 15, 16, 17, 20, 21, 22, 23, 24, ...
12	0, 1, 2, 3, 4, 5, 6, 7, 8, 9, A, B, 10, 11, 12, 13, 14, 15, 16, 17, 18, ...
16	0, 1, 2, 3, 4, 5, 6, 7, 8, 9, A, B, C, D, E, F, 10, 11, 12, 13, 14, ...

Da es nichts Neues bringt, weitere Korrespondenzen für beliebige Systeme aufzustellen, um damit die Umwandlung anderer Systeme zu betrachten, soll es hier unterbleiben.

1.1.2. Darstellung einer rationalen Zahl in einem System mit der Basis x

Es wurde gezeigt, daß sich eine ganze, positive Zahl in einem System mit der Basis x durch ein Polynom ausdrücken läßt:

$$f(x) = a_n x^n + \ldots + a_0 x^0. \tag{1.1}$$

Eine solche Zahl N_x kann nur dann den Wert Null haben, wenn alle Koeffizienten a_i Null sind. N_x ist größer oder gleich Eins, wenn wenigstens ein Koeffizient nicht verschwindet. Eine Zahl zwischen 0 und 1, $0 < N_x < 1$, läßt sich in gleicher Weise mit negativen Exponenten der Basis x darstellen:

$$f(x) = a_{-1} x^{-1} + \ldots + a_{-n} x^{-n}. \tag{1.2}$$

Die Koeffizienten $a_{-1}, a_{-2}, \ldots, a_{-i}, \ldots$ sind wieder nicht negative, ganze Zahlen, kleiner als der Wert der Basis x.

Ist N_x rational größer Eins, so läßt sie sich durch folgendes Polynom ausdrücken:

$$f(x) = a_n x^n + a_{n-1} x^{n-1} + \ldots + a_0 x^0 + a_{-1} x^{-1} + \ldots + a_{-m} x^{-m}. \tag{1.3}$$

Man übernimmt auch hier die übliche Schreibweise einer positiven Zahl:

$$a_n\, a_{n-1} \cdots a_0, a_{-1} \cdots a_{-m}.$$

Eine negative Zahl $- N_x$ läßt sich durch das der positiven Zahl N_x entsprechende Polynom $f(x)$ (1.3) darstellen, in dem alle Koeffizienten a_i das Vorzeichen ändern:

$$N_x \to f(x), \qquad - (N_x) \to - f(x).$$

1.1.3. Umwandlung der Basis

1.1.3.1. Die Zahl N_x ist ganzzahlig, größer Eins

Die Division einer Zahl N_x durch ihre Basis x läßt sich durch die Beziehung

$$N_x = x\,q + r, \quad \text{mit} \quad 0 \leqslant r < x \tag{1.4}$$

darstellen, dabei ist x der Divisor, q der Quotient und r der Rest. Dafür kann man auch
schreiben:

$$\frac{N_x}{x} = q + \frac{r}{x}\,. \tag{1.5}$$

Um den ersten Koeffizienten des Polynoms f(x), das der Zahl N_x entspricht, zu erhalten,
braucht man nur die Zahl N_x durch x zu teilen. Der Rest der Division ist unmittelbar der
Koeffizienten a_0. Dann teilt man den Quotienten wieder durch x, erhält als Rest a_1 usw.
Beweis:

$$N_x = a_n x^n + a_{n-1} x^{n-1} + \ldots + a_0 x^0, \tag{1.6}$$

$$\frac{N_x}{x} = (a_n x^{n-1} + \ldots + a_1) + \frac{a_0}{x} = q_0 + \frac{r_0}{x}\,, \tag{1.7}$$

$$\text{d. h. } r_0 = a_0\,, \tag{1.8}$$

$$\frac{q_0}{x} = (a_n x^{n-2} + \ldots + a_2) + \frac{a_1}{x} = q_1 + \frac{r_1}{x}\,. \tag{1.9}$$

$$\text{d. h. } r_1 = a_1$$

usw.

Soll eine Zahl N_x in einem neuen System mit der Basis y dargestellt werden, so bildet
man entsprechend:

$$\frac{N_x}{y_x} = q + \frac{r}{y}\,, \tag{1.10}$$

wobei y_x als Zahl im System mit der Basis x ausgedrückt werden muß. Die aufeinander
folgenden Divisionen ergeben:

$$\frac{N_x}{y_x} = q_0 + \frac{r_0}{y_x}\,,$$

$$\frac{q_0}{y_x} = q_1 + \frac{r_1}{y_x}\,, \tag{1.11}$$

$$\cdots\cdots\cdots\cdots$$

$$\frac{q_{i-1}}{y_x} = q_i + \frac{r_i}{y_x}\,,$$

$$\cdots\cdots\cdots\cdots$$

Die Reste $r_0, r_1, \ldots, r_i, \ldots$ werden dann in das System mit der Basis y umgewandelt. Da die $r_i < y$ sind, kann man eine Korrespondenztafel zur Konvertierung der Koeffizienten a_i in das System mit der Basis y benutzen. Man erhält:

$$N_y = q_0\, y + a_0, \quad q_0 = q_1\, y + a_1,$$

also $\quad N_y = q_1\, y^2 + a_1\, y^1 + a_0,$

und dann folgt

$$N_y = q_2\, y^3 + a_2\, y^2 + a_1\, y^1 + a_0 \tag{1.12}$$

und fährt so fort, bis sich schließlich

$$N_y = a_n y^n + a_{n-1} y^{n-1} + \ldots + a_1 y^1 + a_0$$

ergibt.

Rechenregel:

Um eine Zahl N_x größer Eins im Zahlensystem mit der Basis x in eine Zahl N_y mit der Basis y zu verwandeln, teilt man N_x durch die Basis y, bezogen als y_x auf die Basis x, und erhält einen ersten Rest r_0 und einen Quotienten q_0. Dann dividiert man den Quotienten q_0 durch y_x, es ergibt sich der Rest r_1 und ein neuer Quotient q_1, usw. Wandelt man die erhaltenen Reste $r_0, r_1, \ldots, r_i, \ldots$ in die entsprechenden Zahlen mit der Basis y um, so ergeben sich die Koeffizienten a_i des Polynoms f(y).

Man beachte, daß im Falle $y_x < x$ die Reste r_i der aufeinander folgenden Divisionen unmittelbar die Koeffizienten a_i in bezug auf die Basis y ergeben.

Übungen:

1. Man drücke die Dezimalzahl 58 im Zahlensystem mit der Basis 8 bzw. 12 aus.

$$y_x = 8 \qquad \frac{N_x}{y_x} = \frac{58}{8} = 7 + \frac{2}{8}$$

$$N_y = 7 \cdot 8^1 + 2 \cdot 8^0 = 72_8,$$

$$y_x = 12 \qquad \frac{N_x}{y_x} = \frac{58}{12} = 4 + \frac{10}{12}, \qquad 10 = A_{12}$$

$$N_y = 4 \cdot 12^1 + A \cdot 12^0 = 4\,A_{12}$$

2. Man stelle die Zahl 72_8 im Zwölfersystem dar.

$$y_x = y_8 = 14_8,$$

Die aufeinander folgenden Divisionen müssen im System mit der Basis 8 durchgeführt werden. Dieses System besitzt die folgenden Additions- und Multiplikationstafeln:

Additionstafel									Multiplikationstafel								
+	0	1	2	3	4	5	6	7	×	0	1	2	3	4	5	6	7
0	0	1	2	3	4	5	6	7	0	0	0	0	0	0	0	0	0
1	1	2	3	4	5	6	7	10	1	0	1	2	3	4	5	6	7
2	2	3	4	5	6	7	10	11	2	0	2	4	6	10	12	14	16
3	3	4	5	6	7	10	11	12	3	0	3	6	11	14	17	22	25
4	4	5	6	7	10	11	12	13	4	0	4	10	14	20	24	30	34
5	5	6	7	10	11	12	13	14	5	0	5	12	17	24	31	36	43
6	6	7	10	11	12	13	14	15	6	0	6	14	22	30	36	44	52
7	7	10	11	12	13	14	15	16	7	0	7	16	25	34	43	52	61

Für die Division gilt:

$$\frac{72_8}{14_8} = 4_8 + \frac{12_8}{14_8}, \quad \text{denn} \quad 4_8 \cdot 14_8 = 60_8,$$
$$60_8 + 12_8 = 72_8.$$

Also ist

$$N_{12} = 4 \cdot 12^1 + A \cdot 12^0 = 4A_{12}.$$

3. Die Dezimalzahl 625 soll im System mit der Basis 8 ausgedrückt werden.

Es ist $y_x = 8 < x = 10$. Die Reste der aufeinanderfolgenden Divisionen erhält man aus obiger Tafel. Es ergeben sich die Koeffizienten:

$$N_8 = 1\ 161_8$$

4. Die Zahlen $1\ 161_8$ bzw. 625 sollen in dem System mit der Basis 12 bzw. 16 dargestellt werden.

Für $N_{10} = 625 = 1\ 161_8$ findet man:

$$N_{12} = 441_{12}, \quad N_{16} = 271_{16}.$$

1.1.3.2. Die Zahl N_x ist kleiner Eins und größer Null

Eine Zahl N_x kleiner Eins und größer Null läßt sich als folgendes Polynom darstellen:

$$N_x = f(x) = a_{-1}x^{-1} + a_{-2}x^{-2} + \ldots + a_{-n}x^{-n}. \tag{1.13}$$

Man berechnet in diesem Falle a_{-1} durch Multiplikation

$$N_x \cdot x = a_{-1} + (a_{-2} x^{-2} + \ldots + a_{-n} x^{-n}) x,$$

oder

$$N_x \cdot x = a_{-1} + p_1 \quad \text{mit} \quad p_1 < 1$$

und fährt in gleicher Weise fort:

$$p_1 \cdot x = a_{-2} + (a_{-3} x^{-2} + \ldots + a_{-n} x^{-n+1}) x.$$

Die *Rechenregel* für die Umwandlung der Basis einer Zahl < 1 ergibt sich daraus unmittelbar:

Um eine Zahl N_x kleiner Eins und größer Null in dem neuen System mit der Basis y darzustellen, multipliziert man die Zahl N_x mit y_x; der ganzzahlige Teil der erhaltenen Zahl liefert direkt a_{-1} dargestellt in bezug auf die Basis y, wenn $y_x < x$. Wenn $y_x > x$, muß a_{-1} auf das System mit der Basis y umgerechnet werden. Dann multipliziert man den Teil $p_1 < 1$ wiederum mit x und erhält a_{-2} als den ganzzahligen Teil.

Man setzt das Verfahren fort, bis alle Koeffizienten bestimmt sind:

$$f(y) = a_{-1} y^{-1} + \ldots + a_{-n} y^{-n}. \tag{1.14}$$

Übungen:

1. Die Zahl $N_{10} = 0,58$ soll in das Zwölfersystem umgerechnet werden. Es ist $y_x = 12$ und man erhält die Folge:

$$
\begin{array}{llll}
N_{10} \cdot y_x = & 0,58 \cdot 12 = & 6 + 0,96 & \text{Im Zwölfersystem:} & a_{-1} = 6_{12} \\
& 0,96 \cdot 12 = & 11 + 0,52 & & a_{-2} = B_{12} \\
& 0,52 \cdot 12 = & 6 + 0,24 & & a_{-3} = 6_{12} \\
& 0,24 \cdot 12 = & 2 + 0,88 & & a_{-4} = 2_{12} \\
& & \text{usw.}
\end{array}
$$

$$N_{12} = 6 \cdot 12^{-1} + B \cdot 12^{-2} + 6 \cdot 12^{-3} + 2 \cdot 12^{-4} + \ldots = 0,6\,B\,62\ldots_{12}$$

2. Stelle $N_8 = 0,451_8$ im Zwölfersystem dar.

$$
\begin{array}{lll}
N_8 \cdot y_8 = & 0,451_8 \cdot 14_8 = & 6_8 + 0,754_8, \quad a_{-1} = 6_{12} \\
& 0,754_8 \cdot 14_8 = & 13_8 + 0,420_8, \quad a_{-2} = B_{12} \\
& 0,420_8 \cdot 14_8 = & 6_8 + 0,3_8, \quad a_{-3} = 6_{12} \\
& & \text{usw.}
\end{array}
$$

$$N_{12} = 0,6\,B6\ldots_{12}$$

Nebenrechnung:

$$0{,}451_8 \quad \cdot 14_8 \qquad 0{,}754_8 \quad \cdot 14_8$$
$$\underline{2244_8} \qquad\qquad \underline{3660_8}$$
$$6{,}754_8 \qquad\qquad 13{,}420_8$$

3. Stelle die Zahl 32,25 im Achtersystem dar.

Man behandelt getrennt den ganzzahligen Teil und den Dezimalteil und erhält sofort:

$$N_8 = 40{,}2_8 \,.$$

Nur selten kann man Additions- und Multiplikationstafeln zwischen zwei Systemen benutzen. Es ist daher, wie schon erwähnt, einfacher, das Dezimalsystem als Zwischenstufe zu benutzen. Will man z. B. 128_{16} in das System mit der Basis 8 umwandeln, so müßte man im Hexadezimalsystem rechnen. Einfacher ist es aber, die gegebene Zahl in eine Dezimalzahl zu verwandeln und diese dann in das Oktalsystem umzurechnen, da man diese Rechnung ohne oder nur mit bekannten Umrechnungstafeln durchführen kann.

Beispiel:

$$128_{16} = 1 \cdot 16^2 + 2 \cdot 16^1 + 8 \cdot 16^0 = 296_{10} = N_{10}$$

und es ist folglich:

$$N_8 = 450_8 \,.$$

1.1.4. Binärsysteme und Systeme, die sich darauf zurückführen lassen

Die Untersuchung physikalischer Systeme, die x stabile Zustände annehmen können und die daher geeignet wären, die Basis x eines Zahlensystems darzustellen, ist äußerst schwierig. Man beschränkt sich daher im allgemeinen auf den einfachsten Fall eines Systems mit zwei stabilen Zuständen, dessen Grundlage ein Binärsystem sein kann, z. B. Vorhandensein und Nicht-Vorhandensein einer physikalischen Erscheinung, etwa bistabile Schaltelemente, oder auch zwei Werte desselben physikalischen Zustandes, die sich vollkommen trennen lassen.

1.1.4.1. Das Binärsystem (Dualzahlen)

Das Binärsystem hat die Zahl Zwei als Basis und benötigt nur die beiden Zahlsymbole 0 und 1; die damit gebildeten Zahlen nennt man Dualzahlen[1]). Die größte Dezimalzahl, die man durch n binäre Ziffern darstellen kann, ist

$$N = 2^n - 1 \,.$$

---

[1]) Man spricht in diesem Zusammenhang auch vom *Dualsystem.*

Dualzahlen charakterisieren z. B. die Kapazität eines Speichers einer Datenverarbeitungsanlage, wenn man unter n die Zahl der Ferritkerne versteht.

Die Umwandlung einer Dualzahl in eine Dezimalzahl läßt sich durch Berechnung des Polynomwertes

$$f(2) = a_n \cdot 2^n + a_{n-1} \cdot 2^{n-1} + \ldots + a_0 \cdot 2^0 + a_{-1} \cdot 2^{-1} + \ldots + a_{-m} \cdot 2^{-m}$$

im Dezimalsystem durchführen.

Beispiel:

$$
\begin{aligned}
N_2 &= 110\,101,\,110\,101 \\
&= 1 \cdot 2^5 + 1 \cdot 2^4 + 0 \cdot 2^3 + 1 \cdot 2^2 + 0 \cdot 2^1 + 1 \cdot 2^0 \\
&\quad + 1 \cdot 2^{-1} + 1 \cdot 2^{-2} + 0 \cdot 2^{-3} + 1 \cdot 2^{-4} + 0 \cdot 2^{-5} + 1 \cdot 2^{-6} \\
&= 32 + 16 + 4 + 1 + 0{,}5 + 0{,}25 + 0{,}0625 + 0{,}015625 \\
&= 53{,}828\,125
\end{aligned}
$$

Es gilt *folgende* Regel:

Für den ganzzahligen Teil $N_2 \geqslant 1$ geht man von dem Koeffizienten der höchsten Zweier-Potenz aus, man verdoppelt ihn und addiert den nächsten (0 oder 1). Das Ergebnis wird wiederum verdoppelt und um den Koeffizienten (0 oder 1) der nun folgenden Zweier-Potenz vermehrt. Das Verfahren endet nach Addition des Koeffizienten von 2^0 und liefert unmittelbar die der vorgelegten Dualzahl entsprechende Dezimalzahl. Die Rechnung wird natürlich im Dezimalsystem durchgeführt.

Übung:

1	1	0	1	0	1	Dualzahl
2	3	6	13	26	53	Dezimalzahl

Für den Teil $N_2 < 1$ geht man von der niedrigsten Zweier-Potenz aus, deren Koeffizienten man halbiert und zum Koeffizienten der nächst höheren Zweier-Potenz addiert. Das Ergebnis wird wieder halbiert und um den Koeffizienten der nächsten Zweier-Potenz vermehrt. Die Rechnung ist beendet, wenn man schließlich bei a_{-1} angelangt ist: Addition von a_{-1} und nochmaliges Halbieren liefern den gebrochnen Teil der Dualzahl im Dezimalsystem.

Übung:

0,1	1	0	1	0	1	Dualzahl
				0,5	0,5	
			1,25	0,25		
		0,625	0,625			
	1,3125	0,3125				
1,65625	0,65625					
0,828125						Dezimalzahl.

Einer Dualzahl kleiner 1 entspricht stets eine exakte Dezimalzahl. Dazu genügt es, zu zeigen, daß jeder negativen Zweierpotenz

$$\frac{1}{2^n} = \frac{10^n}{2^n} \cdot 10^{-n} = \frac{2^n \cdot 5^n}{2^n} \cdot 10^{-n} = 5^n \cdot 10^{-n}$$

eine exakte Dezimalziffer entspricht, es kann also kein periodischer Dezimalbruch entstehen.

Umgekehrt kann man natürlich die Frage stellen, welche Bedingungen eine Dezimalzahl kleiner Eins erfüllen muß, damit sie sich als Dualzahl exakt darstellen läßt, wann also aus einem endlichen Dezimalbruch ein endlicher Dualbruch entsteht.

Nimmt man an, daß die zu betrachtende Dezimalzahl m Ziffern nach dem Komma hat — die m-te Ziffer ist also ungleich Null, $a_{-m} \neq 0$ —, so kann man schreiben:

$$N(< 1) = f(10) = a_{-1} 10^{-1} + a_{-2} 10^{-2} + \ldots + a_{-m} 10^{-m}. \tag{1.15}$$

Bei der Umwandlung dieser Zahl in eine Dualzahl erhält man das Polynom:

$$f(2) = b_{-1} 2^{-1} + \ldots + b_{-n} 2^{-n}. \tag{1.16}$$

Die Basen und die Koeffizienten werden im gleichen Zahlensystem (dem Dezimalsystem) dargestellt. Führt man die Rechenoperationen in diesem System durch, so kann man die Bedingungen angeben, unter denen die beiden Polynome den gleichen oder nur näherungsweise den gleichen Wert annehmen. Es gilt:

$$a_{-1} 10^{-1} + a_{-2} 10^{-2} + \ldots + a_{-m} 10^{-m} = b_{-1} 2^{-1} + b_{-2} 2^{-2} + \ldots b_{-n} 2^{-n}. \tag{1.17}$$

Multipliziert man beide Seiten dieser Gleichung mit 10^m, d. h. unterdrückt man das Komma der Dezimalzahl, so erhält man:

$$a_{-1} 10^{m-1} + a_{-2} 10^{m-2} + \ldots + a_{-m} 10^0 = 10^m (b_{-1} 2^{-1} + \ldots + b_{-n} 2^{-n}). \tag{1.18}$$

Für die rechte Seite kann man auch schreiben:

$$5^m 2^m (b_{-1} 2^{-1} + b_{-2} 2^{-2} + \ldots + b_{-n} 2^{-n}) = 5^m (b_{-1} 2^{m-1} + b_{-2} 2^{m-2} + \ldots + b_{-n} 2^{m-n}).$$

Also: $\tag{1.19}$

$$a_{-1} 10^{m-1} + a_{-2} 10^{m-2} + \ldots + a_{-m} 10^0 = 5^m (b_{-1} 2^{m-1} + b_{-2} 2^{m-2} + \ldots + b_{-n} 2^{m-n}).$$

$$\tag{1.20}$$

Folgende beiden Fälle sind zu unterscheiden:

I. $m < n = m + k$:

$$f(10) 10^m = 5^m (b_{-1} 2^{m-1} + \ldots + b_{-m} 2^0 + b_{-(m+1)} 2^{-1} + \ldots + b_{-(m+k)} 2^{-k}), \tag{1.21}$$

$$= 5^m (b_{-1} 2^{m-1} + \ldots + b_{-m} 2^0) + 5^m (b_{-(m+1)} 2^{-1} + \ldots + b_{-(m+k)} 2^{-k}) \tag{1.22}$$

d. h.

$$5^m (b_{-(m+1)}2^{-1} + \ldots + b_{-(m+k)}2^{-k}) < 5^m.$$

Die Beziehung (1.22) entspricht der Division von $f(10) \cdot 10^m$ durch 5^m mit dem Quotienten

$$b_{-1}2^{m-1} + b_{-2}2^{m-2} + \ldots + b_{-m}2^0 \tag{1.23}$$

und dem Rest

$$5^m (b_{-(m+1)}2^{-1} + \ldots + b_{-(m+k)}2^{-k}). \tag{1.24}$$

In diesem Falle gibt es für die Dezimalzahl nur eine näherungsweise Darstellung als Dualzahl, und für eine vorgegebene Zahl k gilt die Näherungsdarstellung:

$$N \to f(2) = b_{-1}2^{-1} + b_{-2}2^{-2} + \ldots + b_{-m}2^{-m} + b_{-(m+1)}2^{-(m+1)} + \ldots + b_{-n}2^{-n}, \tag{1.25}$$

wobei $n = m + k$ ist.

II. Ist $m = n$, so verschwindet der Rest der Division von $f(10) \cdot 10^m$ durch 5^m und (1.22) reduziert sich auf

$$f(10) \, 10^m = 5^m (b_{-1}2^{m-1} + b_{-2}2^{m-2} + \ldots + b_{-m}2^0). \tag{1.26}$$

Die Dezimalzahl N besitzt also eine exakte Darstellung als Dualzahl:

$$f(2) = b_{-1}2^{-1} + b_{-2}2^{-2} + \ldots + b_{-m}2^{-m}. \tag{1.27}$$

Die Dualzahl N_2 hat in diesem Falle ebenso viel Stellen nach dem Komma wie die Dezimalzahl N. $f(10) \cdot 10^m$ ist durch 5^m teilbar.

Um eine Dezimalzahl $N < 1$ als Dualzahl darzustellen, benutzt man eine Folge von Multiplikationen mit dem Faktor 2: Ist $m = n$, erhält man die Koeffizienten b_{-i} von $f(2)$ durch m Multiplikationen mit 2. Der Teil der Zahl $N \cdot 2^m$ kleiner Eins, d. h. der Teil nach dem Komma, ist Null.

Man kann noch zeigen, daß eine Dezimalzahl kleiner Eins mit m Ziffern sich exakt im Binärsystem darstellen läßt, wenn die Zahl mit der Ziffer 5 endet und ihr Produkt mit 2^m ganzzahlig ist. Die Binärdarstellung dieser Zahl erhält man, wenn man die Dezimalzahl $N \cdot 2^{m'}$ im Zweiersystem anschreibt. Enthält diese Darstellung nur $n < m$ Binärziffern, so hat man der Dualzahl k (mit $n + k = m$) Nullen vorauszustellen.

Beispiel: $0{,}1875 \to 0{,}0011_2$.

Übungen:

1. Für $N = 0{,}87$, $m = 2$ erhält man nach (1.22)

$$f(10) \cdot 10^2 = 87 = 5^2 (b_{-1}2^{2-1} + b_{-2}2^{2-2}) + 5^2 (b_{-3}2^{-1} + \ldots + b_{-n}2^{-k})$$

$$= 5^2 \cdot \text{Quotient} + \text{Rest}.$$

Führt man die Division aus

$$87 = 25 \cdot 3 + 12, \qquad 3 = 1 \cdot 2^1 + 1 \cdot 2^0,$$

so ist

$$b_{-1} = 1 \quad \text{und} \quad b_{-2} = 1.$$

Handelt es sich nun darum, die Koeffizienten $b_{-3}, b_{-4}, \ldots, b_{-(m+k)}$ des Restes zu bestimmen, so legt man eine Zahl k fest. Den Rest

$$12 = 5^2 \, (b_{-3} 2^{-1} + b_{-4} 2^{-2} + \ldots + b_{-n} 2^{-k})$$

kann man dann schreiben:

$$12 = 5^2 \cdot \frac{x}{2^k}$$

oder

$$\log_2 x = k + \log_2 12 - 2 \log_2 5 = k - 1{,}0588.$$

Die folgende Tabelle gestattet, die Koeffizienten $b_{-3}, b_{-4}, \ldots, b_{-n}$ zu bestimmen, die erhaltene Näherung abzuschätzen und das Polynom f(2) anzugeben, das der Zahl 0,87 entspricht.

k	x	2^4	2^3	2^2	2^1	2^0	2^{-1}	2^{-2}	2^{-3}	2^{-4}	2^{-5}	2^{-6}	b_{-3}	b_{-4}	b_{-5}	b_{-6}	b_{-7}	b_{-8}
3	3				1	1	0	$2^1/2^3$	$2^0/2^3$				1	1				
4	7			1	1	1	0	$2^2/2^4$	$2^1/2^4$	$2^0/2^4$			1	1	1			
5	15		1	1	1	1	0	$2^3/2^5$	$2^2/2^5$	$2^1/2^5$	$2^0/2^5$		1	1	1	1		
6 {30	30	1	1	1	1		0	$2^4/2^6$	$2^3/2^6$	$2^2/2^6$	$2^1/2^6$		1	1	1	1		
6 {31	31	1	1	1	1	1	0	$2^4/2^6$	$2^3/2^6$	$2^2/2^6$	$2^1/2^6$	$2^0/2^6$	1	1	1	1	1	

Abschätzung der Näherung:

$$f(2) = N_2$$

$$12 \approx 5^2 \cdot \frac{3}{2^3} = 9{,}375 \qquad 2^{-1} + 2^{-2} + 2^{-4} + 2^{-5} = 0{,}11011_2$$

$$12 \approx 5^2 \cdot \frac{7}{2^4} = 10{,}9375 \qquad 2^{-1} + 2^{-2} + 2^{-4} + 2^{-5} + 2^{-6} = 0{,}110111_2$$

$$12 \approx 5^2 \cdot \frac{15}{2^5} = 11{,}718755$$

$$\left. \begin{array}{l} \\ \\ \end{array} \right\} \quad 2^{-1} + 2^{-2} + 2^{-4} + 2^{-5} + 2^{-6} + 2^{-7} = 0{,}1101111_2$$

$$12 \approx 5^2 \cdot \frac{30}{2^6} = 11{,}718755$$

$$12 \approx 5^2 \cdot \frac{31}{2^6} = 12{,}109375 \qquad 2^{-1} + 2^{-2} + 2^{-4} + 2^{-5} + 2^{-6} + 2^{-7} + 2^{-8} = 0{,}11011111_2$$

2. Man untersuche, ob sich die Dezimalzahlen 0,325 und 0,625 als Dualzahlen exakt darstellen lassen und, falls das möglich ist, gebe man die Dualzahlen an.

$N = 0{,}325$, $m = 3$, $2^3 = 8$.

$0{,}325 \cdot 8 = 2{,}600$, N läßt sich *nicht* exakt im Zweiersystem darstellen, da $N \cdot 2^m$ einen gebrochenen Anteil besitzt.

$N = 0{,}625$, $m = 3$, $2^3 = 8$.

$0{,}625 \cdot 8 = 5{,}000$ ist ganzzahlig, also ist N im Zweiersystem exakt darstellbar.

$$
\begin{array}{c|c}
5 & 2 \\
\hline
1 & 2 \quad 2 \\
\hline
 & 0 \quad 1
\end{array}
\qquad N_2 = 0{,}101_2
$$

3. Wenn die Zahl $N = 0{,}828\,125$ sich exakt als Dualzahl darstellen läßt, so gebe man die Dualzahl an.

$N = 0{,}828\,125$, $m = 6$, $2^6 = 64$.

$0{,}828\,125 \cdot 64 = 53$, daraus folgt die Darstellung:

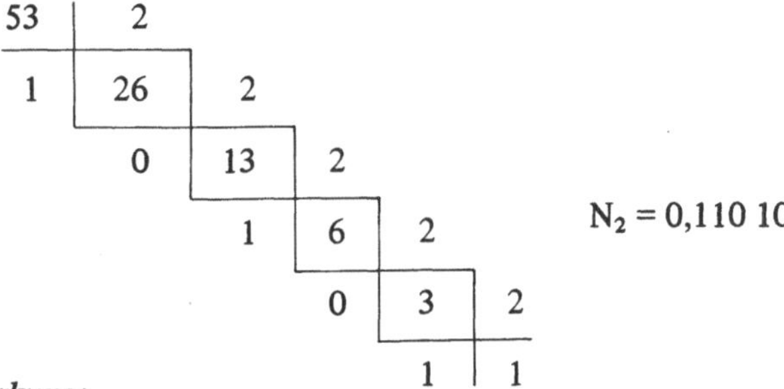

$$
\begin{array}{c|c}
53 & 2 \\
\hline
1 & 26 \quad 2 \\
 & 0 \quad 13 \quad 2 \\
 & \quad 1 \quad 6 \quad 2 \\
 & \quad\quad 0 \quad 3 \quad 2 \\
 & \quad\quad\quad 1 \quad 1
\end{array}
\qquad N_2 = 0{,}110\,101_2
$$

Bemerkung:

Was für die Umwandlung von Zahlen zwischen den Systemen mit den Basen 10 und 2 gezeigt wurde, läßt sich für alle Paare von Basen x und y verallgemeinern.

Für $x = 10$ und $y = 5$ ergibt sich z. B. für $m = n$

$$f(10)\,10^m = 2^m\,(c_{-1}5^{m-1} + c_{-2}5^{m-2} + \ldots + c_{-m}5^0). \tag{1.28}$$

Die c_{-i} sind die Koeffizienten im System mit der Basis 5.

Soll also eine Dezimalzahl kleiner Eins eine entsprechende exakte Zahl im System mit der Basis 5 haben, muß $N \cdot 10^m$ durch 2^m teilbar sein, d. h., diese Zahl muß gerade und das Produkt $N \cdot 5^m$ eine ganze Zahl sein. Die Darstellung von N im System mit der Basis 5 erhält man dann, indem man $N \cdot 5^m$ in das System mit der Basis 5 verwandelt (siehe Anhang 1).

4. Stelle 0,544 im System mit der Basis 5 dar.

$N = 0,544, \quad m = 3, \quad 5^m = 125.$

$0,544 \cdot 125 = 68,000$

<table>
<tr><td>68</td><td>5</td><td></td></tr>
<tr><td>3</td><td>13</td><td>5</td></tr>
<tr><td></td><td>3</td><td>2</td></tr>
</table>

$N_5 = 0,233_5$

1.1.4.2. Dezimal codiertes Binärsystem

Um die Umwandlung vom Binär- ins Dezimalsystem zu erleichtern, benutzt man oft das dezimal codierte Binärsystem. In diesem System wird jede Dezimalstelle a_i durch die entsprechende Dualzahl

$$f_i(2) = b_3 2^3 + b_2 2^2 + b_1 2^1 + b_0 2^0$$

ersetzt. Man hat also:

$$f(10) = f_n(2) \cdot 10^n + f_{n-1}(2) \cdot 10^{n-1} + \ldots + f_0(2) \cdot 10^0. \tag{1.29}$$

Für die Durchführung arithmetischer Operationen ist folgendes zu beachten:

a) alle Dezimalzahlen kleiner Zehn (also Dezimalstellen) entsprechen Dualzahlen:

	b_j	2^5	2^4	2^3	2^2	2^1	2^0
	0			0	0	0	0
	1			0	0	0	1
	2			0	0	1	0
	3			0	0	1	1
$a_i\, 10^0$	4			0	1	0	0
	5			0	1	0	1
	6			0	1	1	0
	7			0	1	1	1
	8			1	0	0	0
	9			1	0	0	1
	10		1	0	0	0	0
	11		1	0	0	0	1
$1 \cdot 10^1 + a_i\, 10^0$	12		1	0	0	1	0
	13		1	0	0	1	1
	14		1	0	1	0	0
	15		1	0	1	0	1

etc. . . .

Man kann zwar eine Addition, deren Summe kleiner Zehn ist, $S = A + B < 10$, ganz innerhalb der Dualzahlen durchführen, z. B. $S = 3 + 4 = 7$ entspricht

$$0011 + 0100 = 0111,$$

dagegen muß man, wenn die Summe größer als Neun ist, die Addition im Binärsystem durchführen im Sinne der dezimalen Codierung.

Ist z. B. $9 < S < 16$, darf man nicht die Dualzahlen zwischen 10 und 15 benutzen. Das Ergebnis von

$$S = 7 + 5 = 12$$

wird nicht dargestellt durch

$$0111 + 0101 = 1100,$$

Man muß beachten, daß $1 + 9 = 10$ eine um Eins höhere Zehnerpotenz ergibt, also $(0001) + (0000)$ im dezimal codierten System geschrieben werden muß:

$$(0001) \cdot 10^1 + (0000) \cdot 10^0$$

oder dual geschrieben:

$$(\ldots + 1 \cdot 2^4) + (0 \cdot 2^3 + 0 \cdot 2^2 + 0 \cdot 2^1 + 0 \cdot 2^0),$$

d. h., daß man direkt von

$$9 \to 1001 \quad \text{zu} \quad 9 + 1 \to 10000 \to 16$$

übergehen muß. Um eine Addition im dezimal codierten System auszuführen, muß man 6 zur Summe addieren, falls $9 < A + B < 16$. $S = 7 + 5$ stellt sich also dezimal codiert wie folgt dar:

$$0111 + 0101 = 1100 + 0110 = (0001)(0010) \to (1)(2)$$

b) Ist $S \geqslant 16$, erhöht man das Resultat der dualen Summe um 6 und führt damit diesen Fall für jede Dezimalstelle auf den vorher behandelten zurück.

Übung:
Man führe im dezimal codierten Binärsystem die Addition

$$S = 37 + 85 = 122$$

$$
\begin{array}{lccc}
\text{durch:} & 37 \to & (0011) & (0111) \\
& 85 \to & (1000) & (0101) \\
\hline
S\,(A+B)_2 & \to & (1011) & (1100) \\
+6 & \to & & (0110) \\
\hline
& & (0001) & \overline{(0010)} \\
\hline
& & (1100) & (0010) \\
+6 & \to & (0110) & \\
\hline
S= & (0001) & (0010) & (0010) \qquad \text{(dezimal codiertes Binärsystem)} \\
= & 1 & 2 & 2 \qquad\qquad\ \ \text{(Dezimalsystem)}
\end{array}
$$

1.1.4.3. Systeme, deren Basen Potenzen von Zwei sind

Diese Systeme lassen sich aus dem reinen Binärsystem herleiten. Jeder Koeffizient des Polynoms $f(2^k)$ wird durch die entsprechende Dualzahl ersetzt:

$$a_i(2) = (b_{k-1}2^{k-1} + b_{k-2}2^{k-2} + \ldots + b_0 2^0)_i;$$

da dies für alle Koeffizienten a_i gilt, von denen jeder einen der $2^k - 1$ Werte des Polynoms

$$f(2) = b_{k-1}2^{k-1} + \ldots + b_0 2^0$$

annehmen kann, gibt es keine überzähligen binären Folgen, und man kann die Rechenoperationen binär mit den Zahlen $N_2(i) \to a_i(2)$ in gleicher Weise ausführen.

Andererseits kann man das der Zahl N_2 des Zahlensystems mit der Basis 2^k entsprechende Polynom

$$f(2^k) = a_n 2^{kn} + a_{n-1}2^{k(n-1)} + \ldots + a_0 2^0$$

leicht umschreiben, indem man jeden Koeffizienten a_i durch das ihm entsprechende binäre Polynom ersetzt:

$$
\begin{aligned}
f(2^k) = \ & (b_{k(n+1)}2^{k(n+1)} + \ldots + b_{kn}2^{kn}) \\
& + (b_{kn-1}2^{kn-1} + \ldots + b_{k(n-1)}2^{k(n-1)}) \\
& + (b_{k(n-1)-1}2^{k(n-1)-1} + \ldots + b_{k(n-2)}2^{k(n-2)}) \\
& + \ldots + (b_{k-1}2^{k-1} + \ldots + b_0 2^0).
\end{aligned}
\tag{1.30}
$$

Man sieht daher leicht:

Um eine ganze Dualzahl in einem System mit der Basis 2^k auszudrücken, teilt man die Dualzahl in Abschnitte zu k Ziffern, indem man vom niedrigsten Stellenwert ausgeht (von rechts nach links), und ersetzt dann jede solche Folge von k Dualziffern durch den Wert des Polynoms

$$f(2) = b_{k-1}2^{k-1} + \ldots + b_0 2^0,$$

der ihm entspricht.

Übungen:

1. Für die Dualzahl

$$N_2 = 1011001011$$

gebe man die entsprechende Darstellung im Oktal- und Hexadezimalsystem an.

Das Oktal- und das Hexadezimalsystem gehören zu den Systemen, deren Basis eine Potenz von Zwei ist (2^3 bzw. 2^4).

Man kann also schreiben:

a) d.h. $\underset{1}{\underline{1}}\ \underset{3}{\underline{011}}\ \underset{1}{\underline{001}}\ \underset{3}{\underline{011}}$ $N_8 = 1\,313_8$

b) d.h. $\underset{2}{\underline{10}}\ \underset{12}{\underline{1100}}\ \underset{11}{\underline{1011}}$ $N_{16} = 2\,CB_{16}$

2. Man führe die Addition $37 + 85$ im Oktal- und im Hexadezimalsystem durch.

$$37 \rightarrow N_2 = \quad\ \ 100\ 101$$
$$85 \rightarrow N_2 = \ \ \underline{1\ 010\ 101}$$
$$\underline{1}\ \underline{111}\ \underline{010} \qquad \underline{1\ 11}\ \underline{1\ 010}$$
$$1\ \ 7\ \ \ 2 \qquad\quad 7\ \ \ \ 10$$
$$S_8 = 172_8 \qquad S_{16} = 7A_{16}$$

3. Man führe die Multiplikation der Dezimalzahlen $37 \cdot 5$ im Oktal- und im Hexadezimalsystem durch (siehe Korrespondenztafel S. 6).

	oktal	hexadezimal
$37 \rightarrow N_2 =$	$100\ 101$	$10\ 0101$
$5 \rightarrow N_2 =$	$\underline{\qquad 101}$	$\underline{\qquad 101}$
	$10\ 010\ 1$	
	$\underline{\ 100\ 101}$	
	$\underline{10}\ \underline{111}\ \underline{001}$	$\underline{1011}\ \underline{1001}$
	$P_8 = \ 2\ \ \ 7\ \ \ 1_8$	$P_{16} = \ \ \ B\ \ \ 9_{16}$

Bemerkungen:

Das obige Verfahren wurde nur für ganze Zahlen N größer Eins angegeben. In ähnlicher Weise geht man jedoch auch für Zahlen kleiner Eins vor. Man teilt die Dualzahl wieder in Abschnitte zu k Ziffern, beginnt hier aber bei der höchstwertigen Stelle (vom Komma nach rechts).

4. Die Dezimalzahlen $37{,}656\,25$; $52{,}25$ und $1024{,}64$ sollen als Dual-, Oktal- und Hexadezimalzahlen dargestellt werden.

dezimal	dual	oktal	hexadezimal
37,656 25	100 101,101 010 00	45,52	25,A8
52,25	110 100,010 0	64,2	34,4
1024,64	10 000 000 000,101 000 111 101 . . .	2000,5075 . . .	400,A3D . . .

1.2. Kombinatorik

1.2.1. Permutationen

Es sei M eine Menge von m verschiedenen Elementen, dann gibt es

$$P_m = m!$$ (1.31)

Permutationen, d. h. man kann die m Elemente auf P_m verschiedene Arten anordnen.
Man definiert noch:

$$P_0 = 1.$$

Übungen:

1. Wie groß ist die Zahl der Permutationen von m Ziffern $0, 1, 2, \ldots, m-1$ die in einer
   gewissen Anordnung gegeben sind, wenn eine der Zahlen an ihrem Platze bleibt?
   Man verallgemeinere dies auf den Fall, daß n Ziffern an ihren Plätzen bleiben.

Bleibt eine Ziffer an ihrem Platz, so kann man die übrigen $(m - 1)$ Ziffern permutieren
und erhält daher $(m - 1)!$ Permutationen.

Bleiben zwei Ziffern an ihren Plätzen, so permutiert man die $(m - 2)$ restlichen Ziffern
und hat also $(m - 2)!$ Permutationen.

Für $n \leqslant m$ fest bleibende Ziffern gibt es folglich $(m - n)!$ Permutationen.

2. Wieviel Permutationen sind für die Buchstaben des Wortes

   SPEKULATION

   möglich, wenn diese mit einem Vokal beginnen und mit einem Konsonanten enden
   sollen?

Für jede Wahl eines Vokals und eines Konsonanten kann man die anderen neun Buchstaben permutieren. Da das Wort 5 Vokale und 6 Konsonanten enthält, ist die Anzahl
der Permutationen:

$$P = 5 \cdot 6 \cdot 9! = 10\ 886\ 400.$$

1.2.2. Variationen ohne Wiederholung

Die Anzahl der Anordnungen zu $n \leqslant m$ von m verschiedenen Elementen n-ter Klasse
unter Berücksichtigung der Anordnung ist durch das Produkt

$$A_m^n = m(m-1)\ldots(m-n+1) = \binom{m}{n}\, n!$$
$$(1.32)$$

gegeben.

Zwei Variationen unterscheiden sich also durch die Auswahl ihrer Elemente und darüber hinaus noch durch deren Anordnung.

Man definiert:

$$A_m^0 = 1.$$

Übungen:

1. Wieviel Worte kann man aus drei Buchstaben mit zwei Vokalen und einem Konsonanten in der Mitte (an zweiter Stelle) bilden?

Das Alphabet umfaßt 26 Buchstaben, wovon fünf (a, e, i, o, u) Vokale sind. Es gibt also 21 Möglichkeiten, den Konsonanten zu wählen und A_5^2 für die Wahl der zwei Vokale. Man kann daher

$$21 \cdot A_5^2 = 840$$

Worte mit 3 Buchstaben bilden.

2. Wieviel verschiedene Zahlen aus drei verschiedenen Ziffern kann man im Dezimalsystem bilden?

Mit den 10 Ziffern des Dezimalsystems hat man A_{10}^3 Variationen von 3 Ziffern. Die Fälle, an denen die Ziffer 0 an erster Stelle steht, sind ohne Bedeutung und sollen daher ausgeschlossen werden. Es verbleiben also

$$A_{10}^3 - A_9^2 = 10 \cdot 9 \cdot 8 - 9 \cdot 8 = 9 \cdot 9 \cdot 8 = 648$$

Zahlen mit 3 Ziffern.

3. Wieviel Zahlen größer als 3 200 kann man mit den Ziffern 0, 1, 2, 3, 4 bilden, ohne die gleichen Ziffern zu wiederholen?

Suche man zuerst die Zahlen größer als 3 000. Sie werden gebildet durch Zahlen aus 4 oder 5 Ziffern. Die Zahlen mit 4 Ziffern können nur mit 3 oder 4 beginnen, auf jede dieser Ziffern folgt eine Variation von 3 der 4 Ziffern, die übrig bleiben. Es gibt also

$$2 \cdot A_4^3 = 48$$

Zahlen zu 4 Ziffern größer 3 000.

Die Zahlen mit 5 Ziffern können mit 1, 2, 3 oder 4 beginnen, auf jede dieser Ziffern folgt eine Variation der 4 anderen Ziffern. Es gibt also

$$4 \cdot A_4^4 = 4 \cdot 4! = 96$$

Zahlen mit 5 Ziffern.

Man muß nun von den Zahlen mit 4 Ziffern die ausscheiden, die mit 30 oder 31 beginnen und deren Abschluß von den Variationen zu zwei der verbliebenen drei Ziffern gebildet wird. Dies sind

$$2 A_3^2 = 12 \text{ Zahlen.}$$

Die gesuchte Anzahl ist daher

$$2\,A_4^3 + 4\,A_4^4 - 2\,A_3^2 = 132.$$

1.2.3. Kombinationen

Die Anzahl der Anordnungen von m verschiedenen Elementen n-ter Klasse ($n \leqslant m$) ohne Berücksichtigung der Anordnung ist, wenn jede Kombination dasselbe Element nur einmal enthalten darf:

$$C_m^n = \frac{m!}{n!\,(m-n)!} = \binom{m}{n} \tag{1.33}$$

Es ist $C_m^0 = C_m^m = 1$. Zwei Kombinationen unterscheiden sich nur durch die Natur der Elemente. Es gilt weiterhin:

$$C_m^n = \frac{A_m^n}{P_n}. \tag{1.34}$$

Übungen:

1. Man zeige, daß $C_m^1 + C_m^2 + \ldots + C_m^m = 2^m - 1$.

Die Behauptung ist richtig für m = 2: A_1, A_2, $A_1 A_2$ sind $2^2 - 1$ Elemente. Erhöht man die Zahl der Symbole um ein weiteres, so ergeben sich für m + 1 = 3 die Elemente: A_1, A_2, A_3, $A_1 A_2$, $A_2 A_3$, $A_3 A_1$, $A_1 A_2 A_3$; es kommen also $2^m = 4$ neue hinzu.

Angenommen die Behauptung ist richtig für k > 2, also:

$$\sum_{\nu=1}^{k} C_k^\nu = 2^k - 1.$$

Durch Hinzufügen eines weiteren Symbols erhält man:

$$\sum_{\nu=1}^{k+1} C_{k+1}^\nu = 2^k - 1 + 2^k = 2^{k+1} - 1$$

Elemente.

2. Wieviel Worte mit 5 Buchstaben kann man mit einem Alphabet von 26 Buchstaben bilden, wenn jedes Wort mindestens einen der 5 Vokale enthält?

Für jeden Vokal kann man die anderen Buchstaben in C_{25}^4 verschiedenen Weisen wählen. Wegen der 5 vorhandenen Vokale kann man also $5 \cdot C_{25}^4$ Worte bilden, die aus 5 Buchstaben bestehen und mindestens einen Vokal enthalten:

$$5 \cdot C_{25}^4 = \frac{5 \cdot 25!}{4! \cdot 21!} = 63\,250.$$

3. Auf wieviel Weisen kann man aus einem Kartenspiel mit 52 Karten 8 Karten ziehen, die einen einzigen König, eine einzige Dame und einen einzigen Buben enthalten.

Ergebnis: $4^3 \cdot C_{40}^9$.

4. Wie oben bei 3, aber die gezogenen Karten sollen wenigstens ein As und einen König enthalten.

C_{48}^{12} Möglichkeiten enthalten kein As, ebenso enthalten C_{48}^{12} Möglichkeiten keinen König und C_{44}^{12} weder As noch König. Die letzte Zahl ist schon in den beiden anderen enthalten. Daher gibt es für den Fall, daß wenigstens ein As und ein König enthalten sind,

$$4^3 \cdot (C_{52}^{12} - 2\,C_{48}^{12} + C_{44}^{12})$$

Möglichkeiten.

1.2.4. Permutationen mit Wiederholungen

Die Zahl der Permutationen, die man aus m Elementen bilden kann, von denen $a \leqslant m$ identisch und $(m - a)$ verschieden sind, ist:

$$R_m^a = \frac{P_m}{P_a} = \frac{m!}{a!} \tag{1.35}$$

Allgemeiner ist die Zahl der Permutationen, bei denen je $a_1, a_2, \ldots, a_k$ Elemente untereinander gleich sind:

$$P_m^{(a_1, a_2, \ldots, a_k)} = \frac{P_m}{P_{a_1} P_{a_2} \ldots P_{a_k}} = \frac{m!}{a_1!\, a_2!\, \ldots a_k!}, \tag{1.36}$$

wobei

$$a_1 + a_2 + \ldots + a_k = m.$$

Übungen:

1. Wieviel Permutationen kann man mit 5 Buchstaben A, 4 Buchstaben B, 2 Buchstaben C und einem Buchstaben D bilden?

$$R_{12}^{(5,4,2,1)} = \frac{P_{12}}{P_5 \cdot P_4 \cdot P_2 \cdot P_1} = \frac{12!}{5!\, 4!\, 2!\, 1!} = 83\,160.$$

2. Auf wieviel Arten kann man ein Wort mit 8 Buchstaben in 3 Gruppen teilen, wenn die erste Gruppe 4, die zweite Gruppe 3 und die dritte Gruppe 1 Buchstaben enthalten soll?

$$R_8^{(4,3,1)} = \frac{8!}{4!\, 3!\, 1!} = 280.$$

3. Wieviel verschiedene Anordnungen zu n Elementen kann man aus m Elementen bilden, wenn man weiß, daß $p \leqslant n$ dieser Elemente identisch sind?

Man nimmt zunächst an, daß eine dieser Anordnungen sich aus b gleichen Elementen und
(n − b) verschiedenen zusammensetzt. Diese n Elemente kann man permutieren und erhält n!
Permutationen, von denen b! keine neue Anordnungen liefert, da man gleiche Elemente
permutiert. Die Anzahl der verschiedenen Anordnungen, die man mit n Elementen erhält,
ist also gleich der Zahl der Permutationen von n Elementen mit Wiederholung von b
gleichen:

$$R_n^b = \frac{n!}{b!} \, .$$

Die (n − b) Elemente können aus (m − p) verschiedenen Elementen ausgewählt werden,
es gibt A_{m-p}^{n-b} Arten sie anzuordnen. Wenn man beachtet, daß in den n! Permutationen
(n − b)! Permutationen gleicher Elemente gezählt wurden, so wird die Wahl der (n − b)
Elemente auf

$$\frac{A_{m-p}^{n-b}}{(n-b)!} = C_{m-p}^{n-b}$$

beschränkt.

Die Anzahl der betrachteten Art ist also

$$C_{m-p}^{n-b} \cdot R_n^b.$$

Man muß nun zwei Fälle unterscheiden:

1. Fall: $m - p = a < n$:

Die Anordnungen werden aus b gleichen und (n − b) verschiedenen Elementen gebildet,
wobei b zwischen p und n − a liegt. Die Anzahl der Anordnungen ist daher

$$\sum_{b=p}^{(n-a)} C_{m-p}^{n-b} \cdot R_n^b.$$

2. Fall: $m - p = a \geqslant n$:

Nach Ausscheidung der Fälle b = p bis b = 1, muß man noch die A_a^n Anordnungen der a
verschiedenen Elemente aus n berücksichtigen. Die Anzahl ist

$$\sum_{b=p}^{1} C_{m-p}^{n-b} \cdot R_n^b + A_a^n.$$

Anwendungen:
Wieviel verschiedene Worte kann man aus 5 Buchstaben bilden, wenn jedes Wort viermal
den Buchstaben A und die Buchstaben B, C, D und E enthält?
m = 8, n = 5, p = 4, also m − p = 4 < 5, man benutzt also die erste Formel:

Tabelle 1

b	4	3	2	1
C_4^{5-b}	4	6	4	1
R_5^b	5	20	60	120
$C_4^{5-b} \cdot R_4^b$	20	120	240	120

$$\sum_{b=4}^{1} C_4^{5-b} \cdot R_5^b = 500$$

Es wird dieselbe Frage gestellt, aber der Buchstabe F hinzugefügt.
$m - p = 5$. In diesem Falle gilt also:

Tabelle 2

b	4	3	2	1
C_5^{5-b}	5	10	10	5
R_5^b	5	20	60	120
$C_5^{5-b} \cdot R_5^b$	25	200	600	600

$$\sum_{b=4}^{1} C_5^{5-b} \cdot R_5^b + A_5^5 = 1545$$

Man kann diese Aufgabenstellung nun ausdehnen, indem man noch weitere Buchstaben,
etwa G. H. I hinzufügt.

1.2.5. Kombinationen mit Wiederholungen

Hier ist es erlaubt, ein Element bis zu p-mal zu wiederholen. Die Anzahl der Kombinationen mit Wiederholung von m verschiedenen Elementen der p-ten Klasse ist dann
gegeben durch:

$$K_m^p = \frac{m(m + 1)(m + 2) \ldots (m + p - 1)}{p!} = C_{m+p-1}^p . \tag{1.37}$$

Übung:

Wieviel gánzzahlige Lösungen (positiv oder null) gibt es für die Gleichung $x + y + z = p$,
wenn p eine gegebene Zahl ist? Jeder Lösung entspricht eine Kombination mit Wiederholung der 3 Elemente A, B, C zu einer Gruppe von p Elementen, wobei x-mal das
Element A, y-mal B und z-mal C auftritt.

Die gesuchte Anzahl ist dann:

$$K_3^p = \frac{3 \cdot 4 \cdot \ldots \cdot (p + 2)}{p!} = \frac{(p + 1)(p + 2)}{2} .$$

2. Wahrscheinlichkeitsrechnung

2.1. Allgemeines

Es sei A_i eine Teilmenge einer Bezugsmenge R. Dann wird dieser Teilmenge A_i eine Zahl $p(A_i/R)$ zugeordnet, die die Wahrscheinlichkeit für das Auftreten der Elemente von A_i aus der Bezugsmenge R angibt. Diese Zahl liegt zwischen Null und Eins:

$$0 \leqslant p(A_i/R) \leqslant 1. \tag{2.1}$$

Unter der Bezugsmenge R versteht man den gesamten Bereich der betrachteten Informationen. Geht man von diskreten Mengen aus, so entspricht der Bezugsmenge die Gesamtzahl der betrachteten Ereignisse und der Teilmenge A_i die Anzahl der durch eine bestimmte Eigenschaft gekennzeichneten Fälle.

Zum Beispiel ist die Wahrscheinlichkeit, eine weiße Kugel aus einer Urne mit 4 weißen und 96 schwarzen Kugeln zu ziehen:

$$p(A/R) = \frac{4}{100}.$$

Die Gesamtmenge R der betrachteten Fälle ist $4 + 96 = 100$ und A die Menge der Fälle mit einer speziellen Eigenschaft, also hier 4 Elemente mit der Eigenschaft „weiß".

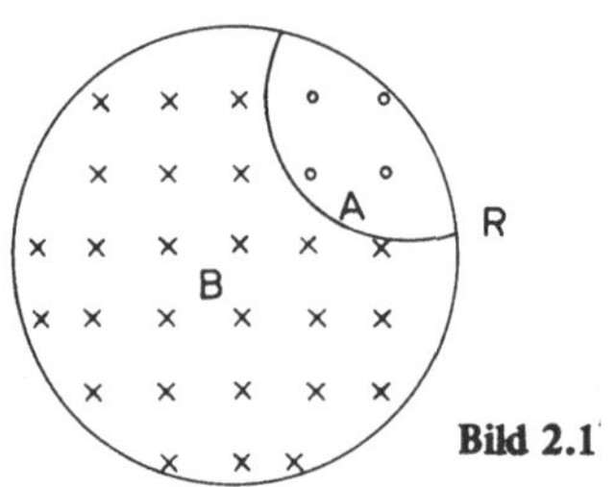

Bild 2.1

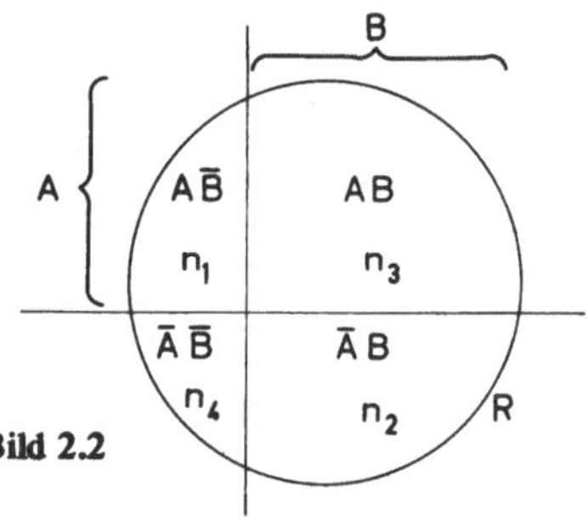

Bild 2.2

Man kann sich die Bezugsmenge durch einen Kreis dargestellt denken, in dessem Innern jede schwarze Kugel durch ein Kreuz und jede weiße Kugel durch einen Punkt gekennzeichnet ist. Der Teilbereich des Kreises, in dem sich nur Punkte befinden, entspricht der Teilmenge A: die Menge der weißen Kugeln. Unter der Bezugsmenge soll in Zukunft stets der genau definierte Informationsbereich verstanden werden, deshalb wird statt $p(A_i/R)$ im folgenden nur $p(A_i)$ geschrieben. Wenn $p(A) = 1$, so tritt das Ereignis A mit Sicherheit ein. Ist $p(A) = 0$, so ist das Eintreten des Ereignisses A unmöglich.

In dem letzten Beispiel war $p(A) = 4\,\%$. Die Wahrscheinlichkeit, eine Kugel aus der oben angegebenen Urne zu ziehen, die nicht weiß ist, d. h. die Wahrscheinlichkeit $p(\bar{A})$ des komplementären Ereignisses (das man mit $\bar{A}$ bezeichnet) ist:

$$p(\bar{A}) = 96/100.$$

Es gilt stets:

$$p(A) + p(\bar{A}) = p(A + \bar{A}) = 1 \quad \text{oder} \quad p(A) = 1 - p(\bar{A}). \tag{2.2}$$

Man kann nun nach der empirischen Bedeutung der Wahrscheinlichkeit fragen. Es läßt sich zeigen, daß bei einer großen Zahl von Stichproben bzw. Versuchen das günstige Ereignis, das man erwartet, mit einer relativen Häufigkeit

$$f = \frac{\text{Zahl der günstigen Ereignisse}}{\text{Gesamtzahl der Ereignisse}}$$

auftritt, die der Wahrscheinlichkeit nahe kommt (Gesetz der großen Zahlen).

Beim N-maligen Werfen einer Münze kommt die relative Häufigkeit für das n-malige Auftreten des Wappens, $f = n/N$, sehr nahe der Wahrscheinlichkeit $p = \frac{1}{2}$, wenn die Zahl der Würfe genügend groß ist, was sich durch

$$f \to p \quad \text{für} \quad N \to \infty$$

ausdrücken läßt.

Nimmt man an, daß unter bestimmten, wohldefinierten Voraussetzungen immer in gleicher Weise eine gewisse Anzahl N von Versuchen durchgeführt wird, so sind die folgenden Fälle möglich:

a) Nur das Ereignis A tritt auf, das Ereignis B überhaupt nicht. Dies wird durch $\bar{B}$ bezeichnet und als „Nicht-B" gelesen.
b) Nur das Ereignis B tritt auf, also $\bar{A}$.
c) Die Ereignisse A und B treten beide auf.
d) Keines der beiden Ereignisse tritt auf.

Zählt man für diese vier Möglichkeiten die Zahl der auftretenden Fälle ab, so ist

$$n_1 + n_2 + n_3 + n_4 = N.$$

Man kann diese N Ereignisse wieder durch Punkte im Innern eines Bezugskreises R darstellen und ordnet diese Punkte nach den verschiedenen Möglichkeiten, wie es Bild 2.2 zeigt. Nach dieser Figur ergeben sich folgende relative Häufigkeiten:

$f(A)$ = relative Häufigkeit für das Ereignis A unabhängig von B = $(n_1 + n_3)/N$

$f(B)$ = relative Häufigkeit für das Ereignis B unabhängig von A = $(n_2 + n_3)/N$

$f(A + B)$ = relative Häufigkeit für das Ereignis A oder B oder für beide gleichzeitig
= $(n_1 + n_2 + n_3)/N$

$f(A\,B)$ = relative Häufigkeit für das gleichzeitige Auftreten beider Ereignisse = n_3/N

$f(A/B)$ = relative Häufigkeit für das Auftreten des Ereignisses A unter der Bedingung, daß das Ereignis B aufgetreten ist. In diesem Falle ist die Bezugsmenge eine andere geworden, da der Fall, daß B nicht realisiert ist, also $\bar{B}$ eintritt, entfällt. Es ist daher $N_1 = n_2 + n_3$, daraus folgt

$$f(A/B) = n_3/(n_2 + n_3).$$

In gleicher Weise ergibt sich:

$$f(B/A) = n_3 / (n_1 + n_3).$$

Wird die Anzahl der Versuche sehr groß, also $N \to \infty$, so gehen die relativen Häufigkeiten gegen die Wahrscheinlichkeiten. Den angegebenen relativen Häufigkeiten entsprechen daher die Wahrscheinlichkeiten

$$p(A), p(B), p(A + B), p(A\,B), p(A/B) \text{ und } p(B/A).$$

Da

$$f(A + B) = f(A) + f(B) - f(A\,B),$$
$$f(AB) = f(A) \cdot f(B/A) = f(B) \cdot f(A/B),$$

gilt für:

$$p(A + B) = p(A) + p(B) - p(A\,B),$$
$$p(AB) = p(A) \cdot p(B/A) = p(B) \cdot p(A/B). \tag{2.3}$$

Wenn sich die beiden Ereignisse ausschließen, so ist die Menge $A\,B = \phi$ [1]) und daher $p(A\,B) = 0$.

Daraus folgt die Formel für die Summenwahrscheinlichkeit sich ausschließender Ereignisse $A\,B = \phi$:

$$p(A + B) = p(A) + p(B).$$

Beeinflußt die Realisierung des Ereignisses A nicht die Wahrscheinlichkeit von B, sind die beiden Ereignisse also unabhängig, so ist $p(B/A) = p(B)$ und ebenso $p(A/B) = p(A)$. Die zweite Formel (2.3) reduziert sich daher auf

$$p(A\,B) = p(A) \cdot p(B), \quad p(B/A) = p(B).$$

Für mehr als zwei Ereignisse folgt aus den vorhergehenden Formeln:

$$p(A_1 + A_2 + \ldots + A_m) = p(A_1) + p(A_2) + \ldots + p(A_m)$$
$$- p(A_1 A_2) - p(A_1 A_3) - \ldots - p(A_{m-1} A_m)$$
$$+ p(A_1 A_2 A_3) + \ldots + p(A_{m-2} A_{m-1} A_m) + \tag{2.4}$$
$$\ldots + (-1)^{m-1} p(A_1 A_2 \ldots A_m)$$

$$p(A_1 A_2 \ldots A_m) = p(A_1) \cdot p(A_2/A_1) \cdot p(A_3/A_2 A_1) \ldots p(A_m/A_{m-1} A_{m-2} \ldots A_1).$$

Schließen sich die Ereignisse gegenseitig aus, so ist

$$p(A_1 + A_2 + \ldots + A_m) = p(A_1) + p(A_2) + \ldots + p(A_m). \tag{2.5}$$

---

[1]) ϕ ist das Zeichen für die leere Menge.

Sind die Ereignisse gegenseitig unabhängig, so gilt:

$$p(A_1 A_2 \ldots A_m) = p(A_1) \cdot p(A_2) \ldots p(A_m). \tag{2.6}$$

Übungen:

1a) Wie groß ist die Wahrscheinlichkeit, daß beim Würfeln mit einem Würfel, die geworfene Augenzahl durch 2 oder 3 teilbar ist? Es soll mit A das Ereignis „Auftreten einer Augenzahl, die ein Vielfaches von 2 ist" bezeichnet werden, mit B das Ereignis „Auftreten einer Augenzahl, die ein Vielfaches von 3 ist". Man kann die möglichen Augenzahlen durch 4 Gebiete des Bezugsgebietes R darstellen (siehe Bild 2.3a):

$$AB, \ A\bar{B}, \ \bar{A}B, \ \bar{A}\bar{B}$$

$$A = (2, 4, 6); \qquad \bar{A} = (1, 3, 5)$$
$$B = (3, 6); \qquad \bar{B} = (1, 2, 4, 5)$$
$$AB = (6); \qquad A\bar{B} = (2, 4)$$
$$\bar{A}B = (3); \qquad \bar{A}\bar{B} = (1, 5)$$

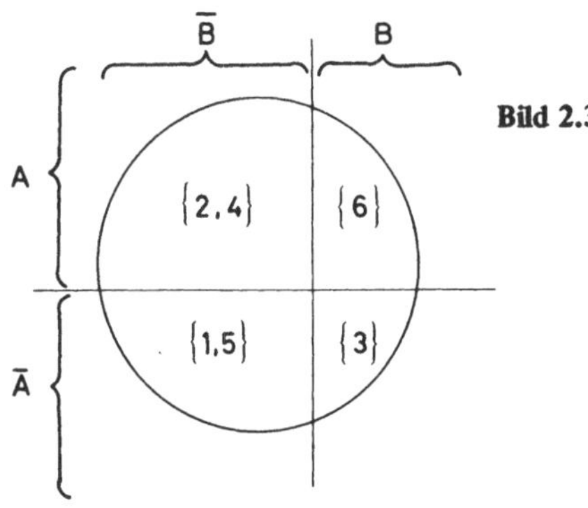

Bild 2.3a

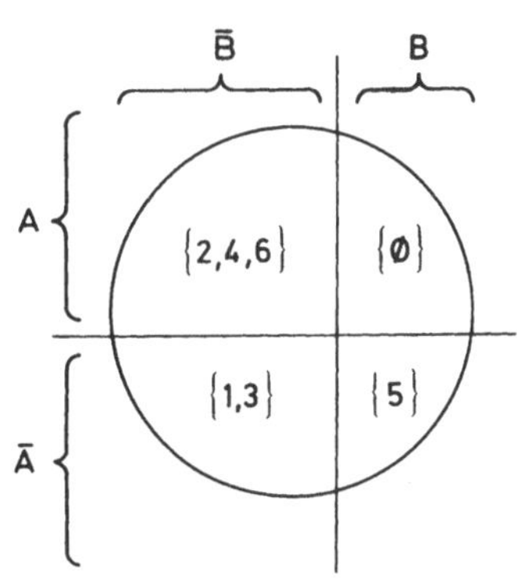

Bild 2.3b

Die gesuchte Wahrscheinlichkeit ist dann:

$$p(A + B) = p(A) + p(B) - p(AB) = \frac{3}{6} + \frac{2}{6} - \frac{1}{6} = \frac{2}{3}.$$

Die Ereignisse schließen sich hier nicht aus, 6 ist ein Vielfaches von 3 und von 2; die Gebiete A und B sind also nicht disjunkt, $AB \neq \phi$. Man kann auf zwei Arten die Wahrscheinlichkeit für die Untermenge A B berechnen, und zwar einmal, indem man sie durch P(A) und das andere Mal durch P(B) ausdrückt.

1b) Mit welcher Wahrscheinlichkeit ergeben sich beim Würfeln mit einem Würfel (wie oben) Augenzahlen, die durch 2 oder 5 teilbar sind? (siehe Bild 2.3b.)

Hier ist $AB = \phi$, die beiden Ereignisse schließen sich aus:

$$p(A + B) = p(A) + p(B) = \frac{3}{6} + \frac{1}{6} = \frac{2}{3}.$$

Experimentell ergibt sich die relative Häufigkeit bei einer sehr großen Zahl von Würfen, $N \to \infty$, mit einem Würfel, wenn man für die den verschiedenen Augenzahlen entsprechenden Möglichkeiten $A\bar{B}$, AB, $\bar{A}B$, $\bar{A}\bar{B}$ die Zahl der Würfe mit n_1, n_2, n_3, n_4 zählt, als

$$f(A + B) = (n_1 + n_2 + n_3)/N,$$

also ein Wert, der um so besser durch Versuche erreicht wird, je größer N ist.

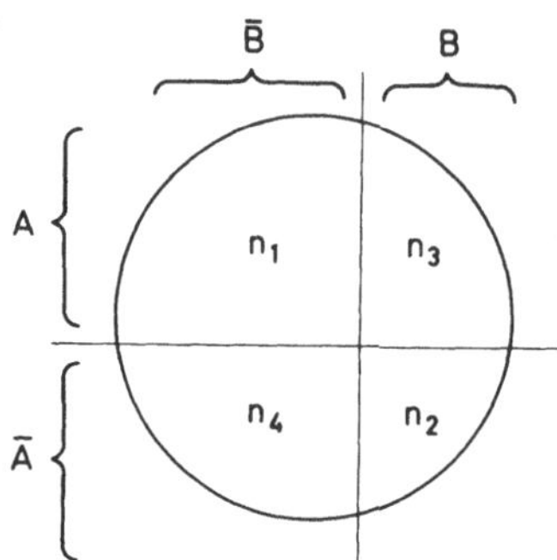

Bild 2.3c

2. Eine Urne enthält 15 Kugeln, die von 1 bis 15 durchnumeriert sind. Wie groß ist die Wahrscheinlichkeit, bei einer Ziehung eine Kugel zu ziehen, deren Nummer ein Vielfaches von 3 oder 5 ist?

Diese beiden Ereignisse schließen sich nicht aus, denn man kann eine Kugel ziehen, deren Nummer ein Vielfaches von 3 und 5 ist. Man muß daher folgende Formel anwenden:

$$p(A + B) = p(A) + p(B) - p(AB),$$
$$p(A) = 5/15, \quad p(B) = 3/15, \quad p(AB) = 1/15,$$

also:

$$p(A + B) = 7/15.$$

3. Eine Urne enthält 5 Kugeln, die mit den Nummern 1 bis 5 durchnumeriert sind. Wie groß ist die Wahrscheinlichkeit, daß bei 5 Ziehungen, wobei man die gezogene Kugel nicht wieder zurücklegt, die Kugeln in der natürlichen Reihenfolge ihrer Nummern gezogen werden?

Ist A_i das Ereignis, das der i-ten Ziehung einer Kugel mit der Nummer i entspricht, was ein „Treffen" genannt werden soll, so sucht man die Wahrscheinlichkeit dafür, daß alle Ziehungen Ereignisse A_i, in der Folge $i = 1, \ldots, 5$, also „Treffen" ergeben. Man erhält:

$$p(A_1 A_2 A_3 A_4 A_5)$$
$$= p(A_1) \cdot p(A_2/A_1) \cdot p(A_3/A_1 A_2) \cdot p(A_4/A_1 A_2 A_3) \cdot p(A_5/A_1 A_2 A_3 A_4).$$

$$p(A_1) = \frac{1}{5}, \quad p(A_2/A_1) = \frac{1}{4}, \quad p(A_3/A_1 A_2) = \frac{1}{3}$$

$$p(A_4/A_1 A_2 A_3) = \frac{1}{2}, \quad p(A_5/A_1 A_2 A_3 A_4) = 1.$$

Die gesuchte Wahrscheinlichkeit ist daher:

$$p = \frac{1}{5} \cdot \frac{1}{4} \cdot \frac{1}{3} \cdot \frac{1}{2} \cdot \frac{1}{1} = \frac{1}{5!}.$$

4. Wie groß ist die Wahrscheinlichkeit dafür, daß bei fünf Ziehungen ohne Zurücklegen (wie oben in 3) wenigstens ein „Treffen" auftritt?

Es gibt $5!$ verschiedene Möglichkeiten, die 5 Kugeln aus der Urne zu ziehen. Ein „Treffen" bedeutet, daß eine Kugel der Nummer i an i-ter Stelle gezogen wird, also gibt es $(5 - 1)!$ einfache „Treffen" (siehe 1.2.1 Übung 1). Man findet in gleicher Weise

$(5 - 2)!$ zweifache „Treffen",
$(5 - 3)!$ dreifache „Treffen".

Allgemein gibt es bei n von 1 bis n durchnumerierte Kugeln

$(n - i)!$ i-fache Treffen.

Die Wahrscheinlichkeit, daß die Kugel a_k an k-ter Stelle gezogen wird, ist

$$p(a_k) = (n - 1)! / n!.$$

Die Wahrscheinlichkeit, daß zwei Kugeln a_i und a_k ihrer Nummer entsprechend an i-ter bzw. k-ter Stelle gezogen werden, ist

$$p(a_i, a_k) = (n - 2)! / n!.$$

Allgemein ist die Wahrscheinlichkeit, daß i Kugeln a_i numeriert mit Zahlen zwischen 1 und n an den entsprechenden Stellen gezogen werden,

$$p(a_i) = (n - i)! / n!.$$

Beachtet man weiterhin, daß C_n^1 Kugeln mit einem „Treffen", C_n^2 Kugeln mit zwei „Treffen", ..., C_n^i Kugeln mit i „Treffen" und C_n^n Kugeln mit n „Treffen" gezogen werden, so ist die Wahrscheinlichkeit für i Treffen

$$C_n^i \frac{(n - i)!}{n!} = \frac{1}{i!}.$$

Die Wahrscheinlichkeit dafür, daß wenigstens ein „Treffen" auftritt, ist also:

$$p(a_1 + a_2 + \ldots + a_n) = [p(a_1) + p(a_2) + \ldots + p(a_n)]$$
$$- [p(a_1 a_2) + p(a_1 a_3) + \ldots + p(a_{n-1} a_n)]$$
$$+ [p(a_1 a_2 a_3) + \ldots + p(a_{n-2} a_{n-1} a_n)]$$
$$+ \ldots + (-1)^{n-1} p(a_1 a_2 \ldots a_n).$$

Der Wert der 1. Klammer ist: $C_n^1 \dfrac{(n-1)!}{n!} = 1,$

der 2. Klammer ist: $C_n^2 \dfrac{(n-2)!}{n!} = \dfrac{1}{2!},$

der i-ten Klammer ist: $C_n^i \dfrac{(n-i)!}{n!} = \dfrac{1}{i!}.$

Die gesuchte Wahrscheinlichkeit ist daher:

$$p = 1 - \frac{1}{2!} + \frac{1}{3!} - \frac{1}{4!} + \ldots + (-1)^{n-1} \cdot \frac{1}{n!}$$

und wenn n genügend groß ist (n → ∞):

$$p = 1 - \frac{1}{e} \approx 0{,}63212,$$

und speziell für n = 5:

$$p = 1 - \frac{1}{2!} + \frac{1}{3!} - \frac{1}{4!} + \frac{1}{5!} = \frac{19}{30} \approx 0{,}6333.$$

5. Es sind zwei äußerlich gleiche Urnen vorhanden. Die erste Urne U_1 enthält drei weiße
und sieben schwarze, die zweite U_2 zwei weiße und drei schwarze Kugeln. Man zieht
eine Kugel aus einer der beiden Urnen, die durch Zufall ausgewählt wird. Wie groß ist
die Wahrscheinlichkeit, eine weiße Kugel zu ziehen?

Mit x_1 sei das Ereignis bezeichnet, eine weiße Kugel aus der ersten Urne zu ziehen, und
mit x_2 das Ereignis, eine weiße Kugel aus der zweiten Urne zu ziehen. Die gesuchte
Wahrscheinlichkeit ist

$$p(x_1 + x_2) = p(x_1) + p(x_2).$$

Das Ereignis x_1 selber hängt wiederum von zwei Ereignissen ab:

A_1 :   Die erste Urne wird zufallsweise gewählt,

B_2 :   eine weiße Kugel wird aus dieser Urne gezogen.

Das Ereignis x_2 hängt ebenfalls von zwei Ereignissen ab:

A_2: Die zweite Urne wird zufallsweise gewählt,

B_2: eine weiße Kugel wird aus dieser Urne gezogen.

$$p(x_1) = p(A_1 B_1) = p(A_1) \cdot p(B_1/A_1)$$
$$p(x_2) = p(A_2 B_2) = p(A_2) \cdot p(B_2/A_2)$$
$$p(A_1) = p(A_2) = \frac{1}{2}, \quad p(B_1/A_1) = \frac{3}{10}, \quad p(B_2/A_2) = \frac{2}{5}.$$

Die gesuchte Wahrscheinlichkeit ist:

$$p(x_1 + x_2) = \frac{1}{2}\left[\frac{3}{10} + \frac{2}{5}\right] = \frac{7}{20}.$$

Man kann sich die Berechnung dieser Wahrscheinlichkeit auch mit Hilfe des folgenden Schemas (Bild 2.4) klar machen:

$$p(x_1) = \frac{1}{2} \cdot \frac{3}{10}$$

$$p(x_2) = \frac{1}{2} \cdot \frac{2}{5}.$$

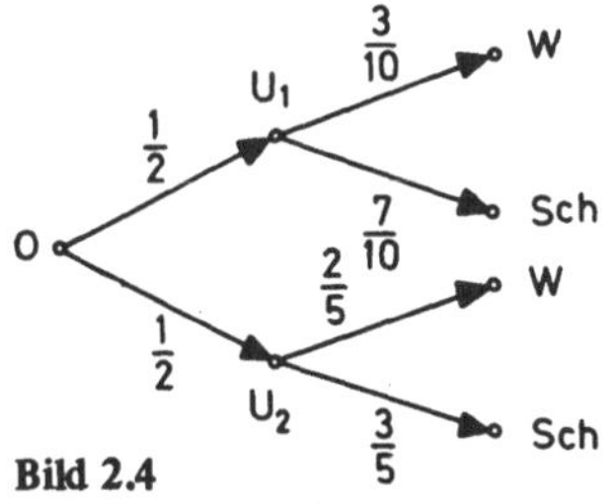

Bild 2.4

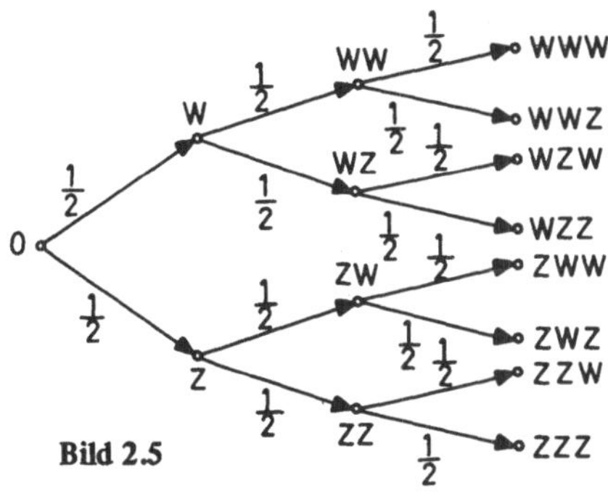

Bild 2.5

6. Wie groß ist die Wahrscheinlichkeit beim dreimaligen Werfen einer Münze (Wappen – Zahl) dreimal Wappen zu erhalten?

Man kann dann das Bild 2.5 konstruieren. Geht man aus von der einzelnen Wahrscheinlichkeit $p = \frac{1}{2}$, so erhält man, wenn man die Streckenzüge verfolgt, die zu dem günstigen Ereignis führen:

$$p = 3\left(\frac{1}{2}\right)^2\left(\frac{1}{2}\right) + 1\left(\frac{1}{2}\right)^3 = \frac{1}{2},$$

dasselbe erhält man auch aus der Binomialverteilung (siehe 3.4.4.1.)

$$p = C_n^k \, p^k \, (1-p)^{n-k}$$

für $n = 3$, $p = \frac{1}{2}$ und $k = 2$ und 3.

$$p = \sum_{k=2}^{3} C_3^k \left(\frac{1}{2}\right)^k \left(\frac{1}{2}\right)^{3-k} = \frac{1}{2}$$

siehe auch Gl. (2.7)!

7. Man hat drei äußerlich gleiche Urnen, von denen die eine zwei schwarze Kugeln, die andere zwei weiße Kugeln und die dritte eine schwarze und eine weiße Kugel enthält.

Man zieht aus einer zufällig ausgewählten Urne eine Kugel. Wie groß ist die Wahrscheinlichkeit dafür, bei einer gezogenen weißen Kugel diese aus der Urne mit den zwei weißen Kugeln gewählt zu haben?

Man bezeichnet mit A und B die folgenden beiden Ereignisse:

A: Die gewählte Urne ist die, die zwei weißen Kugeln enthält.

B: Die gezogene Kugel ist weiß.

Man sucht dann die Wahrscheinlichkeit des Ereignisses A/B. Das Ereignis B sei realisiert, eine weiße Kugel also gezogen; die Urne aus der die Kugel gezogen wurde, enthält eine zweite weiße Kugel. Es gilt demnach:

$$p(A/B) = \frac{p(A\,B)}{p(B)} = \frac{p(A) \cdot p(B/A)}{p(B)}$$

$$p(A) = \frac{1}{3}, \quad p(B/A) = 1, \quad p(B) = \frac{1}{3}\left(0 + 1 + \frac{1}{2}\right) = \frac{1}{2}$$

$$p = \frac{1/3}{1/2} = \frac{2}{3}.$$

2.2. Bedingte Wahrscheinlichkeiten [1])

Es wurde bereits gezeigt, daß die Wahrscheinlichkeit eines Ereignisses wiederum von einer gewissen Anzahl von Ereignissen A_1, A_2, ..., A_n abhängen kann. Dies drückt sich durch die folgende Beziehung aus:

$$p(A_1 A_2 \ldots A_n) = p(A_1) \cdot p(A_2/A_1) \cdot p(A_3/A_1 A_2) \ldots p(A_n/A_1 A_2 \ldots A_{n-1}).$$

Beim n-maligen Werfen einer Münze ist die Wahrscheinlichkeit, n-mal „Zahl" zu erhalten,

$$p(Z_1 Z_2 \ldots Z_n) = p(Z_1) \cdot p(Z_2/Z_1) \ldots p(Z_n/Z_1 Z_2 \ldots Z_{n-1}), \tag{2.7}$$

dabei bedeutet Z_i das Ereignis, daß „Zahl" beim i-ten Wurf erscheint. Die Wahrscheinlichkeit „Zahl" nach i Würfen zu erhalten:

$$p(Z_i/Z_1 Z_2 \ldots Z_{i-1})$$

---

[1]) Siehe auch z. B. *B. W. Gnedenko*, Lehrbuch der Wahrscheinlichkeitsrechnung, Berlin, 3. erw. Aufl. (1963), S. 45 f. u. 102 f. (1. Aufl.)

ist aber stets 1/2, d.h. es ist

$$p(Z_i/Z_1 Z_2 \ldots Z_{i-1}) = p(Z_i) = p(Z_1) = 1/2.$$

Hier tritt der Fall stochastischer Unabhängigkeit ein; die auftretenden Ereignisse werden also *nicht* durch gewisse andere Realisierungen beeinflußt. Man spricht dann auch davon, daß der Prozeß ohne Speicherung verläuft.

Allgemein gilt bei *stochastischer Unabhängigkeit:*

$$p(A_2/A_1) = p(A_2), \; p(A_3/A_1 A_2) = p(A_3), \; \ldots p(A_n/A_1 A_2 \ldots A_{n-1}) = p(A_n). \qquad (2.8)$$

Dagegen gilt bei *stochastischer Abhängigkeit:*

$$p(A_i/A_1 A_2 \ldots A_{i-1}) \neq p(A_i) \quad \text{für} \quad i = 1, \ldots, n. \qquad (2.9)$$

Die Wahrscheinlichkeit der Realisierung eines Ereignisses A_i wird bedingt durch die Realisierung der vorhergehenden Ereignisse $A_1, A_2, \ldots, A_{i-1}$. Man sagt dann auch, daß die Realisation des Ereignisses A_i von den früheren Zuständen $A_{i-1}, A_{i-2}, \ldots, A_1$ abhängt.

Zur Vereinfachung soll nun von einem System ausgegangen werden, das n Zustände annehmen kann, bei dem aber jeder Zustand A_i nur von dem vorhergehenden Zustand A_{i-1} abhängt, daß also

$$p(A_i/A_1 A_2 \ldots A_{i-1}) = p(A_i/A_{i-1}).$$
gilt.

Man nennt ein solches System ein *Markoffsches System.*

Die Möglichkeit, von dem Zustand A_{i-1} in den Zustand A_i überzugehen, kann man graphisch durch einen Bogen darstellen, der die beiden Punkte A_{i-1} und A_i verbindet und an den man die Übergangswahrscheinlichkeit vom Zustand A_{i-1} in den Zustand A_i schreibt (siehe Bild 2.6).

Die Übergangswahrscheinlichkeiten dieser n Zustände werden als Elemente einer quadratischen, n-reihigen Matrix angegeben, so daß man in die i-te Zeile und j-te Spalte die Übergangswahrscheinlichkeit $p(A_j/A_i)$ schreibt, die künftig zur Vereinfachung der Schreibweise nur mit p_{ij} bezeichnet wird. Man beachte, daß die Summe der Wahrscheinlichkeiten einer Zeile gleich Eins ist:

$$\sum_{j=1}^{n} p_{ij} = 1, \quad i = 1, \ldots, n. \qquad \text{Bild 2.6}$$

Es ist oft nützlich, die Wahrscheinlichkeiten, die man beim Übergang vom Zustand i in den Zustand j erhält, wenn man r Bogen zwischen A_i und A_j durchläuft, als $p_{ij}^{(r)}$ zu schreiben.

3 Informationstheorie

An Hand eines einfachen Beispieles sollen diese Wahrscheinlichkeiten berechnet werden:
Betrachtet man deshalb ein System, das nur die drei Zustände A_1, A_2 und A_3 annehmen
kann und das die Ausgangswahrscheinlichkeiten 1/3, 1/2, 1/6 besitzt, so können die Übergangswahrscheinlichkeiten durch die folgende Matrix P gegeben sein:

$$\mathbf{P} = \begin{pmatrix} 0 & 1/6 & 5/6 \\ 1/3 & 1/3 & 1/3 \\ 1/3 & 2/3 & 0 \end{pmatrix}$$

Dieses System läßt sich in Form des Bildes 2.7 darstellen. Zur Erleichterung soll auch die
Darstellung in Form eines Graphen gewählt werden (Bild 2.8).

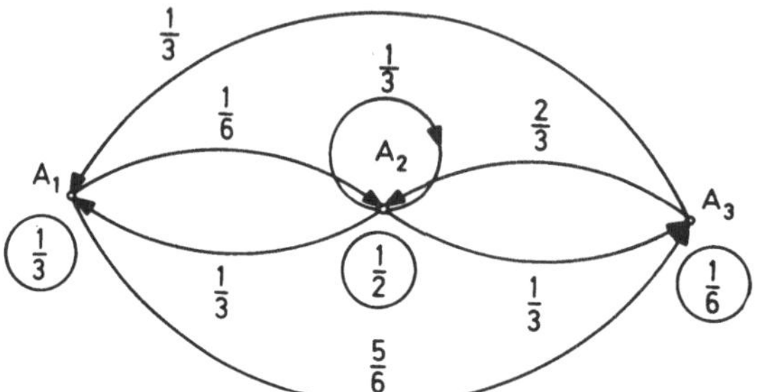

Bild 2.7

Sucht man $p_{21}^{(1)}$ auf diesem Graphen, so findet man sofort

$$p_{21}^{(1)} = \frac{1}{2} \cdot \frac{1}{3} = \frac{1}{6}$$

und erreicht den Punkt X_1.

Für die Wahrscheinlichkeit $p_{21}^{(2)}$ erreicht man die drei Punkte X_2 und die gesuchte Wahrscheinlichkeit ist

$$p_{21}^{(2)} = \frac{1}{2} \left[0 + \frac{1}{9} + \frac{1}{9} \right] = \frac{1}{9}.$$

Man würde mit etwas größeren Umständen auch die Wahrscheinlichkeit $p_{21}^{(n)}$ bestimmen
können.

Aber wegen dieser Schwierigkeiten soll hier ein einfacheres Verfahren angegeben werden:
Man schreibt daher die Ausgangswahrscheinlichkeiten in Form einer Diagonalmatrix D
und multipliziert diese Matrix von rechts mit der quadratischen Matrix P der Übergangswahrscheinlichkeiten. Die so entstandene Matrix enthält z. B. in Zeile 2 Spalte 1 die gesuchte Wahrscheinlichkeit $p_{21}^{(2)}$.

Das Verfahren gilt ganz allgemein. Um die Wahrscheinlichkeit $p_{ij}^{(r)}$ zu erhalten, bildet man
die r-te Potenz der Matrix P und multipliziert $\mathbf{P}^r$ von links mit der Diagonalmatrix D der

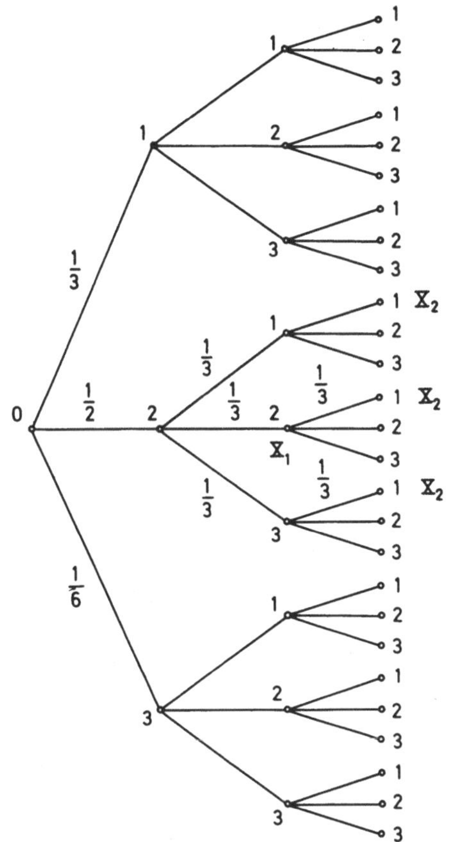

Bild 2.8

Ausgangswahrscheinlichkeiten. Die Elemente von $\mathbf{DP^r}$ sind die Übergangswahrscheinlichkeiten $p_{ij}^{(r)}$.

Beispiel: Gesucht wird $p_{21}^{(2)}$

$$\begin{pmatrix} 1/3 & 0 & 0 \\ 0 & 1/2 & 0 \\ 0 & 0 & 1/6 \end{pmatrix} \begin{pmatrix} 0 & 1/6 & 5/6 \\ 1/3 & 1/3 & 1/3 \\ 1/3 & 2/3 & 0 \end{pmatrix}^2 = \begin{pmatrix} 1/3 & 0 & 0 \\ 0 & 1/2 & 0 \\ 0 & 0 & 1/6 \end{pmatrix} \begin{pmatrix} 1/3 & 11/18 & 1/18 \\ 2/9 & 7/18 & 7/18 \\ 2/9 & 5/18 & 1/2 \end{pmatrix}$$

$$= \begin{pmatrix} 1/9 & 11/54 & 1/54 \\ 1/9 & 7/36 & 7/36 \\ 1/27 & 5/108 & 1/12 \end{pmatrix}$$

$p_{21}^{(2)}$ ist die Wahrscheinlichkeit, einen der drei Wege (211), (221) oder (231) zu durchlaufen (siehe Bild 2.8), d. h. es gilt

$$p[(211) + (221) + (231)] \quad = p(211) + p(221) + p(231)$$
$$p(211) \quad = p(2) \cdot p(1/2) \cdot p(1/1)$$
$$p(221) \quad = p(2) \cdot p(2/2) \cdot p(1/2)$$
$$p(231) \quad = p(2) \cdot p(3/2) \cdot p(1/3)$$
$$p_{21}^{(2)} = p[(211) + (221) + (231)] = p(2)\,[p(1/2) \cdot p(1/1) + p(2/2)\,p(1/2) + p(3/2)\,p(1/3)]$$
$$= \frac{1}{2}\left[\frac{1}{3} \cdot 0 + \frac{1}{3} \cdot \frac{1}{3} + \frac{1}{3} \cdot \frac{1}{3}\right] = \frac{1}{9}.$$

Man findet also wie vorher als Element der 2. Zeile und 1. Spalte der Matrix $\mathbf{M} = \mathbf{D}\,\mathbf{P}^2$:

$$p_{21}^{(2)} = 1/9.$$

Die Wahrscheinlichkeit $p_{\cdot i}^{(r)}$ für den Zustand i unabhängig vom Anfangszustand j,
j = 1, . . . , n, ergibt sich auf die gleiche Art, wenn r Bögen durchlaufen werden.
Den Zeilenvektor aus den Ausgangswahrscheinlichkeiten

$$l = [p(A_1), p(A_2), \ldots, p(A_n)]$$

multipliziert man von rechts mit der Matrix $\mathbf{P}^r$. Die Komponenten des so erhaltenen
Zeilenvektors sind die gesuchten $p_{\cdot i}^{(r)}$. Für obiges Beispiel ergeben sich die Wahrscheinlichkeiten $p_{\cdot 1}^{(2)}$, $p_{\cdot 2}^{(2)}$ und $p_{\cdot 3}^{(2)}$ durch folgendes Matrizenprodukt:

$$\left(\frac{1}{3},\ \frac{1}{2},\ \frac{1}{6}\right)\begin{pmatrix} 0 & 1/6 & 5/6 \\ 1/3 & 1/3 & 1/3 \\ 1/3 & 2/3 & 0 \end{pmatrix}^2 = \left(\frac{7}{27},\ \frac{4}{9},\ \frac{8}{27}\right),$$

also:

$$p_{\cdot 1}^{(2)} = \frac{7}{27}, \qquad p_{\cdot 2}^{(2)} = \frac{4}{9}, \qquad p_{\cdot 3}^{(2)} = \frac{8}{27}.$$

Übung:

Ein Übertragungssystem sendet Nachrichten mit Hilfe eines Alphabets aus den drei Buchstaben A, B und C. Die Wahrscheinlichkeit, daß eine Nachricht mit einem der drei Buchstaben A bzw. B bzw. C beginnt, sei 1/3 bzw. 1/2 bzw. 1/6. Die Übergangswahrscheinlichkeiten seien durch folgende Matrix gegeben

$$\begin{array}{ccc} \mathbf{A} & \mathbf{B} & \mathbf{C} \end{array}$$
$$\mathbf{P} = \begin{pmatrix} 0 & 1/6 & 5/6 \\ 1/3 & 1/3 & 1/3 \\ 1/3 & 2/3 & 0 \end{pmatrix} \begin{array}{c} A \\ B \\ C \end{array}$$

1. Wie groß sind die Wahrscheinlichkeiten dafür, daß eine Nachricht mit

  AB, BB, CC, BAC, CBA oder CCA

beginnt?

Das hier vorausgesetzte Übertragungssystem ist ähnlich dem vorher behandelten. Jeder Zustand entspricht dem Auftreten eines Buchstabens des vorgelegten Alphabets.

Die Wahrscheinlichkeiten, daß die Nachrichten mit den gegebenen zweifachen Buchstabenkombinationen beginnen, erhält man, indem man das Produkt $\mathbf{D\,P}$ bildet und daraus die Elemente p_{AB}, p_{BB} und p_{CC} entnimmt:

$$\begin{pmatrix} 1/3 & 0 & 0 \\ 0 & 1/2 & 0 \\ 0 & 0 & 1/6 \end{pmatrix} \begin{pmatrix} 0 & 1/6 & 5/6 \\ 1/3 & 1/3 & 1/3 \\ 1/3 & 2/3 & 0 \end{pmatrix} = \begin{pmatrix} 0 & 1/18 & 5/18 \\ 1/6 & 1/6 & 1/6 \\ 1/18 & 2/18 & 0 \end{pmatrix}$$

d. h.

$$p_{AB}^{(1)} = 1/18, \quad p_{BB}^{(1)} = 1/6, \quad p_{CC}^{(1)} = 0$$

Die Wahrscheinlichkeiten, daß die Nachricht mit den gegebenen dreifachen Buchstabenkombinationen beginnt, ergibt sich aus folgendem Produkt:

(Anfangswahrscheinlichkeit für den 1. Buchstaben) $\times$
(Übergangswahrscheinlichkeit vom 1. zum 2. Buchstaben) $\times$
(Übergangswahrscheinlichkeit vom 2. zum 3. Buchstaben)

Man erhält also:

$$p(BAC) = \frac{1}{2} \cdot \frac{1}{3} \cdot \frac{5}{6} = \frac{5}{36},$$

$$p(CBA) = \frac{1}{6} \cdot \frac{2}{3} \cdot \frac{1}{3} = \frac{1}{27},$$

$$p(CCA) = \frac{1}{6} \cdot 0 \cdot \frac{1}{3} = 0.$$

2. Wie groß müssen die Anfangswahrscheinlichkeiten sein, damit der n-te übertragene Buchstabe nicht von seiner Stellung abhängt?

Damit der an n-ter Stelle übertragene Buchstabe nicht von der Stelle n abhängt und da nach der getroffenen Vereinbarung die Realisierung eines Ereignisses nur von der unmittelbar vorhergehenden abhängen soll, muß gelten:

$$p_{\cdot i}^{(n)} = p_{\cdot i}^{(n-1)},$$

d. h.

$$1\,P^n = 1\,P^{n-1}$$

oder

$$1\,P = 1,$$

wobei 1 der Zeilenvektor der Ausgangswahrscheinlichkeit ist. Sind p_A, p_B, p_C die gesuchten Anfangswahrscheinlichkeiten, so gilt:

$$(p_A, p_B, p_C) \begin{pmatrix} 0 & 1/6 & 5/6 \\ 1/3 & 1/3 & 1/3 \\ 1/3 & 2/3 & 0 \end{pmatrix} = (p_A, p_B, p_C)$$

und daher:

$$p_A = \frac{1}{3} p_B + \frac{1}{3} p_C \,,$$

$$p_B = \frac{1}{6} p_A + \frac{1}{3} p_B + \frac{2}{3} p_C \,,$$

$$p_C = \frac{5}{6} p_A + \frac{1}{3} p_B \,.$$

Dies ist ein homogenes lineares Gleichungssystem. Es muß aber außerdem noch

$$p_A + p_B + p_C = 1$$

erfüllt werden. Aus der ersten Gleichung folgt

$$3\, p_A = p_B + p_C$$

und aus der Zusatzgleichung

$$p_B + p_C = 1 - p_A \,,$$

also

$$p_A = \frac{1}{4} \,.$$

Aus der dritten Gleichung folgt:

$$p_B = \frac{13}{32}$$

und aus der vorletzten:

$$p_C = \frac{11}{32} \,.$$

2.3. Der Satz von Bayes

Hängt die Realisation eines Ereignisses E von mehreren Ursachen oder Ereignissen A_1, $A_2, \ldots, A_n$ ab, so kann man unter gewissen Bedingungen eine Wahrscheinlichkeit a posteriori $p(A_i/E)$ [1] für jedes Ereignis A_i definieren, d. i. die Wahrscheinlichkeit dafür, daß das Ereignis E, wenn es einmal auftritt, aus A_i folgt.

---

[1] $p(A_i)$ wird auch als Wahrscheinlichkeit a priori bezeichnet.

Das Theorem von *Bayes* gestattet, diese Wahrscheinlichkeiten durch die sich gegenseitig ausschließenden und die Menge E ausschöpfenden Ereignisse A_i auszudrücken, d. h., daß die Ereignisse A_i alle möglichen günstigen Fälle der Gesamtheit umfassen. Wenn man sie abzählen kann, gilt:

$$\sum_{i=1}^{n} n_i = N,$$

wobei n_i die Anzahl der günstigen Fälle ist, in denen das Ereignis A_i realisiert wird und N die Gesamtzahl der möglichen Fälle.

Es gilt dann

$$p(A_i) = n_i/N,$$

woraus folgt

$$\sum_{i=1}^{n} p(A_i) = 1.$$

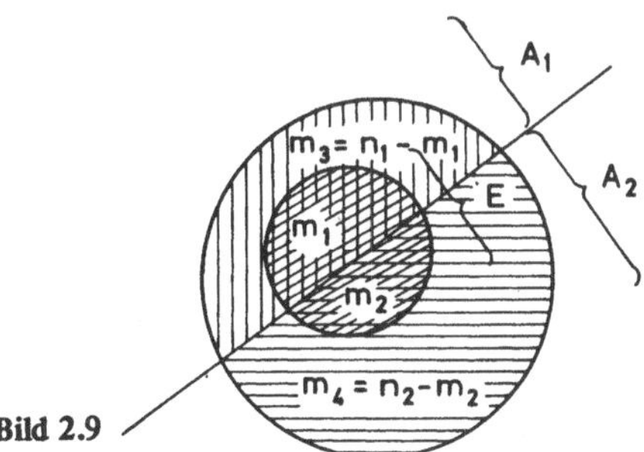

Bild 2.9

Die Ereignisse sollen sich gegenseitig ausschließen, ein einzelnes Ereignis soll nur auf eine Weise erzeugt werden können; da somit alle Fälle ausgeschöpft sind, gilt:

$$p(A_1 + A_2 + \ldots + A_n) = p(A_1) + p(A_2) + \ldots + p(A_n) = 1,$$

d. h. es ist gewiß, daß eines dieser Ereignisse realisiert wird.

Um die Darstellung zu vereinfachen, wird angenommen, daß nur zwei Ereignisse A_i möglich sind, und daß man die Zahl der Fälle abzählen kann.

Die beiden Ereignisse A_1 und A_2 schließen sich also aus und erschöpfen das Ereignis E. Graphisch können die möglichen Fälle $N = n_1 + n_2$ als Punkte im Innern einer als Kreis dargestellten Bezugsfläche (Bild 2.9) aufgezeichnet werden. Die n_1 und n_2 entsprechenden Punkte befinden sich in zwei verschiedenen Gebieten innerhalb des Kreises. Die Punkte, die die günstigen Fälle für E darstellen, $m_1 + m_2$, sind Punkte in einem Kreise, der ganz im Innern der Bezugsfläche liegt und der teilweise in dem anderen Teil des vorher definierten Bereiches liegt.

Der Gesamtbereich ist auf diese Weise in vier disjunkte Teile zerlegt, die den Gebieten

$A_1 \overline{E}$, $A_1 E$, $A_2 E$ und $A_2 \overline{E}$ mit $n_1 - m_1 = m_3$, m_1, m_2

bzw. $n_2 - m_2 = m_4$ Punkten entsprechen,

wobei $m_1 + m_2 + m_3 + m_4 = N$.

Die Wahrscheinlichkeit für das Ereignis E ist:

$$p(E) = \frac{m_1 + m_2}{N} = \frac{m_1}{N} + \frac{m_2}{N} = p(A_1 E) + p(A_2 E). \tag{2.10}$$

Da

$$p(A_1 E) = p(A_1) \cdot p(E/A_1)$$
$$p(A_2 E) = p(A_2) \cdot p(E/A_2) \tag{2.11}$$

und

$$p(A_i/E) = p(A_i E) / p(E), \tag{2.12}$$

sind die gesuchten Wahrscheinlichkeiten a posteriori

$$p(A_1/E) = \frac{p(A_1) \cdot p(E/A_1)}{p(A_1) \cdot p(E/A_1) + p(A_2) \cdot p(E/A_2)},$$

$$p(A_2/E) = \frac{p(A_2) \cdot p(E/A_2)}{p(A_1) \cdot p(E/A_1) + p(A_2) \cdot p(E/A_2)}. \tag{2.13}$$

Der Satz von *Bayes*, der hier für zwei Ereignisse A_1 und A_2 angegeben wurde, läßt sich auf den Fall von n sich ausschließenden Ereignissen, die gleichzeitig das Ereignis E voll erschöpfen, verallgemeinern. Man erhält dann:

$$p(A_i/E) = \frac{p(A_i) \cdot p(E/A_i)}{\sum_{j=1}^{n} p(A_j) \cdot p(E/A_j)}, i = 1, \ldots, n. \tag{2.14}$$

Übungen:

1. In einem Pensionat junger Mädchen haben 25 % der Schülerinnen blaue Augen, 75 % sind blond und 20 % der blonden haben blaue Augen. Man zieht auf Geratewohl den Namen einer Schülerin und ruft sie ins Sprechzimmer. Sie erscheint mit einem Hut bedeckt, der es unmöglich macht, die Haarfarbe zu erkennen. Dieses junge Mädchen hat blaue Augen. Wie groß ist die Wahrscheinlichkeit, daß sie blonde Haare hat?

Das beobachtete Ereignis E ist: Das junge Mädchen hat blaue Augen. Die beiden Ereignisse, blondes Haar (A) und Haar anderer Farbe ($\bar{A}$) schließen sich aus und sind vollständig, d. h. die Bezugsmenge R entspricht allen möglichen Fällen und wird aus den beiden disjunkten Mengen A und $\bar{A}$ gebildet (siehe Bild 2.10).
Dies läßt sich durch die beiden Beziehungen

$$A + \bar{A} = R \quad \text{und} \quad A\,\bar{A} = \phi$$

ausdrücken.

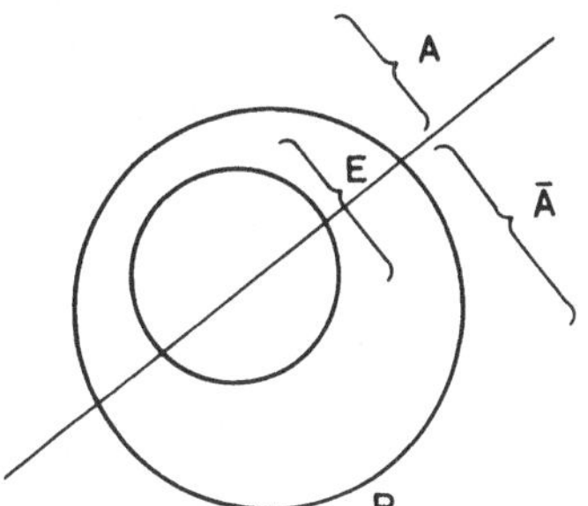

Bild 2.10

Die Wahrscheinlichkeit, die man sucht, ist $p(A/E)$, wobei folgendes bekannt ist:

$$p(E) = 25\,\%, \quad p(E/A) = 20\,\% \quad \text{und} \quad p(A) = 75\,\%.$$

Die Formel von *Bayes* liefert sofort:

$$p(A/E) = \frac{p(A) \cdot p(E/A)}{p(E)} = \frac{3/4 \cdot 1/5}{1/4} = \frac{3}{5}.$$

2. Man geht von drei gleich aussehenden Urnen aus. Die erste Urne enthält drei schwarze und zwei weiße Kugeln, die zweite Urne vier schwarze und drei weiße Kugeln, die letzte Urne vier schwarze und zwei weiße Kugeln. Man wählt aufs Geratewohl eine Urne und zieht eine Kugel, diese sei weiß. Wie groß ist die Wahrscheinlichkeit, daß die ausgewählte Urne die dritte gewesen ist?

Das beobachtete Ereignis E ist: die gezogene Kugel war weiß. Die verursachenden Ereignisse sind die verschiedenen Inhalte der drei Urnen, was durch die Buchstaben A_1, A_2 und A_3 bezeichnet werden soll. Gesucht ist nun die Wahrscheinlichkeit:

$$p(A_3/E) = \frac{p(A_3) \cdot p(E/A_3)}{\displaystyle\sum_{j=1}^{3} p(A_j) \cdot p(E/A_j)}\,,$$

oder mit den gegebenen Zahlen:

$$p(A_1) = p(A_2) = p(A_3) = \frac{1}{3}$$

$$p(E/A_1) = \frac{2}{5}, \quad p(E/A_2) = \frac{3}{7}, \quad p(E/A_3) = \frac{1}{3}$$

$$p(A_3/E) = \frac{p(E/A_3)}{\displaystyle\sum_{j=1}^{3} p(E/A_j)} = \frac{1/3}{\dfrac{2}{5} + \dfrac{3}{7} + \dfrac{1}{3}} = \frac{35}{122} \approx 29\,\%.$$

2.4. Zufallsvariable

Eine Größe, die verschiedene Zustände annimmt, und der eine Wahrscheinlichkeit für jeden dieser Zustände zugeordnet werden kann, heißt *Zufallsgröße*. Die Wahrscheinlichkeiten, die jedem dieser Zustände zugeordnet sind, definieren eine Wahrscheinlichkeitsverteilung dieser Zufallsgrößen.

Wenn diese Größe meßbar ist, nennt man sie *Zufallsvariable* und bezeichnet sie mit einem großen Buchstaben, z. B. X, die entsprechenden indizierten kleinen Buchstaben stellen die Werte dar, die die Zufallsvariable annehmen kann, z. B. $x_1, x_2, \ldots, x_n$. Die Wahrscheinlichkeitsverteilung ordnet jedem dieser Zustände einen speziellen Wert zu:

$$f(x_i) = p\{X = x_i\} = p_i \quad \text{mit} \quad \sum_{i=1}^{n} p_i = 1. \tag{2.15}$$

Die Wahrscheinlichkeit $F(x)$, daß die Zufallsvariable X Werte kleiner oder gleich x annehme, ist

$$F(x) = \sum_{x_i \leqslant x} f(x_i). \tag{2.16}$$

Man nennt sie *Verteilungs-* oder auch *Summen-Funktion.*

Für mehrere Zufallsvariable X, Y, Z wird in gleicher Weise die Wahrscheinlichkeitsverteilung definiert:

$$f(x_i, y_i, z_i) = p\{X = x_i, Y = y_i, Z = z_i\}, \tag{2.17}$$

und ebenso wird für

$$x_i \leqslant x_1, y_i \leqslant y_2, z_i \leqslant z_3$$

die Verteilungs- (Summen-) Funktion

$$F(x_1, y_2, z_3) = \sum_{i} f(x_i, y_i, z_i) \tag{2.18}$$

gebildet.

Im *Fall von zwei Variablen* hat man:

$$f(x, y) = p\{X = x, Y = y\} \tag{2.19}$$

$$F(x, y) = p\{X \leqslant x, Y \leqslant y\} \tag{2.20}$$

und

$$f(x_i) \quad = p\{X = x_i, \text{ für } y_k \text{ beliebig}\} = \sum_k{}' f(x_i, y_k) \tag{2.21}$$

$$f(y_k) \quad = p\{Y = y_k, \text{ für } x_i \text{ beliebig}\} = \sum_i{}' f(x_i, y_k). \tag{2.22}$$

$$F(x_i) \quad = \sum_{x_k \leqslant x_i} f(x_k) \tag{2.23}$$

$$F(y_j) \quad = \sum_{y_k \leqslant y_j} f(y_k) \tag{2.24}$$

sind die entsprechenden Wahrscheinlichkeiten und die Verteilungsfunktionen der Randverteilungen.

Die Wahrscheinlichkeitsverteilung sei in Form der folgenden Matrix gegeben:

x \ y	1	2	...	k	...	n	
1	$f(x_1, y_1)$	$f(x_1, y_2)$	...	$f(x_1, y_k)$	...	$f(x_1, y_n)$	
2	$f(x_2, y_1)$	$f(x_2, y_2)$	...	$f(x_2, y_k)$	...	$f(x_2, y_n)$	
...							
i	$f(x_i, y_1)$	$f(x_i, y_2)$	...	$f(x_i, y_k)$	...	$f(x_i, y_n)$	$\sum_k{}' f(x_i, y_k) = f(x_i)$
...							
m	$f(x_m, y_1)$	$f(x_m, y_2)$	...	$f(x_m, y_k)$	...	$f(x_m, y_n)$	

$$\sum_i{}' f(x_i, y_k) = f(y_k)$$

Daraus folgt:

$$f(x_i) = \sum_k{}' f(x_i, y_k) \quad = \text{Summe der Elemente der Zeile } i$$

$$f(y_k) = \sum_i{}' f(x_i, y_k) \quad = \text{Summe der Elemente der Spalte } k.$$

Wenn die Zufallsvariablen X und Y statistisch voneinander unabhängig sind, dann ist

$$f(x_i, y_k) = f(x_i) \cdot f(y_k) \quad \text{für alle Werte } x_i \text{ und } y_k.$$

Die bedingte Wahrscheinlichkeit $p\{X = x_i/Y = y_k\}$, die man mit $f(x_i/y_k)$ bezeichnet, ist

$$\frac{f(x_i, y_k)}{f(y_k)}, \quad \text{wenn} \quad f(y_k) \neq 0.$$

Es gilt dann:

$$\sum_{i=1}^{m} f(x_i/y_k) = \frac{\displaystyle\sum_{i=1}^{m} f(x_i, y_k)}{f(y_k)} = 1 \tag{2.25}$$

$$\sum_{k=1}^{n} f(y_k/x_i) = \frac{\displaystyle\sum_{k=1}^{n} f(x_i, y_k)}{f(x_i)} = 1 \tag{2.26}$$

Übung:

Wie groß ist bei einem Spiel mit zwei Würfeln die Wahrscheinlichkeit dafür, daß man mit dem einen Würfel eine 3 oder 4 und mit dem anderen Würfel eine 4, 5 oder 6 wirft?

Mit zwei Würfeln kann man $6^2 = 36$ verschiedene gleichwahrscheinliche Ergebnisse erhalten, jedem möglichen Ergebnis ist die Wahrscheinlichkeit 1/36 zugeordnet. X soll die Zufallsvariable sein für die Realisationen des ersten Würfels und Y die für den zweiten Würfel. Man erhält folgende tabellarische Darstellung (Matrix):

$\dfrac{k}{i}$	1	2	3	4	5	6	$f(x_i) = \sum_k f(x_i, y_k)$
1	1/36	1/36	1/36	1/36	1/36	1/36	1/6
2	1/36	1/36	1/36	1/36	1/36	1/36	1/6
3	1/36	1/36	1/36	1/36	1/36	1/36	1/6
4	1/36	1/36	1/36	1/36	1/36	1/36	1/6
5	1/36	1/36	1/36	1/36	1/36	1/36	1/6
6	1/36	1/36	1/36	1/36	1/36	1/36	1/6
$f(y_k) = \sum_i f(x_i, y_k)$	1/6	1/6	1/6	1/6	1/6	1/6	

Die eingerahmten Werte (Zeilen 3 und 4, Spalten 4, 5, 6) ergeben zusammen 1/3; die Spalten 4, 5, 6 ergeben 1/2.

Nach (2.20) ist:

$$F(x, y) = p\{X \leqslant x, Y \leqslant y\}$$

also:

$$F(3, 4) = p\{X \leqslant 3, Y \leqslant 4\}$$

und

$$F(4, 6) = p\{X \leqslant 4, Y \leqslant 6\}$$

und daher

$$p\{3 \leqslant X \leqslant 4,\ 4 \leqslant Y \leqslant 6\} = \frac{6}{36} = \frac{1}{6} \qquad \text{(schraffierter Teil der Matrix)}$$

Wegen (2,21) und (2.23) gilt

$$F(x_i) = \sum_{x_k \leqslant x_i} f(x_k) \quad \text{und} \quad f(x_k) = \sum_{l=1}^{6} f(x_k, y_l) = \frac{1}{6}$$

also

$$F\{x_i = 4\} = \sum_{x_k \leqslant 4} f(x_k) = \frac{4}{6},\ F\{x_i = 2\} = \frac{2}{6}.$$

$$p\{3 \leqslant X \leqslant 4\} = \frac{4}{6} - \frac{2}{6} = \frac{1}{3}$$

Auf gleiche Weise ergeben sich die Randwahrscheinlichkeiten $p\{4 \leqslant Y \leqslant 6\} = 1/2$ mit der Hilfe der Ausdrücke (2.22) und (2.23):

$$F(y_k) = \sum_{y_j \leqslant y_k} f(y_j), \quad f(y_j) = \sum_{i=1}^{6} f(x_i, y_k).$$

Man stellt fest, daß die beiden Variablen X und Y unabhängig sind, denn es gilt für die Realisierung x_i von X und y_k von Y:

$$f(x_i, y_k) = f(x_i) \cdot f(y_k)$$

3. Statistik

3.1. Grundbegriffe

Als *Grundgesamtheit,* auch „*Population*" oder „*Kollektiv*" genannt, bezeichnet man die Menge der Elemente (Personen oder auch Gegenstände), die man nach einer besonderen Eigenschaft, einem *Merkmal,* ordnen kann. Diese Merkmale sind entweder unterscheidbar (qualitative Beobachtungen) oder meßbar (quantitative Beobachtungen). Die Merkmale werden oft in Klassen zusammengefaßt.

Eine *Stichprobe* ist eine Untermenge der untersuchten Grundgesamtheit, die unter genau definierten Bedingungen ausgewählt wird. Die Anzahl n_i der Elemente mit einem speziellen Merkmal, das einen besonderen Zustand (qualitatives M.) oder einen speziellen Wert (quantitatives M.) darstellt, heißt die *Häufigkeit,* auch absolute Häufigkeit oder Besetzungszahl genannt.

Als *relative Häufigkeit* f_i, manchmal auch nur *Häufigkeit,* bezeichnet man das Verhältnis der absoluten Häufigkeit zur Gesamtzahl der Beobachtungen (Umfang der Stichprobe). Die *prozentuale Häufigkeit* ist das 100fache der relativen Häufigkeit ($100\,f_i$).

Übung:

Für eine Gesamtheit von 50 000 Familien mit 8 Kindern hat man folgende Klassifizierung nach der Zahl der Knaben beobachtet:

Zahl der Knaben Merkmal (Klasse)	Zahl der Familien (Häufigkeiten n_i)	Prozentuale Häufigkeiten $100\,f_i$ (%)
0	200	0,4
1	1 500	3,0
2	5 000	10,0
3	10 000	20,0
4	15 000	30,0
5	11 000	22,0
6	6 000	12,0
7	1 000	2,0
8	300	0,6
Gesamt: $n = \sum_i n_i =$	50 000	100,0

Für das Merkmal „1 Knabe" ist die absolute Häufigkeit (Besetzungszahl)

$$n_1 = 1\,500;$$

die relative Häufigkeit ist

$$f_i = n_i / \sum_j n_j, \qquad \text{also}$$

$$f_1 = n_1/n = 1\ 500/50\ 000 = 0,03$$

und die prozentuale Häufigkeit

$$100\,f_1 = 3\,\%.$$

Man beachte, daß stets $\sum_i f_i = 1$.

3.2. Graphische Darstellungen

3.2.1. Stabdiagramme

Über einer Grundlinie trägt man als Abszissen Werte proportional der beobachteten Merkmale in jeder Klasse und als Ordinaten Werte proportional der absoluten, relativen oder prozentualen Häufigkeiten auf. Das Beispiel aus dem vorausgehenden Abschnitt wird in Bild 3.1 dargestellt.

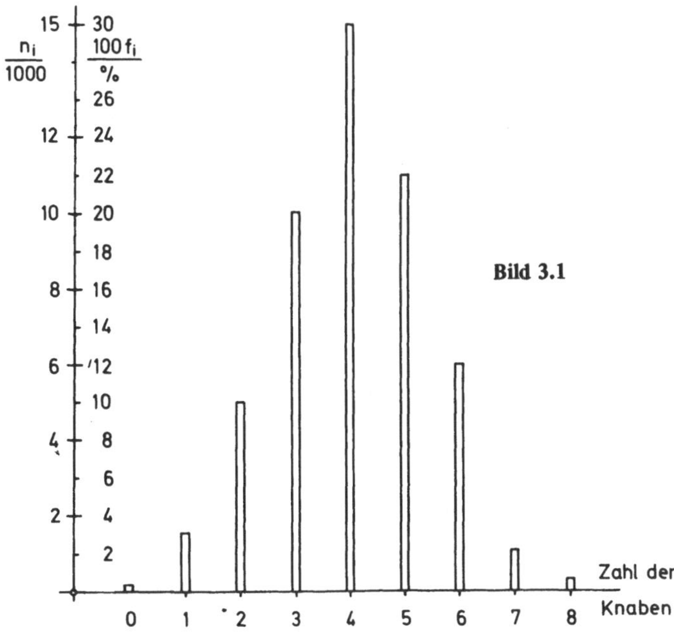

3.2.2. Histogramme

Bei Beobachtungen, die in Klassen zusammengefaßt sind, trägt man an den Klassengrenzen
Ordinaten auf, die proportional den absoluten, relativen oder prozentualen Häufigkeiten
sind und verbindet diese Punkte zu einem Polygonzug oder durch horizontale Verbindungs-
geraden zu einem Treppendiagramm.

3.2.3. Diagramm der kumulativen Häufigkeiten

Die *kumulativen Häufigkeiten,* auch *Summenhäufigkeiten* genannt, erhält man, indem man
die absoluten oder die relativen Häufigkeiten für alle Merkmale kleiner oder gleich einer
gewissen Merkmalsgröße aufsummiert (kumuliert). Diese Werte stellt man in gleicher Weise
dar, wie im vorausgegangenen Abschnitt bei der Darstellung als Histogramm. Es ergibt sich
ein Polygonzug oder einen Treppenzug, der von Null nach n (Gesamtzahl der Beobachtungen) bzw. 1 geht.

Übung:

Bei einer Gesamtheit von 334 000 Rekruten wird die Körpergröße gemessen und das
Beobachtungsmaterial in 10 Klassen geteilt:

Klasse i	Klassen-mitten x_i [m]	Obere Klassen-grenzen [m]	Häufigkeit n_i (in 1 000)	Summenhäufig-keit (absolut) Σn_i	rel. Häufigkeit $f_i = n_i/n$	Summenhäufig-keit $\Sigma n_i/n$
1	1,475	1,50	1	1	0,0031	0,0031
2	1,525	1,55	12	13	0,0350	0,0381
3	1,575	1,60	30	43	0,0900	0,1281
4	1,625	1,65	90	133	0,2700	0,3981
5	1,675	1,70	98	231	0,2910	0,6891
6	1,725	1,75	66	297	0,2002	0,8893
7	1,775	1,80	27	324	0,0800	0,9693
8	1,825	1,85	7	331	0,0214	0,9907
9	1,875	1,90	2	333	0,0062	0,9969
10	1,925	1,95	1	334	0,0031	1,0000
Σ_i			n = 334		1,0000	

Nach obiger Tabelle läßt sich das Diagramm für die kumulierten Häufigkeiten leicht als
Polygonzug oder als Treppendiagramm zeichnen (Bild 3.2)

3.3. Charakteristische Parameter einer Häufigkeitsverteilung

Alle Häufigkeitsverteilungen für *meßbare* Merkmale können im allgemeinen durch zwei
Parameter charakterisiert werden, von denen einer die *Lage* und der andere die *Streuung*
definiert.

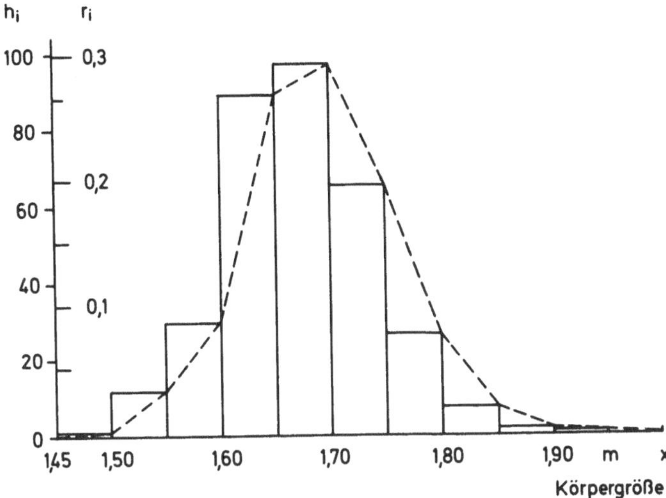

Bild 3.2a

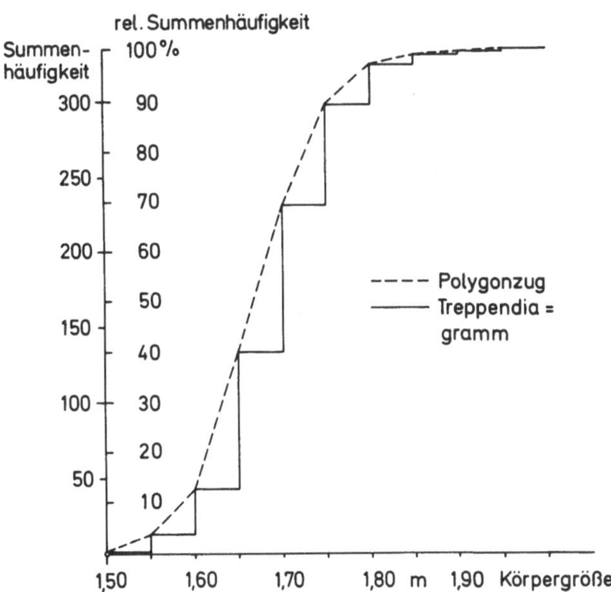

Bild 3.2b

3.3.1. Lageparameter

Der am häufigsten benutzte Lageparameter ist das *arithmetische Mittel*. Manchmal bedient man sich auch des *Medians* oder des *Modalwertes*.

3.3.1.1. Arithmetisches Mittel

Das arithmetische Mittel einer Beobachtungsreihe $x_1, x_2, \ldots, x_n$, meist kurz *Mittelwert* genannt, ist der Quotient aus der Summe der Beobachtungswerte und der Anzahl der Beobachtungen. Man bezeichnet ihn meist mit $\bar{x}$.

$$\bar{x} = \frac{1}{n}(x_1 + x_2 + \ldots + x_n) = \frac{1}{n}\sum_{i=1}^{n} x_i \tag{3.1}$$

Treten die Beobachtungen $x_1, x_2, \ldots, x_k$ mit den Häufigkeiten $n_1, n_2, \ldots, n_k$ auf, so ist der Mittelwert, wenn

$$n = \sum_{i=1}^{k} n_i$$

die Gesamtzahl der Beobachtungen ist:

$$\bar{x} = \frac{n_1 x_1 + n_2 x_2 + \ldots + n_k x_k}{n_1 + n_2 + \ldots + n_k} = \frac{1}{n}\sum_{i=1}^{k} n_i x_i \tag{3.2}$$

Übung:

Der Mittelwert der Körpergrößen der Übung in 3.2.3 ist:

$$\bar{x} = \frac{1}{334}[1 \cdot 1,475 + 12 \cdot 1,525 + \ldots 2 \cdot 1,875 + 1 \cdot 1,925] = 1,67 \text{ m}.$$

3.3.1.2. Median

Der Median, auch Zentralwert genannt, ist der Wert des Merkmals, für den es gleichviel Beobachtungen größerer und gleichviel Beobachtungen kleinerer Werte des Merkmals gibt (siehe Bild 3.3).

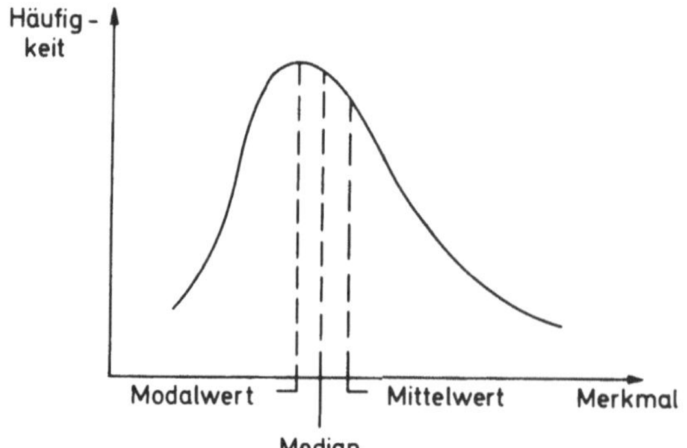

Bild 3.3

3.3.1.3. Modalwert

Der Modalwert, auch Dichtemittel genannt, ist der Wert des Merkmals für die maximale Häufigkeit (siehe Bild 3.3).

3.3.2. Streuungsparameter

Die Streuung der Beobachtungswerte wird durch die *Standardabweichung* charakterisiert. Manchmal wird auch die *mittlere arithmetische Streuung* verwendet.

3.3.2.1. Mittlere arithmetische Streuung

Die mittlere arithmetische Streuung ist das arithmetische Mittel der Absolutwerte der Abweichungen der Beobachtungswerte vom Mittelwert $\bar{x}$.

$$s_a = \frac{1}{n} \sum_{i=1}^{n} |x_i - \bar{x}| \tag{3.3}$$

Für Klassen mit den Merkmalen x_i und den Häufigkeiten n_i, $i = 1, \ldots, k$, gilt dann:

$$s_a = \frac{1}{n} \sum_{i=1}^{k} n_i |x_i - \bar{x}|, \quad n = \sum_{i=1}^{k} n_i. \tag{3.4}$$

3.3.2.2. Varianz und Standardabweichung

Die Varianz ist das arithmetische Mittel aus den Quadraten der Abweichungen der Beobachtungswerte vom Mittelwert [1]). Die Varianz soll mit s^2 bezeichnet werden. Die Standardabweichung ist die Quadratwurzel aus der *Varianz*.

Man erhält bei n Einzelbeobachtungen:

$$s^2 = \frac{1}{n} \sum_{i=1}^{n} (x_i - \bar{x})^2, \quad s = \sqrt{\frac{1}{n} \sum_{i=1}^{n} (x_i - \bar{x})^2} \tag{3.5}$$

---

[1]) In der Literatur sind die Bezeichnungen oft nicht einheitlich, so wird für s^2 neben „Varianz" auch die Bezeichnung „Streuung" und für s neben „Standardabweichung" die Bezeichnung „Streuung" oder „mittlere quadratische Abweichung" eingeführt.

Weiterhin wird in den Formeln für s^2 der Nenner n meist durch n – 1 ersetzt, auch die deutschen Normvorschläge lauten so. Weitergehende statistische Untersuchungen führen dazu, daß man einen nicht-verzerrten Schätzwert erhält, wenn der Nenner n – 1 heißt.

und bei einer Einteilung in k Klassen mit den Häufigkeiten n_i:

$$s^2 = \frac{1}{n} \sum_{i=1}^{k} n_i (x_i - \bar{x})^2, \quad s = \sqrt{\frac{1}{n} \sum_{i=1}^{k} n_i (x_i - \bar{x})^2} \quad n = \sum_{i=1}^{k} n_i. \tag{3.6}$$

Durch Ausrechnen der Quadrate in s^2 erhält man:

$$s^2 = \frac{1}{n} \sum_{i=1}^{n} (x_i - \bar{x})^2 = \frac{1}{n} \left[\sum_{i=1}^{n} x_i^2 - 2\bar{x} \sum_{i=1}^{n} x_i + n\bar{x}^2 \right]$$

oder

$$s^2 = \frac{1}{n} \sum_{i=1}^{n} x_i^2 - \frac{1}{n^2} \left(\sum_{i=1}^{n} x_i \right)^2, \tag{3.7}$$

bzw. im Falle von Klassenbildung:

$$s^2 = \frac{1}{n} \sum_{i=1}^{k} n_i x_i^2 - \frac{1}{n^2} \left(\sum_{i=1}^{k} n_i x_i \right)^2, \quad n = \sum_{i=1}^{k} n_i. \tag{3.8}$$

3.3.3. Berechnung von Mittelwert und Varianz

Die Berechnung von Mittelwert und Varianz wird sehr vereinfacht, wenn man eine lineare Transformation der Variablen x vornimmt. Zwischen der alten Variablen x_i und der neuen Variablen x_i' wird folgende Beziehung angesetzt:

$$x_i = x_0 + h x_i'.$$

Durch passende Wahl von x_0 und h kann man die Rechnung beträchtlich verkürzen, wie folgende Übung zeigen wird.

Mittelwert und Varianz berechnet man in den neuen Variablen:

$$\bar{x}' = \frac{1}{n} \sum_{i=1}^{k} n_i x_i'$$

$$s'^2 = \frac{1}{n} \sum_{i=1}^{k} n_i x_i'^2 - \frac{1}{n^2} \left(\sum_{i=1}^{k} n_i x_i' \right)^2, \quad n = \sum_{i=1}^{k} n_i. \tag{3.9}$$

Es lassen sich also x' und s'^2 nur mit Hilfe von $\sum\limits_{i=1}^{k} n_i x_i'$ und $\sum\limits_{i=1}^{k} n_i x_i'^2$ ausdrücken.

Die Beziehungen zwischen x und x' bzw. s^2 und s'^2 ergeben sich leicht aus obiger Transformationsformel zu:

$$x = x_0 + hx',$$
$$s^2 = h^2 s'^2. \tag{3.10}$$

Es ist am vorteilhaftesten, für x_0 einen Wert nahe bei $\bar{x}$ zu wählen, etwa den Median oder den Modalwert. Für h wählt man praktisch einen solchen Wert, der eine Rechnung mit ganzen Zahlen ermöglicht.

Übung:

Man berechne den Mittelwert $\bar{x}$ und die Standardabweichung s für die in der Übung S. 48 gegebene Verteilung (Körpergrößen). Den Modalwert findet man in der 5. Klasse. Man wählt daher als Wert x_0 die Klassenmitte dieser Klasse ($1{,}65 \div 1{,}70$), diese ist $1{,}675$. Ein geeigneter Wert von h ist $0{,}01$.

Die Rechnung läßt sich damit sehr einfach durchführen, wie die folgende Tabelle zeigt:

i	Klassenmitten x_i	Häufigkeiten n_i	$x_i' = \dfrac{x_i - x_0}{h}$	$n_i x_i'$	$n_i x_i'^2$
1	1,475	1	-20	-20	400
2	1,525	12	-15	-180	2 700
3	1,575	30	-10	-300	3 000
4	1,625	90	-5	-450	2 250
5	1,675	98	$+0$	0	0
6	1,725	66	5	330	1 650
7	1,775	27	10	270	2 700
8	1,825	7	15	105	1 575
9	1,875	2	20	40	800
10	1,925	1	25	25	625
$\sum\limits_{i=1}^{10}$		$n = 334$		-180	15 700

$$n = \sum_{i=1}^{k} n_i = 334$$

$$\bar{x}' = \frac{1}{n} \sum_{i=1}^{k} n_i x_i' = \frac{-180}{334} \approx -0{,}54$$

$$\bar{x} = x_0 + hx' = 1{,}675 - 0{,}0054 \approx 1{,}67 \text{ m}$$

$$s'^2 = \frac{1}{n}\left[\sum_{i=1}^{k} n_i x_i'^2 - \frac{1}{n}\left(\sum_{i=1}^{k} n_i x_i'\right)^2\right]$$

$$= \frac{1}{334}\left[15\,700 - \frac{180^2}{334}\right] \approx 46{,}7$$

$$s' \approx 6{,}8$$

$$s = hs' \approx \underline{0{,}068 \text{ m}}$$

3.4. Gesetze der Statistik

Man stellt bei statistischen Erhebungen verschiedenartiger Erscheinungen gewisse *Gesetzmäßigkeiten* fest. Die Beobachtung der Körpergröße von Rekruten führt z. B. bei jeder solchen Erhebung zu einer Tabelle, deren Zahlenverlauf ähnlich dem ist, der in der Übung im Abschnitt 3.2.3 gezeigt wurde. Die Merkmale der Klassifizierung, in der Übung die Körpergröße, gehorchen statistischen Gesetzen, deren oft sehr komplizierte Untersuchung durch Anwendung der deduktiven Methoden der Wahrscheinlichkeitsrechnung möglich gemacht wird.

3.4.1. Relative Häufigkeit und Wahrscheinlichkeit

In 2.1 wurde bereits gezeigt, wie der Begriff „relative Häufigkeit" mit dem Begriff „Wahrscheinlichkeit" zusammenhängt. Beim Werfen einer Münze ist z. B. die Häufigkeit, daß eine bestimmte Seite, etwa „Wappen", obenauf liegt:

$$f = \frac{n}{N} = \frac{\text{Zahl der Fälle, bei denen „Wappen" erscheint}}{\text{Gesamtzahl der Würfe}}.$$

Dies ist eine experimentelle Begriffsbildung. Man weiß aber, daß die Wahrscheinlichkeit für eines von zwei gleichwahrscheinlichen Ereignissen den Wert 1/2 hat. Das ist hier die Wahrscheinlichkeit, daß beim Werfen der Münze eine bestimmte Seite, etwa „Wappen", auftritt.

Das Gesetz der großen Zahlen, das von *J. Bernoulli* angegeben wurde, besagt folgendes: Wenn bei einer Versuchsreihe, z. B. dem einmaligen Werfen einer Münze, die Wahrscheinlichkeit des günstigen Ereignisses den Wert p hat und der Versuch N-mal wiederholt wird, so nähert sich das Verhältnis der Zahl n der erwarteten Ereignisse zur Gesamtzahl N der Versuche, also f = n/N, dem Wert p um so mehr, je größer N wird.

Man kann dieses Spiel, eine Münze zu werfen, auch mit Hilfe einer Urne simulieren, die zwei Arten verschiedenfarbiger Kugeln gleicher Anzahl enthält:

Es werden nacheinander N Kugeln aus der Urne gezogen, wobei nach jeder Ziehung die Kugel wieder in die Urne zurückzulegen ist und die Kugeln durchzumischen sind, um bei jeder Ziehung gleiche Bedingungen zu haben. Man stellt dann die relative Häufigkeit für die Ziehung einer Kugel einer bestimmten Farbe fest:

$$f = \frac{n \text{ (Zahl der gezogenen Kugeln der bestimmten Farbe)}}{N \text{ (Gesamtzahl der gezogenen Kugeln)}}.$$

f wird gegen p = 1/2 gehen, wenn N sehr groß wird.

Diese Interpretation mit Hilfe eines solchen „Urnenschemas" läßt sich auch auf sehr verwickelte Erscheinungen anwenden. Es soll z. B. eine Informationsquelle vier Arten von Nachrichten A, B, C, D mit den entsprechenden Wahrscheinlichkeiten 1 %, 10 %, 39 % und 50 % liefern. Diesen Sachverhalt kann man durch eine Urne, die 100 gleiche Kugeln enthält, simulieren, von denen eine mit A, 10 mit B, 39 mit C und 50 mit D bezeichnet sind. Für eine entsprechend große Zahl von Ziehungen (mit Zurücklegen) wird man feststellen, daß die relative Häufigkeit für das Auftreten von B:

$$f = \frac{\text{Zahl der gezogenen Kugeln, die mit B bezeichnet sind}}{\text{Gesamtzahl der gezogenen Kugeln}}$$

sich um so mehr der Wahrscheinlichkeit p = 0,1 nähert, je größer N ist.

3.4.2. Statistische Gesetzmäßigkeiten und ihre Interpretation

Es ist möglich, gewisse statistische Gesetzmäßigkeiten theoretisch herzuleiten. Sollen z. B. die Wahrscheinlichkeiten berechnet werden, daß beim N-maligen Werfen einer Münze 0-, 1-, . . . , (N−1)- oder N-mal „Wappen" erscheint, so erhält man die sogenannte *Binomialverteilung,* auf die später noch eingegangen wird.

Experimentell benutzt man dazu irgendeine Münze und ermittelt für die oben angegebenen Möglichkeiten die relativen Häufigkeiten. Diese empirischen Häufigkeiten streuen aber gegenüber den theoretischen Wahrscheinlichkeiten. Ein statistisches Problem ist es, zu beurteilen, ob die erhaltenen Streuungen zufälliger Art sind oder ob sie durch schlechtes Ausbalancieren des Geldstückes hervorgerufen sind.

3.4.3. Charakteristische Parameter einer Verteilung

In gleicher Weise, wie für eine Häufigkeitsverteilung Mittelwert und Streuung definiert wurden, sollen auch für eine Wahrscheinlichkeitsverteilung ein Mittelwert, *Erwartungswert* genannt, und eine *Streuung* definiert werden.

In 2.4 wurde gezeigt, daß bei einer Wahrscheinlichkeitsverteilung einer Zufallsvariablen X mit den Realisierungen $x_1, x_2, \ldots, x_k$ und den entsprechenden Wahrscheinlichkeiten $p_1, p_2, \ldots, p_k$ die Summe aller Wahrscheinlichkeiten den Wert Eins annimmt.

$$\sum_{i=1}^{k} p_i = 1. \tag{3.11}$$

3.4.3.1. Erwartungswert

Den Erwartungswert einer diskreten Zufallsvariablen X, die durch die diskreten, meßbaren Werte $x_1, x_2, \ldots, x_k$ mit den entsprechenden Wahrscheinlichkeiten $p_1, \ldots, p_k$ realisiert wird, bezeichnet man mit $E(X)$ oder m und berechnet ihn durch

$$E(X) = m = p_1 x_1 + p_2 x_2 + \ldots p_k x_k = \sum_{i=1}^{k} p_i x_i, \qquad (3.12)$$

mit

$$\sum_{i=1}^{k} p_i = 1$$

Beispiel:

In einem Spiel von 52 Karten ordnet man den Assen, Königen, Damen, Buben und den anderen Karten die entsprechenden Werte 5, 4, 3, 2 und 1 zu. Dem zufälligen Ziehen einer Karte aus diesem Spiel entspricht dann eine Zufallsvariable, die die Werte x_i mit den folgenden Wahrscheinlichkeiten p_i annimmt:

$$x_i = 5, \quad 4, \quad 3, \quad 2, \quad 1;$$

$$p_i = \frac{4}{52}, \quad \frac{4}{52}, \quad \frac{4}{52}, \quad \frac{4}{52}, \quad \frac{36}{52}.$$

Der Erwartungswert für diese Zufallsvariable X ergibt sich zu

$$E(X) = \frac{4}{52} \cdot 5 + \frac{4}{52} \cdot 4 + \frac{4}{52} \cdot 3 + \frac{4}{52} \cdot 2 + \frac{36}{52} \cdot 1 = \frac{23}{13} = m.$$

Man bemerkt sofort, daß der Erwartungswert m dem arithmetischen Mittel $\bar{x}$ der k Werte x_i entspricht, die mit den Häufigkeiten n_i, $\sum_{i=1}^{k} n_i = n$, beobachtet werden.

Die Wahrscheinlichkeiten p_i sind also durch die relativen Häufigkeiten n_i/n ersetzt.

Man spricht von einer zentralen Zufallsvariablen, wenn der Koordinatenursprung für die Messung der x_i mit dem Erwartungswert dieser Zufallsvariablen übereinstimmt; der Erwartungswert also Null ist.

3.4.3.2. Varianz

Man definiert die Varianz für die zentrale Zufallsvariable $(X - m)$ als den Erwartungswert des Quadrates dieser zentralen Variablen und bezeichnet sie mit σ^2.

$$\sigma^2 = E(X - m)^2 = p_1 (x_1 - m)^2 + p_2 (x_2 - m)^2 + \ldots + p_k (x_k - m)^2$$

$$= \sum_{i=1}^{k} p_i (x_i - m)^2 \tag{3.13}$$

Die Standardabweichung σ ist die Quadratwurzel aus der Varianz.

Bemerkungen:

1. Diese Definition der Varianz stimmt überein mit der für Häufigkeitsverteilungen gegebenen, wenn man die Wahrscheinlichkeiten p_i durch die relativen Häufigkeiten n_i/n ersetzt. Dann entspricht auch der Erwartungswert dem Mittelwert $\bar{x}$.

2. Die Varianz hängt nicht von der Lage des Ursprungs der Messung ab. Bei Änderung der Einheit des Maßstabes muß man jeden Wert der Variablen mit derselben Zahl h, die Varianz mit h^2 und die Standardabweichung mit h multiplizieren.

3. Eine Zufallsvariable heißt standardisiert, wenn man sie auf den Erwartungswert als Koordinatenursprung bezieht und mit einer Einheit mißt, so daß die Standardabweichung den Wert Eins annimmt. Die Transformation auf diese standardisierte Variable geschieht durch

$$x' = \frac{x - m}{\sigma} \, .$$

4. Man kann noch zeigen, daß der Mittelwert einer Summe der Variablen X_i, die unabhängig oder auch nicht unabhängig sein können, gleich der Summe der Mittelwerte der einzelnen Variablen ist.

$$E\left(\sum_i X_i\right) = \sum_i E(X_i). \tag{3.14}$$

3.4.4. Wichtige Wahrscheinlichkeitsverteilungen

3.4.4.1. Binomialverteilung

Wenn bei einem Versuch die Wahrscheinlichkeit für das Eintreten eines Ereignisses A den Wert p hat, die des komplementären Ereignisses $B = \bar{A}$ aber $q = 1 - p$ ist, so ist die Wahrscheinlichkeit, daß das Ereignis A bei n Wiederholungen k-mal, B also $(n - k)$-mal auftritt:

$$P_n(k) = C_n^k p^k q^{n-k}. \tag{3.15}$$

Die Werte von $P_n(k)$ für $k = 0,1, \ldots, n$ sind die aufeinanderfolgenden Terme der Entwicklung des Binoms $(p + q)^n$ nach Potenzen von p:

$$[(1 - q) + q]^n = (p + q)^n. \tag{3.16}$$

Diese Entwicklungskoeffizienten erhält man leicht mit Hilfe des *Pascal*schen Dreiecks[1]):

$$
\begin{array}{ccccccccccccc}
&&&&&& 1 \\
&&&&& 1 && 1 \\
&&&& 1 && 2 && 1 \\
&&& 1 && 3 && 3 && 1 \\
&& 1 && 4 && 6 && 4 && 1 \\
& 1 && 5 && 10 && 10 && 5 && 1 \\
1 && 6 && 15 && 20 && 15 && 6 && 1
\end{array}
$$

$\cdots\cdots\cdots\cdots\cdots\cdots\cdots\cdots\cdots\cdots\cdots\cdots$

In Tafel 1.1 des Anhangs 5 (siehe S. 186) kann man die Binomialkoeffizienten C_n^k für $k = 0, 1, \ldots, n$ ablesen, wobei für $n = 2\,(1)\ 15$ gewählt ist.

Übung:

Man berechne die Wahrscheinlichkeit $P_{10}\,(3)$, wenn in einer Folge von zehn Wiederholungen das günstige Ereignis sich dreimal wiederholt, wobei die Wahrscheinlichkeit für das günstige Ereignis mit $p = 1/5$ bekannt ist.

Man hat

$$P_{10}\,(3) = C_{10}^3\, p^3\,(1 - p)^7.$$

Aus der Tafel 1.1 in Anhang 5 (siehe S. 186) liest man im Schnittpunkt der Zeile für $n = 10$ und der Spalte für $k = 3$ ab:

$$C_{10}^3 = 120.$$

Also ist

$$P_{10}\,(3) = 120 \cdot \left(\frac{1}{5}\right)^3 \cdot \left(\frac{4}{5}\right)^7 = 0{,}2013.$$

3.4.4.1.1. Charakteristische Parameter der Binomialverteilung

Modalwert

Dies ist der maximale Wert für $P_n\,(k)$. Er wird durch folgende Bedingungen definiert:

$$\frac{P_n\,(k - 1)}{P_n\,(k)} = \frac{k}{n - k + 1}\,\frac{q}{p} \leqslant 1 \quad \text{und} \quad \frac{P_n\,(k)}{P_n\,(k + 1)} = \frac{k + 1}{n - k} \cdot \frac{q}{p} \geqslant 1,$$

d. h.

$$np + p \geqslant k \geqslant np + p - 1. \tag{3.17}$$

---

[1]) Die $(k + 1)$-te Zeile folgt aus der k-ten Zeile:

Wie in dem Schema angegeben, beginnt und endet die Zeile mit Koeffizienten 1, die übrigen Koeffizienten ergeben sich jeweils als Summe zweier benachbarter der vorhergehenden Zeile.

Mittelwert und Streuung für die Variable k (Anzahl der auftretenden günstigen Fälle):

$$
\begin{aligned}
m &= n\,p, \\
\sigma^2 &= n\,p\,q, \\
\sigma &= \sqrt{n\,p\,q}.
\end{aligned}
\tag{3.18}
$$

Führt man als Variable die relative Häufigkeit $f = k/n$ ein, so erhält man für die charakteristischen Parameter:

$$
\begin{aligned}
m &= p, \\
\sigma^2 &= p\,q/n, \\
\sigma &= \sqrt{p\,q/n}.
\end{aligned}
\tag{3.19}
$$

3.4.4.1.2. Tafel der Binomialverteilung

Für numerische Aufgaben benötigt man stets statistische Zahlentabellen. Der Leser findet im Anhang 5, Tafel 1.2 (siehe S. 187) einen Auszug aus einer Tabelle der Binomialverteilung für die Wahrscheinlichkeiten $P_n(k)$. Außerdem sind die kumulierten Wahrscheinlichkeiten $P_n(j \leqslant k)$ angegeben; das sind die Wahrscheinlichkeiten dafür, daß die günstigen Ereignisse höchstens k-mal auftreten:

$$
P_n(j \leqslant k) = \sum_{j=0}^{k} C_n^j\, p^j (1-p)^{n-j} = \sum_{j=0}^{k} P_n(j).
\tag{3.20}
$$

Übung:

Berechne $P_n(k)$ und $P_n(j \leqslant k)$ für $n = 50$, $p = 5\,\%$ und $k = 7$.
Man findet in Tafel 1.2 (S. 187) für $n = 50$:

$$
P_{50}(7) = 0{,}0086 \quad \text{und} \quad P_{50}(j \leqslant 7) = 0{,}9968.
$$

3.4.4.2. Poisson-Verteilung

Für ein Ereignis, dessen Wahrscheinlichkeit klein und bei dem die Anzahl der Wiederholungen sehr groß ist, erhält man für die Binomialverteilung Wahrscheinlichkeiten $P_n(k)$, die sehr klein sind, sobald k bereits mehrere Einheiten überschreitet.

Übung:

Eine Informationsquelle liefert die zwei Nachrichten A und B mit den Wahrscheinlichkeiten 1/1000 bzw. 999/1000. Wie groß sind die Wahrscheinlichkeiten, daß eine Folge von 1000 ausgesandten Nachrichten 0, 1, 2, . . . , k-mal die Nachricht A enthält?

Die Anwendung der Formel für die Binomialverteilung ergibt:

$$P_{1000}(0) = P_{1000}(1) \approx 0,37$$
$$P_{1000}(2) \approx 0,18$$
$$P_{1000}(3) \approx 0,06$$
$$P_{1000}(4) \approx 0,015$$
$$P_{1000}(5) \approx 0,003$$
$$P_{1000}(k > 5) \qquad \text{vernachlässigbar}$$

Diese Verteilung ist als Stabdiagramm in Bild 3.4 dargestellt.

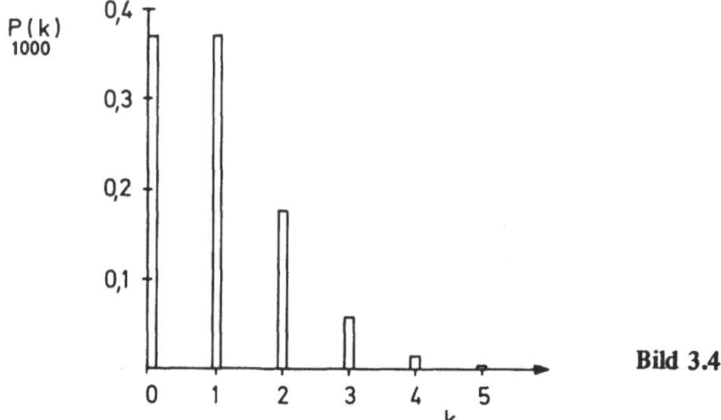

Bild 3.4

Die Werte der Wahrscheinlichkeiten der *Poisson*-Verteilung stellen Grenzwerte dar, gegen die die Wahrscheinlichkeiten einer Binomialverteilung streben, wenn die Wahrscheinlichkeit p sehr klein, die Anzahl der Versuche n aber sehr groß wird.

Man hat also: $m = n\,p$.

Genauer ergibt sich, daß eine Variable k, die die ganzzahligen, positiven Werte $0, 1, \ldots, k$ annehmen kann, nach *Poisson* verteilt ist, wenn die Wahrscheinlichkeiten die Werte

$$P(k) = \frac{m^k}{k!}\, e^{-m} \tag{3.21}$$

annehmen.

Diese Formel hängt nur von dem Parameter m (Erwartungswert) ab, der auch die Varianz ($\sigma^2 = m$) darstellt.

3.4.4.2.1. Tafel der Poisson-Verteilung

Einen Auszug aus einer Tabelle der *Poisson*-Verteilung findet der Leser in Anhang 5, Tafel 2 (siehe S. 190). Neben den Wahrscheinlichkeiten P(k) sind auch die kumulierten Wahrscheinlichkeiten

$$P(j \leqslant k) = \sum_{j=0}^{k} P(j) = e^{-m} \sum_{j=0}^{k} \frac{m^j}{j!}$$

angegeben.

Übung:

Für die oben angegebene Übung findet man aus der Tafel 2 (S. 190 u. S. 191) leicht die Wahrscheinlichkeiten.

Es ist: $m = n \cdot p = 1$ und für $k = 4$ ergibt sich

$$P_1(4) = 0{,}0153 \qquad P_1(j \leqslant 4) = 0{,}9963$$

3.4.4.3. Normalverteilung

Diese Verteilung, die auch *Gauß*- oder auch *Laplace-Gauß*-Verteilung genannt wird, ist besonders wichtig. Man hat festgestellt, daß bei einer Größe, die dem Einfluß einer sehr großen Anzahl unabhängiger oder sehr wenig voneinander abhängender Faktoren unterliegt, die wiederholten Messungen dieser Größe normalverteilt sind, also einer *Gauß*-Verteilung folgen. Die am Anfang dieses Abschnittes behandelte Verteilung der Familien mit acht Kindern (siehe S. 47) zeigt in der Darstellung als Stabdiagramm (Bild 3.1) fast Symmetrie. Wenn das beobachtete Merkmal statt diskreter Werte mehr und mehr Werte. im Grenzfall sogar alle Werte von $-\infty$ bis $+\infty$ annehmen kann, erhält man eine graphische Darstellung, die die bekannte *Glockenkurve* (Bild 3.5) zeigt.

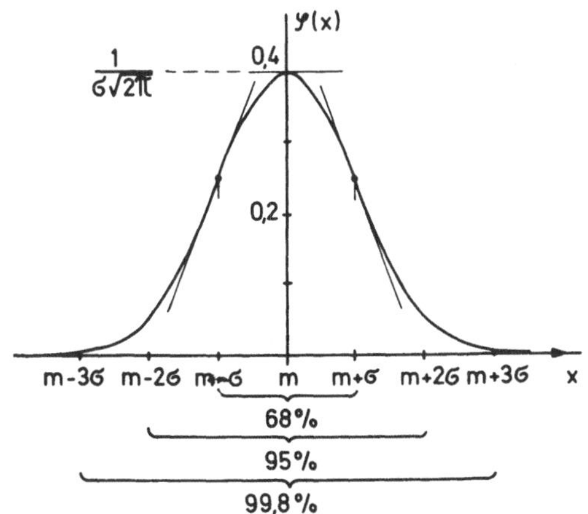

Bild 3.5

3.4.4.3.1. Kontinuierliche Zufallsvariable

Bisher wurden nur diskrete Zufallsvariable betrachtet. Es sollen nun die in den vorhergehenden Abschnitten definierten Begriffe auf den Fall kontinuierlicher Zufallsvariablen

ausgedehnt werden. Es sei dabei an die Darstellung der Summenhäufigkeit (bzw. kumulier·
ten Häufigkeit) erinnert. Dort wurde definiert:

$$F(x) - F(a) = \sum_{x_i = a}^{x} f(x_i), \qquad (3.22)$$

dies ist die Wahrscheinlichkeit, daß die Realisierung der Zufallsvariablen X im Intervall
$a < X \leqslant x$ liegt.

Für das oben angeführte Beispiel erhält man:

Obere Klassengrenzen x	Summenhäufigkeiten $F(x) = \Sigma\, f(x_i)$
1,50	0,0031
1,55	0,0381
1,60	0,1281
1,65	0,3981
1,70	0,6891
1,75	0,8893
1,80	0,9693
1,85	0,9907
1,90	0,9969
1,95	1,0000

Man kann daher, wenn man $x = b$ wählt, schreiben:

$$F(a < X \leqslant b) = \sum_{x_i = a}^{b} f(x_i) = F(b) - F(a) \qquad (3.23)$$

Zum Beispiel ist die Wahrscheinlichkeit (bzw. relative Häufigkeit), daß die Körpergröße
der untersuchten Rekruten über 1,55 m und höchstens 1,80 m ist:

$$F(1{,}55 < X \leqslant 1{,}80) = F(1{,}80) - F(1{,}55) = 0{,}9693 - 0{,}0381 = 0{,}9312.$$

Ist $X = a$ die untere Grenze der beobachteten und gemessenen Zufallsvariablen, dann ist
$F(a) = 0$ und $F(b)$ ist dann die Wahrscheinlichkeit, daß die Werte der Zufallsvariablen
zwischen a und b (obere Grenze eingeschlossen) liegen. Ist b die obere Grenze, die die
Zufallsvariable X annehmen kann, so ist $F(b) = 1$.

Man kann diese Resultate leicht auf den Fall ausdehnen, daß die Zufallsvariable X jeden
Wert in dem Intervall $(-\infty, +\infty)$ annehmen kann. Die Verteilungsfunktion $F(x)$ ist dann
unter gewissen Voraussetzungen eine stetige Funktion, die monoton von Null bis Eins
ansteigt (siehe Bild 3.6).

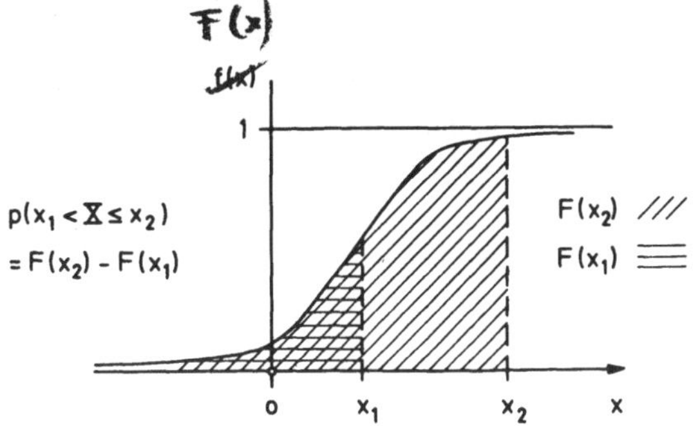

Bild 3.6

Für zwei Realisierungen x_1 und x_2 der Variablen X, wobei $x_1 < x_2$, ergeben sich die Wahrscheinlichkeiten (siehe Bild 3.6):

$$p(X \leq x_2) = F(x_2) \quad \text{(schräg schraffierte Fläche)},$$
$$p(X \leq x_1) = F(x_1) \quad \text{(horizontal schraffierte Fläche)}.$$

Die Wahrscheinlichkeit, daß X einen Wert zwischen x_1 und x_2 annimmt, ist

$$p(x_1 < X \leq x_2) = F(x_2) - F(x_1).$$

Sie ergibt sich als Differenz der beiden schraffierten Flächen.

Für zwei benachbarte Werte von X, etwa x und $x + \Delta x$, ergibt sich:

$$p(x < X \leq x + \Delta x) = F(x + \Delta x) - F(x)$$

und im Grenzfall, wenn $\Delta x \to 0$:

$$p(x < X \leq x + dx) = \frac{d\,F(x)}{dx} \cdot dx.$$

Bezeichnet man $d\,F(x)/dx$ im Falle der Existenz mit $f(x)$, so ist

$$p(x < X \leq x + dx) = f(x)\,dx.$$

$f(x)$ heißt dann die *Wahrscheinlichkeitsdichte*.

Man beachte, daß für das gesamte Variationsintervall von X stets

$$p(a < X \leq b) = \int\limits_a^b f(x)dx = 1 \qquad (3.24)$$

gelten muß, wie aus den Betrachtungen für diskrete Zufallsvariable zu sehen ist.

Alle Betrachtungen, die für eine diskrete Zufallsvariable angegeben wurden, gelten für stetige Variable, wenn man die Wahrscheinlichkeit p_i durch die Wahrscheinlichkeitsdichte $f(x)$ bzw. $f(x)\,dx$ und das Zeichen Σ durch $\int$ ersetzt. Es ist dann

$$m = E(X) = \sum_i p_i x_i \qquad \longrightarrow \qquad E(x) = \int x \cdot f(x)\,dx, \tag{3.25}$$

$$\sigma^2 = \sum_i p_i (x_i - m)^2 \qquad \longrightarrow \qquad \sigma^2 = \int (x - m)^2 f(x)\,dx. \tag{3.26}$$

Übungen:

1. Gesucht sind die Wahrscheinlichkeitsdichte und die Verteilungsfunktion einer Zufallsvariablen X, die im Intervall (a, b) gleichverteilt ist.

Da die Zufallsvariable im Intervall (a, b) gleichverteilt sein soll, muß also gelten:

$$f(x) = 0 \quad \text{für} \quad x < a \quad \text{und} \quad x > b, \text{ vorausgesetzt } a < b,$$
$$f(x) = k = \text{const} \qquad a \leqslant x \leqslant b.$$

Nach (3.24) gilt:

$$\int_a^b f(x)\,dx = 1, \quad \text{d.h.} \quad \int_a^b k\,dx = 1,$$

daraus folgt

$$k = \frac{1}{b-a}$$

(siehe Bild 3.7a)

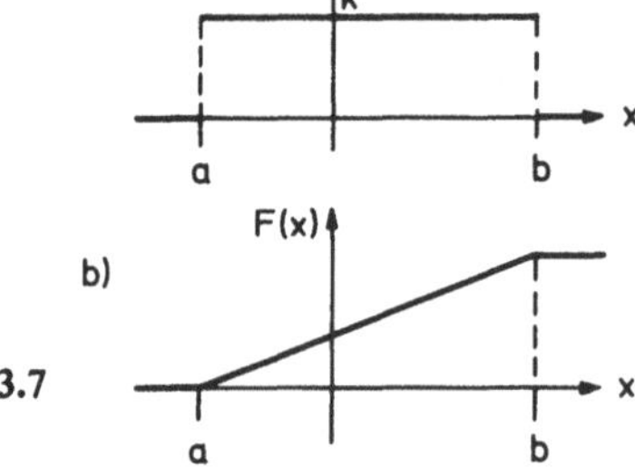

Bild 3.7

Für die Verteilungsfunktion folgt daraus

$$F(x) = \int_a^x \frac{dx}{b-a} = \frac{x-a}{b-a};$$

$F(x)$ ist Null für $x \leqslant a$ und Eins für $x \geqslant b$ (siehe Bild 3.7b).

2. In einer Ebene, die durch ein beliebiges rechtwinkliges Koordinatensystem O(x, y) festgelegt ist, wird aufs Geratewohl eine Halbgerade PQ eingezeichnet, die die x-Achse in R schneidet. Wie lautet die Verteilungsfunktion der Zufallsvariablen OR = X, wenn man OP = 1 setzt?

Mit Φ bezeichnet man den Winkel der Geraden PQ mit der x-Achse. Φ ist dann eine Zufallsvariable, die durch die verschiedenen Werte φ je nach der gezeichneten Geraden realisiert wird. Man kann normalerweise annehmen, daß diese Variable in dem Intervall $\left(-\frac{\pi}{2}, +\frac{\pi}{2}\right)$ variiert und gleichverteilt ist. Die Wahrscheinlichkeitsdichte ist dann konstant, sie wird mit k bezeichnet. Es muß gelten

$$\int_{-\frac{\pi}{2}}^{+\frac{\pi}{2}} k\, d\varphi = 1, \quad \text{daraus folgt} \quad k = \frac{1}{\pi}.$$

Setzt man $X = \tan \Phi$, so wird jedem Wert φ von Φ ein Wert x von X zugeordnet. Es gilt also

$$x = \tan \varphi,$$

also:

$$dx = (1 + x^2)\, d\varphi.$$

Man kann daher schreiben:

$$p(x < X \leqslant x + dx) = p(\varphi < \Phi \leqslant \varphi + d\varphi) = \frac{d\varphi}{\pi} = \frac{dx}{\pi(1 + x^2)}.$$

Die Wahrscheinlichkeitsdichte von X ist daher

$$f(x) = \frac{1}{\pi(1 + x^2)},$$

und die zugehörige Verteilungsfunktion

$$F(x) = \int_{-\infty}^{x} f(x)\, dx = \int_{-\infty}^{x} \frac{dx}{\pi(1 + x^2)} = \left[\frac{\arctan x}{\pi}\right]_{-\infty}^{x} = \frac{1}{\pi} \arctan x + \frac{\pi}{2}.$$

Diese Zufallsvariable X hat eine sogenannte *Cauchy*-Verteilung.

3. Für eine Zufallsvariable X erhält man meßbare Werte x zwischen Null und Eins mit der Wahrscheinlichkeitsdichte

$$f(x) = 3x^2 - 4x + 2 \quad \text{in} \quad 0 \leqslant x \leqslant 1$$

und $f(x) = 0$ außerhalb dieses Bereiches. Wie groß ist $p(X \leqslant \frac{1}{3})$ und $P(X > \frac{1}{3})$?

Gesucht wird außerdem eine Zahl k, für die $p(X \leqslant k) = 1/2$.

$$p(X \leqslant \frac{1}{3}) = \int_{0}^{1/3} (3x^2 - 4x + 2)\, dx = [x^3 - 2x^2 + 2x]_0^{1/3} = \frac{13}{27}$$

5 Informationstheorie

$$p(X > \tfrac{1}{3}) = 1 - \frac{13}{27} = \frac{14}{27}$$

$$\int_0^k (3x^2 - 4x + 2)\,dx = \frac{1}{2}, \quad k^3 - 2k^2 + 2k = \frac{1}{2}.$$

Daraus folgt:

$$k \approx 0{,}3522.$$

3.4.4.3.2. Mehrere Zufallsvariable

In dem Fall von mehreren stetigen Zufallsvariablen, z. B. den beiden Variablen X und Y, ordnet man jedem Wertepaar (x, y) eine Wahrscheinlichkeitsdichte f(x, y) so zu, daß

$$dF(x, y) = f(x, y)\,dx\,dy = p\,[(x < X \leqslant x + dx), (y < Y \leqslant y + dy)]. \tag{3.27}$$

Dadurch wird das erweitert, was in 2.4 über diskrete Zufallsvariable gesagt wurde. Es muß außerdem gelten

$$\iint f(x, y)\,dx\,dy = 1,$$

wobei über den gesamten Variationsbereich der beiden Veränderlichen x und y integriert werden muß.

Übung:

Zwei Zufallsvariable X und Y sind auf das rechtwinklige Koordinatensystem O(x, y) bezogen (siehe Bild 3.8). Die Wahrscheinlichkeitsdichte sei gleichverteilt auf einem regulären n-seitigen Polygon. Gesucht wird die Wahrscheinlichkeitsdichte unter der Voraussetzung, daß die beiden Variablen X und Y unabhängig sind.

Da die Wahrscheinlichkeitsdichte gleichverteilt sein soll, muß gelten:

$$f(x, y) = k = const$$

$$dF = f(x, y)\,dx\,dy = k\,dx\,dy$$

und da $\iint dF = 1$ sein muß, gilt

$$k \iint dx\,dy = k \cdot S = 1 \text{ mit } S = \text{Fläche des Polygons.}$$

Die Wahrscheinlichkeitsdichte k ist daher 1/S.

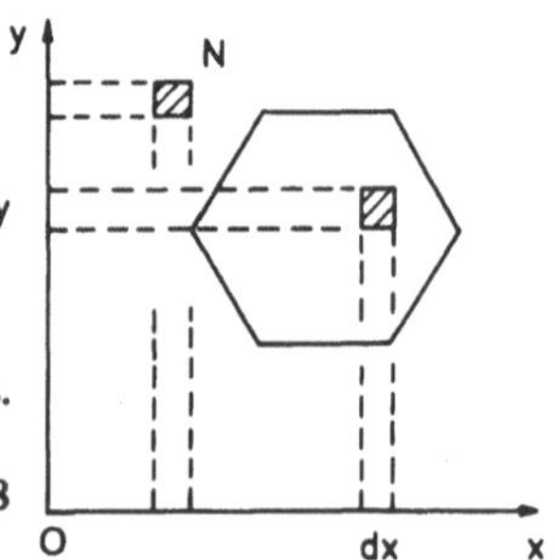

Bild 3.8

Betrachtet man die zwei Variablen X und Y einzeln, so kann man sie nicht als unabhängig ansehen, denn für einen Punkt N außerhalb des Polygons (siehe Bild 3.8) ist die Dichte $f(x, y)$ gleich Null, obgleich es die Dichten $f(x)$ und $f(y)$ nicht sind, also ist

$$f(x, y) \neq f(x) \cdot f(y).$$

3.4.4.3.3. Eigenschaften der Normalverteilung

Die allgemeinste Form der Wahrscheinlichkeitsdichte der Normalverteilung ist:

$$\varphi(x) = \frac{1}{\sigma\sqrt{2\pi}} \, e^{-\frac{(x-m)^2}{2\sigma^2}} . \tag{3.28}$$

Sie hängt vom Mittelwert (Erwartungswert) m und der Varianz σ^2 der Zufallsvariablen ab. Die Wahrscheinlichkeitsdichte läßt sich, wie schon gesagt wurde, als Glockenkurve darstellen (siehe Bild 3.5).

Diese Kurve ist symmetrisch in bezug auf die Gerade $x = m$ und hat für $x = m$ ein Maximum $\varphi(m) = 1/\sigma\sqrt{2\pi}$. Sie besitzt außerdem zwei Wendepunkte für $x = m \pm \sigma$.

Eine solche *Gauß*-Verteilung ist vollkommen bestimmt, wenn man den Mittelwert m und die Varianz σ^2 kennt.

Der prozentuale Anteil der Beobachtungen symmetrisch zum Mittelwert m in den Bereichen $m \pm \sigma$, $m \pm 2\sigma$ und $m \pm 3\sigma$ ist entsprechend

$$68\,\%, 95\,\% \text{ und } 99{,}8\,\%. \tag{3.29}$$

Dies bedeutet aber, daß alle beobachteten Ereignisse, wenn sie normalverteilt sind, mit einer Wahrscheinlichkeit von 68 % nicht weiter als eine Standardabweichung, mit einer Wahrscheinlichkeit von 95 % nicht weiter als zwei Standardabweichungen und mit einer Wahrscheinlichkeit von 99,8 % nicht weiter als drei Standardabweichungen vom Mittelwert entfernt liegen. Letzteres heißt, daß es fast gewiß ist, daß alle Beobachtungen im Bereich $m \pm 3\sigma$ liegen.

3.4.4.3.4. Tafel der Normalverteilung

Die Tafeln für die Normalverteilung werden stets für die standardisierte Variable

$$u = \frac{x - m}{\sigma},$$

also mit dem Mittelwert Null und der Varianz Eins angegeben.

Für diese standardisierte Variable u ist die Dichte der Normalverteilung

$$\varphi(u) = \frac{1}{\sqrt{2\pi}} \, e^{-\frac{u^2}{2}} \tag{3.30}$$

und die Verteilungsfunktion

$$\Phi(u) = \int\limits^{u} \frac{1}{\sqrt{2\pi}}\, e^{-\frac{t^2}{2}}\, du. \qquad (3.31)$$

Der Leser findet Auszüge einer Tafel der Normalverteilung in Anhang 5 (siehe S. 193), und zwar gibt Tafel 3.1 die Wahrscheinlichkeitsdichten nach (3.30) an. In Tafel 3.2 sind die Werte der Verteilungsfunktion nach (3.31) enthalten.

Für negative Werte von u gilt wegen der Symmetrie der Kurve

$$\Phi(-u) = 1 - \Phi(u). \qquad (3.32)$$

Die Wahrscheinlichkeit, daß die standardisierte Variable Werte zwischen u_1 und u_2 annimmt ($u_1 < u_2$), ist

$$p(u_1 < u \leqslant u_2) = \Phi(u_2) - \Phi(u_1). \qquad (3.33)$$

Tafel 3.3 schließlich liefert die Wahrscheinlichkeiten dafür, daß ein gewisser Bereich der Standardabweichungen für die standardisierte Variable überschritten oder höchstens erreicht wird. Die Wahrscheinlichkeit dafür, daß die standardisierte Variable höchstens den Betrag Eins annimmt, ist

$$p(|u| < 1) = \Phi(1) - \Phi(-1) = \Phi(1) - (1 - \Phi(1)) = 2\,\Phi(1) - 1 = 0{,}6826$$

$$p(|u| > 1) = 1 - p(|u| < 1) = 0{,}3174$$

entsprechend, wenn $|u| \leqslant 2$

$$p(|u| < 2) = 2\,\Phi(2) - 1 = 0{,}9544,\ p(|u| > 2) = 0{,}0456.$$

Bemerkung:

Die Binomialverteilung für genügend großes n und für ein p bzw. q nahe 0,5 kann durch eine Normalverteilung angenähert werden. Dies gilt etwa für $n\,p > 18$.

Übungen:

1. Welchen Wert nimmt $\varphi(x)$ an für $m = 12$, $\sigma = 2$ und $x = 15$?
   Die standardisierte Variable ist

$$u = \frac{x - m}{\sigma} = \frac{15 - 12}{2} = 1{,}5\,.$$

Aus Tafel 3.1 (S. 193) entnimmt man

$$\varphi(u) = 0{,}1295,$$

also

$$\varphi(x) = \frac{1}{\sigma}\,\varphi(u) = 0{,}06475 \qquad \text{(siehe Bild 3.9)}$$

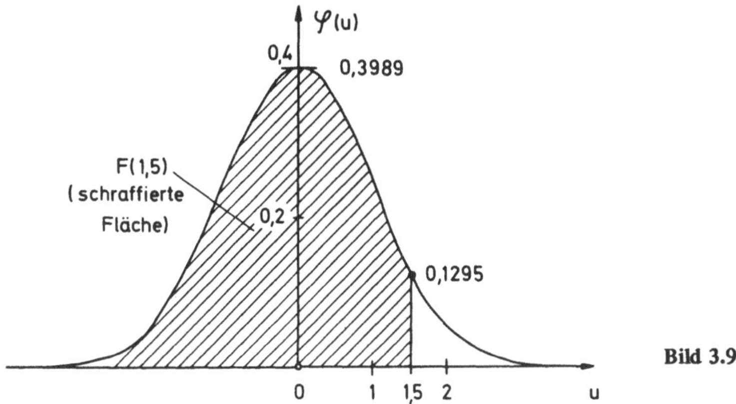

2. Welchen Wert nimmt $\Phi(x)$ an für $m = 12$, $\sigma = 2$ und $x = 15$?

Für $u = 1,5$ folgt aus Tafel 3.2 (S. 194)

$$\Phi(1,5) = 0,9332. \qquad \text{(siehe Bild 3.9)}$$

3.4.5. Statistische Interpretation

Es ist hier nicht die Stelle, Methoden zur Beurteilung gegebener statistischer Gesamtheiten zu entwickeln. Es soll aber ein Einblick in diese Fragestellungen gegeben und ein einfaches Beispiel behandelt werden.

3.4.5.1. Beurteilung einer Stichprobe

Zur Interpretation vorliegender Erhebungen einer statistischen Gesamtheit benutzt man ein mathematisches Modell, d. h., man nimmt eine bekannte theoretische Verteilung an. Durch eine Anzahl von Beobachtungen einer zu untersuchenden statistischen Gesamtheit sucht man zu beurteilen, ob es vernünftig ist, die errechneten Parameter einer theoretischen Verteilung zuzuordnen. Da es im allgemeinen nicht möglich ist, die Gesamtheit zu untersuchen, begnügt man sich mit einer Stichprobe, die aus der Gesamtheit unter genau definierten Bedingungen ausgewählt wird. Die Stichprobenerhebung, die ein wahrheitsgetreues Abbild der zu untersuchenden Gesamtheit abgeben soll, ist eine ziemlich schwierige Angelegenheit, die der Statistiker stets mit sehr viel Sorgfalt durchführen muß.

Die Beurteilung von Stichproben wird von den folgenden zwei Ideen getragen:

a) Bei Wiederholungen wachsender Anzahl strebt die Häufigkeit eines Ereignisses gegen die zugeordnete Wahrscheinlichkeit. Dies ist das Gesetz der großen Zahlen.

b) Man nimmt an, daß sehr seltene Ereignisse, für die also nur eine sehr kleine Wahrscheinlichkeit besteht, in praxi kaum auftreten.

3.4.5.2. Schätzwerte und Vertrauensintervalle

Aus den Beobachtungen einer Stichprobe kann man die empirischen charakteristischen Parameter, wie Häufigkeit, arithmetisches Mittel, Varianz usw. berechnen. Diese Parameter variieren von Stichprobe zu Stichprobe, sie sind also selbst Zufallsvariable mit einer Verteilung, die von der statistischen Gesamtheit und dem Umfang der Stichprobe abhängt. Die theoretischen Verteilungen werden, wie bereits gezeigt wurde, durch eine gewisse Anzahl von Parametern gekennzeichnet. Diese sind z. B. bei bekanntem Mittelwert die Anzahl der Wiederholungen bei der Binomialverteilung, das arithmetische Mittel bei der *Poisson*-Verteilung, die Varianz bei der Normalverteilung.

Es ist üblich, bei empirischen Untersuchungen einen dieser Parameter zu wählen, den man als Schätzwert bezeichnet und aus den Beobachtungen einer Stichprobe berechnet. Durch Festlegung einer statistischen Sicherheit S oder einer Irrtumswahrscheinlichkeit $\alpha = 1 - S$ kann man dann ein Intervall (x_1, x_2), *Vertrauensintervall* genannt, angeben. Für Werte im Innern des Intervalles kann man mit der Wahrscheinlichkeit p = S behaupten, die erhaltenen Schätzwerte entsprächen den theoretischen Voraussetzungen der angenommenen Verteilung.

Übung:

Unter der Annahme, die Gesamtheit der 50 000 Familien mit acht Kindern, die am Anfang dieses Abschnittes (siehe S. 47) untersucht wurde, sei eine Stichprobe aus einer sehr viel größeren statistischen Gesamtheit, wird man vernünftigerweise auf eine Verteilung der Geburten nach einer Normalverteilung schließen mit einer Wahrscheinlichkeit von p = 1/2. Ist es nun möglich, durch Werfen einer Münze die Verteilung der Geschlechter zu simulieren (Binomialverteilung)? Berechnet man zunächst die Zahl der Knaben und der Mädchen in dieser Stichprobe der 50 000 Familien, so findet man:

Zahl der Mädchen:	8·200 + 7·1500 + ...	= 198 100
Zahl der Knaben:	0·200 + 1·1500 + ...	= 201 900
	Gesamtzahl	= 400 000

Es wurde bereits angegeben, daß eine Binomialverteilung durch eine Normalverteilung angenähert werden kann, wenn n genügend groß und p (bzw. q) nicht zu klein ist. Unter diesen Voraussetzungen erhält man für Mittelwert und Varianz die Werte:

$$m = np = 400\,000 \cdot \frac{1}{2} = 200\,000,$$

$$\sigma = \sqrt{npq} = \sqrt{400\,000 \cdot \frac{1}{2} \cdot \frac{1}{2}} = 10^2 \sqrt{10} \approx 316.$$

Wenn diese Hypothese $\left(p = \frac{1}{2}\right)$ gelten soll, so müßte man mit einer Wahrscheinlichkeit von 95 % die Zahl der Knaben in dem Intervall $m \pm 2\,\sigma$ finden (Normalverteilung!).

Man findet als Intervallgrenzen

$$m + 2\,\sigma = 200\,000 + 632 = 200\,632,$$
$$m - 2\,\sigma = 200\,000 - 632 = 199\,368.$$

Die beobachtete Zahl der Knaben ist aber 201 900, sie ist in diesem Intervall *nicht* enthalten. Die Hypothese ist daher nicht statistisch gesichert, und man wird annehmen können, daß der Anteil der Knabengeburten größer ist als der der Mädchengeburten. Berechnet man noch für diesen Wert die standardisierte Variable der Normalverteilung, so ist

$$u = \frac{x - m}{\sigma} = \frac{201\,900 - 200\,000}{316} = \frac{1\,900}{316} \approx 6.$$

Tafel 3.3 der Normalverteilung zeigt, daß die Wahrscheinlichkeit, daß dieser Wert u überschritten wird, nur eine Größe von $\approx 10^{-9}$ hat, eine Wahrscheinlichkeit, die viel zu klein ist, als daß man sie in Betracht ziehen könnte.

4. Informationstheorie

4.1. Definitionen

Ein *Alphabet* ist eine endliche Menge von Symbolen: $S = \{S_1, S_2, \ldots, S_s\}$. Eine Folge von n Symbolen nennt man ein Wort oder eine Nachricht der Länge n.

Eine Informationsquelle ist ein System, das Folgen von Symbolen aussendet gemäß gegebenen statistischen Eigenschaften (stationärer stochastischer Prozeß). Die Übertragung dieser Nachrichten auf einem Kanal, einem Übertragungsweg, erfordert meist eine Codierung in Symbole, die für die Übertragung besser geeignet sind.

4.2. Abzählung der verschiedenen möglichen Nachrichten

4.2.1. Das Exponentialgesetz für die Anzahl der verschiedenen möglichen Nachrichten

4.2.1.1. Freie Nachrichten

Die Anzahl N der verschiedenen möglichen Nachrichten, die man mittels eines Alphabets aus s Symbolen ausdrücken kann, wenn man noch festlegt, daß jede Nachricht durch eine Folge von n Symbolen (Länge der Nachricht) gebildet wird, ist

$$N = s^n. \tag{4.1}$$

Dies ist leicht zu zeigen. Die s Symbole bilden einzeln genommen s^1 verschiedene Nachrichten der Länge 1. Jedem dieser Symbole kann man ein weiteres Symbol zufügen und so $s^1 \cdot s = s^2$ Nachrichten der Länge 2 bilden. In gleicher Weise kann man weiter schließen und erhält so obige Formel (4.1).

Man kann also z. B. mit dem System der Dezimalziffern

   0 1 2 3 4 5 6 7 8 9

10^6 verschiedene Zahlen mit 6 Ziffern von 000 000 bis 999 999 bilden.

Die Gl. (4.1) läßt sich verallgemeinern, wenn man die Nachricht nicht nur durch die Zahl der sie festlegenden Symbole mißt, sondern auch die benötigte Dauer der Übertragung der Symbole berücksichtigt. Man fügt also jedem der Symbole $S_1, S_2, \ldots, S_s$ eine von Fall zu Fall verschiedene Dauer hinzu:

$$t_1, t_2, \ldots, t_s.$$

Man kann dann zeigen (siehe 4.2.2.1, S. 76), daß die Anzahl der verschiedenen möglichen Nachrichten

$$N = c \cdot X_0^T = N(T) \tag{4.2}$$

ist, wobei die Nachricht eine Dauer T haben soll, die sehr groß in bezug auf die s-fache maximale Symboldauer sein soll:

$$T \gg s \cdot t_{max}.$$

Die Konstante c und X_0 hängen nur von der Anzahl der benutzten Symbole und der Dauer dieser Symbole ab. Man kann X_0 als die größte reelle Wurzel der algebraischen Gleichung

$$x^{-t_1} + x^{-t_2} + \ldots + x^{-t_s} = 1 \tag{4.3}$$

erhalten.

Ist die Dauer aller Symbole gleich t, so reduziert sich obige Gleichung auf

$$s x^{-t} = 1, \quad \text{woraus folgt} \quad X_0 = s^{1/t}.$$

In diesem Fall ist der Wert der Konstanten Eins und es folgt daraus wieder (4.1):

$$N = 1 \cdot X_0^T = s^{T/t} = s^n.$$

4.2.1.2. Nachrichten mit festen Einschränkungen

Bisher wurden nur Nachrichten betrachtet, deren Folgen frei gebildet werden konnten, d. h., es gab keine Einschränkungen über die Stellung eines Symbols innerhalb der Folge. In der Praxis gibt es aber sehr oft Fälle, wo die Stellung gewisser Symbole (oder Symbolgruppen) von den vorangehenden Symbolen (oder Symbolgruppen) innerhalb der Folge abhängt.

Zum Beispiel verfügt der Morse- (Telegraphen-) Code über die 4 Symbole:

Punkt – Strich – Zeichenzwischenraum – Wortzwischenraum.

Diese vier Symbole können nicht vollkommen frei angeordnet werden; verboten sind die Folgen:

Wortzwischenraum   –   Zeichenzwischenraum,
Zeichenzwischenraum   –   Wortzwischenraum.

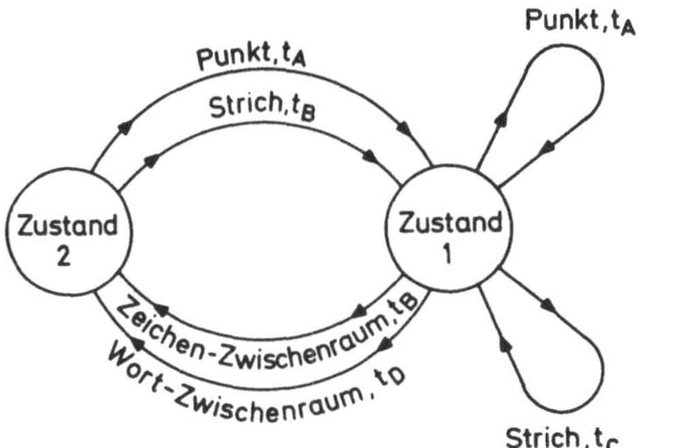

Bild 4.1

In beiden Fällen muß stattdessen auf das erste Symbol notwendig ein Punkt oder Strich folgen.

Solche Beschränkungen nennt man *feste Einschränkungen,* sie begrenzen natürlich die Anzahl der möglichen Nachrichten, die man in einer Folge während einer gegebenen Zeit T bilden kann. Auch hier läßt sich die Anzahl der möglichen Nachrichten in der Form

$$N(T) = c \cdot W^T \tag{4.4}$$

ausdrücken, dabei hängen in diesem Falle die Konstanten c und W nicht nur von der Zahl und der Dauer der Symbole ab, sondern auch von der Art der Einschränkungen.

Der Einfluß der Einschränkungen muß begrenzt sein, d. h., er darf nicht zu einem Verbot oder einem bestimmten Auftreten eines Symbols (Symbolgruppe) jenseits einer gewissen Stellung oder einer gewissen Dauer führen.

Zusammengefaßt gilt also:

Die Anzahl der verschiedenen möglichen Nachrichten, die durch eine Folge von Symbolen der Dauer T ausgedrückt werden können, wächst exponentiell mit T.

Übungen:

1. Wieviel Worte kann man aus vier Buchstaben eines Alphabetes von 26 Buchstaben bilden?

    $$N = 26^4 = 456\,976.$$

Man gewinnt diese Zahl auch, wenn man sich diese Worte als Zahl mit vier Ziffern in einem Zahlensystem mit der Basis 26 dargestellt denkt.

2. Gesucht wird ein Alphabet, das dieselbe Anzahl von Worten eines beliebigen Alphabetes in einem Alphabet ausdrückt, das nur aus zwei Symbolen besteht.

Es muß also gelten:

$$s_1^{n_1} = s_2^{n_2}$$

oder

$$n_1 \log s_1 = n_2 \log s_2.$$

Da vorausgesetzt ist, $s_2 = 2$, gilt

$$n_1 \log_2 s_1 = n_2.$$

s_1 muß daher eine Potenz von zwei sein und

$$\log_2 s_1 = \frac{n_2}{n_1}.$$

n_2 darf also keine Primzahl sein.

Ist n_2 ein Produkt mehrerer Faktoren, kann man auf verschiedene Weise s_1 und n_1 wählen. Ist speziell n_2 ein Vielfaches von drei, so erhält man das Oktalsystem, und wenn n_2 ein Vielfaches von vier ist, das Hexadezimalsystem.

$$n_2 = 3 \cdot 4, \quad \log_2 s_1 = \frac{3 \cdot 4}{n_1}$$

$$n_1 = 4, \log_2 s_1 = 3, s_1 = 2^3 = 8$$

oder

$$n_1 = 3, \log_2 s_1 = 4, s_1 = 2^4 = 16$$

Bei allgemeinen Rechnungen wird meist nur $\log a$ geschrieben, wobei es frei bleibt, ob damit eine beliebige Basis b, die Basis 2 oder die Basis 10 gemeint ist. Zuweilen schreibt man statt $\log_2 a$ auch ld a. Die natürlichen Logarithmen werden durch ln bezeichnet, also:

$$\log_e a = \ln a.$$

3. Wie Übung 2, aber für den Symbolvorrat einer Schreibmaschine.

Eine Schreibmaschine besitzt meist 42 (Symbol-) Tasten, zuweilen sind es auch 44 oder 46. Jede Taste liefert zwei verschiedene Zeichen, nimmt man die Zwischenraumtaste hinzu, sind es also 85 (bzw. 89 oder 93) verschiedene Symbole. Es sind also äquivalent:

$$85^{n_1} = 2^{n_2}.$$

daraus folgt

$$n_1 \log_2 85 = n_2$$

oder

$$\frac{n_2}{n_1} = \log_2 85 = 6{,}4094 \qquad \text{(siehe Tafel 4, S. 196)}$$

in bit ausgedrückt, womit ein Vergleich mit dem Binärsystem möglich ist.

Dies heißt aber nicht, daß ein Zeichen der Schreibmaschine 6,41 Zeichen 0 oder 1 ergibt, sondern daß verschiedene Nachrichten, die man etwa mit 100 Zeichen der Schreibmaschine abzählen kann, ebenso zahlreich sind wie die verschiedenen Nachrichten, die man mit 641 binären Zeichen verwirklichen kann.

Eine Schreibmaschinenseite besteht aus 23 bis 26 Zeilen zu 60 bis 65 Zeichen, im Mittel also etwa 1 500 Zeichen. Dafür muß man

$$n_2 = 6{,}4094 \cdot 1\,500 \approx 9\,614$$

binäre Zeichen benutzen, es sind also äquivalent:

$$85^{1500} = 2^{9614}.$$

Beide Darstellungsarten haben dasselbe Unterscheidungsvermögen.

4.2.2. Die Informationsrate

4.2.2.1. Informationsrate für freie Nachrichten

Ausgangspunkt der folgenden Betrachtungen soll das bereits behandelte Beispiel des Telegraphen-Codes mit vier Symbolen bei unterschiedlicher Symboldauer sein:

Symbole			Dauer in Zeiteinheiten
A	=	Punkt	$t_A = 2$
B	=	Zeichenzwischenraum	$t_B = 3$
C	=	Strich	$t_C = 4$
D	=	Wortzwischenraum	$t_D = 6$

Benutzt man dieses System *ohne* Einschränkungen, so ist die Anzahl der verschiedenen möglichen Nachrichten in einer gegebenen Zeit T

$$N(T) = c \cdot X_0^T, \tag{4.2}$$

wobei vorausgesetzt ist, daß die Zeit T groß ist in bezug auf das s-fache der Maximaldauer der s Symbole; in obigem Falle also: $s = 4$, $t_{max} = 6$; also muß $T > 6 \cdot 4 = 24$ Zeiteinheiten sein.

Statt X_0 aus einer algebraischen Gleichung zu berechnen, soll X_0 hier näherungsweise rekursiv bei einer Beschränkung auf $T = 23$ Zeiteinheiten bestimmt werden.

Man ermittelt die Zahl $N(T)$ der verschiedenen möglichen Nachrichten durch Abzählung mit Hilfe der Symbole des Codes während der gegebenen Zeit T.

$N(T - t_A)$ gibt die Anzahl der Nachrichten an, die man während der Zeit $T - t_A$ abzählen kann. Fügt man jeder dieser Nachricht das Symbol der Dauer t_A hinzu, so erhält man die Zahl der möglichen Nachrichten $N(T)$. Dieselben Betrachtungen können für $T - t_B$, $T - t_C$ und $T - t_D$ durchgeführt werden, und es ergibt sich schließlich:

$$N(T) = N(T - t_A) + N(T - t_B) + N(T - t_C) + N(T - t_D). \tag{4.5}$$

Um die Abzählung der möglichen Nachrichten für eine vorgegebene Zeit T zu erhalten (hier für $T = 23$), soll rekursiv vorgegangen werden, wobei Terme mit negativem Argument Null, mit den Argumenten 0 und 1 aber gleich Eins gesetzt werden sollen. Man erhält dann:

$$
\begin{aligned}
N(0) &= 1 \\
N(1) &= 1 \\
N(2) &= N(0) + N(-1) + N(-2) + N(-4) = 1 + 0 + 0 + 0 = 1 \\
N(3) &= N(1) + N(0) + N(-1) + N(-3) = 1 + 1 + 0 + 0 = 2 \\
N(4) &= N(2) + N(1) + N(0) + N(-2) = 1 + 1 + 1 + 0 = 3 \\
N(5) &= N(3) + N(2) + N(1) + N(-1) = 2 + 1 + 1 + 0 = 4 \\
N(6) &= N(4) + N(3) + N(2) + N(0) = 3 + 2 + 1 + 1 = 7 \\
N(7) &= N(5) + N(4) + N(3) + N(1) = 4 + 3 + 2 + 1 = 10 \\
N(8) &= N(6) + N(5) + N(4) + N(2) = 7 + 4 + 3 + 1 = 15 \\
\end{aligned}
$$

. . . .

Es ergibt sich folgende weiterführende Tabelle:

T	N(T)	T	N(T)
9	23	17	629
10	35	18	954
11	52	19	1441
12	80	20	2182
13	120	21	3299
14	182	22	4994
15	275	23	7551
16	417	....	......

Die Anzahl der möglichen Nachrichten wächst näherungsweise wie die Glieder einer geometrischen Reihe, dabei nähert sich das Verhältnis aufeinander folgender Glieder mit wachsendem T der Zahl 1,514.

Während der Zeit T = 23 gibt es N(23) = 7 551 verschiedene mögliche Nachrichten.

Will man diese Nachrichten mittels einer Übertragungseinrichtung (einem Code) übertragen, die nur zwei Zustände annehmen kann, also mit einem binären Code, so muß gelten:

$$N(T) = 2^n = 7\ 551,$$

d. h.

$$n = \log_2 7\ 551 = 12,90$$

und die *Informationsrate* beträgt

$$C = \frac{12,90}{23} \approx 0,561\ \frac{\text{bit}}{\text{Zeiteinheit}}.$$

Das soeben angegebene Verfahren zur Abzählung der verschiedenen möglichen Nachrichten läßt sich verallgemeinern für s Symbole mit der jeweiligen Symboldauer t_i, $i = 1, \ldots, s$; es gilt dann entsprechend:

$$N(T) = N(T - t_1) + N(T - t_2) + \ldots + N(T - t_i) + \ldots + N(T - t_s). \tag{4.6}$$

Dabei gibt, wie vorher, die Zahl $N(T - t_i)$ die von einer Quelle ausgesandte Anzahl der Nachrichten während der Zeit $(T - t_i)$ an. Jeder dieser Nachrichten kann man das Symbol der Dauer t_i zufügen, um eine Nachricht der Dauer T zu bilden. Die Zahl der verschiedenen Nachrichten, die während der Dauer T ausgesandt werden können, ist dann durch den Ausdruck

$$\sum_{i=1}^{s} N(T - t_i) - N(T) = 0 \tag{4.7}$$

gegeben.

Diese Gleichung läßt sich nun aber auch als Differenzengleichung direkt lösen, indem man die Lösung in der Form

$$N(T) = C_1 r_1^T + C_2 r_2^T + C_3 r_3^T + \ldots + C_s r_s^T \qquad (4.8)$$

mit den willkürlichen Konstanten $C_1, C_2, \ldots, C_s$ ansetzt. Es gilt nun

$$N(T - t_i) = C_1 r_1^{(T-t_i)} + C_2 r_2^{(T-t_i)} + \ldots + C_s r_s^{(T-t_i)}. \qquad (4.9)$$

Setzt man dies in (4.7) ein, so ergibt sich:

$$\begin{aligned}
& C_1 r_1^T r_1^{-t_1} + C_2 r_2^T r_2^{-t_1} + \ldots + C_s r_s^T r_s^{-t_1} \\
& + C_1 r_1^T r_1^{-t_2} + C_2 r_2^T r_2^{-t_2} + \ldots + C_s r_s^T r_s^{-t_2} \\
& + \ldots\ldots\ldots\ldots\ldots\ldots\ldots\ldots\ldots \\
& + C_1 r_1^T r_1^{-t_s} + C_2 r_2^T r_2^{-t_s} + \ldots + C_s r_s^T r_s^{-t_s} \\
& - C_1 r_1^T \qquad - C_2 r_2^T \qquad - \ldots - C_s r_s^T \qquad = 0,
\end{aligned} \qquad (4.10)$$

oder in anderer Weise geordnet:

$$\begin{aligned}
& C_1 r_1^T [r_1^{-t_1} + r_1^{-t_2} + \ldots + r_1^{-t_s} - 1] \\
& + C_2 r_2^T [r_2^{-t_1} + r_2^{-t_2} + \ldots + r_2^{-t_s} - 1] \\
& + \ldots + C_s r_s^T [r_s^{-t_1} + r_s^{-t_2} + \ldots + r_s^{-t_s} - 1] = 0.
\end{aligned} \qquad (4.11)$$

Sind die $r_1, r_2, \ldots, r_s$ Lösungen der algebraischen Gleichung

$$r^{-t_1} + r^{-t_2} + \ldots + r^{-t_s} - 1 = 0, \qquad (4.12)$$

so verschwinden alle eckigen Klammern, ganz gleich welche Werte die C_i annehmen, und (4.8) ist daher die gesuchte Lösung.

Ist nun T genügend groß, d.h. von der Größenordnung des s-fachen der maximalen Symboldauer, so kann man die Lösung (4.8) auf den Term mit der größten positiven Wurzel von (4.12) beschränken und erhält auf diese Weise das im vorhergehenden Abschnitt angegebene Exponentialgesetz in der Form

$$N(T) = C \cdot r^T. \qquad (4.13)$$

Sind alle s Symbole von gleicher Dauer, so reduziert sich (4.12) auf

$$s\, r^{-t} - 1 = 0$$

oder

$$r^t = s \quad \text{und} \quad N(T) = C \cdot r^{nt} = C \cdot s^n.$$

N(T) ist wieder die Anzahl der Folgen, die mit n Symbolen der Dauer t gebildet werden können. Da bereits früher hergeleitet

$$N(T) = s^n, \quad \text{ist} \quad C = 1.$$

Die *Informationsrate* der Quelle ist also

$$C = \frac{1}{T} \log_b N(T) = \log_b r$$

in Informationseinheiten pro Zeiteinheit für große Dauer T. Die Wahl der Basis b bestimmt die Informationseinheit.

Für obiges Beispiel des Telegraphen-Codes gilt:

$$r^{-2} + r^{-3} + r^{-4} + r^{-6} - 1 = 0.$$

Als größte Wurzel findet man

$$r = 1{,}51$$

oder mit der früheren Bezeichnung

$$X_0 = 1{,}51.$$

Die Informationsrate beträgt, bezogen auf b = 2

$$C = \log_2 X_0 = 0{,}6 \ \frac{\text{bit}}{\text{Zeiteinheit}}$$

oder für b = 10

$$C = \log_{10} X_0 = 0{,}1804 \ \frac{\text{dit}}{\text{Zeiteinheit}}$$

Ist T genügend groß, erhält man in binärer und in dezimaler Darstellung die gleiche Zahl Nachrichten:

$$N(10\,000) \approx 2^{6000} \approx 10^{1804}.$$

Übung:
Eine Quelle sendet ein Alphabet mit den drei Symbolen A, B, C und der jeweils entsprechenden Dauer $t_A = 2$, $t_B = 3$, $t_C = 4$ Zeiteinheiten.

Es sollen ausführlich alle Nachrichten angegeben werden für T = 2 bis 7 Zeiteinheiten. Weiterhin gebe man die Zahl der Nachrichten an, die während T = 23 Zeiteinheiten ausgesandt werden können. Welches ist die Informationsrate in binären Einheiten?

Nach den Betrachtungen des vorigen Abschnittes ergibt sich folgende Tabelle:

$$N(0) \qquad\qquad\qquad\qquad\qquad\qquad\qquad = 1 \qquad \text{Mögliche}$$
$$N(1) \qquad\qquad\qquad\qquad\qquad\qquad\qquad = 1 \qquad \text{Nachrichten}$$
$$N(2) = N_1(0) + N(-1) + N(-2) \quad = 1 \qquad \text{A}$$

$$N(3) = N_1(1) + N_1(0) + N(-1) \quad = 2 \qquad \left\{ \begin{array}{l} \text{A} \\ \text{B} \end{array} \right.$$

$$N(4) = N_1(2) + N_1(1) + N_1(0) \quad = 3 \qquad \left\{ \begin{array}{l} \text{AA} \\ \text{B} \\ \text{C} \end{array} \right.$$

$$N(5) = N_2(3) + N_1(2) + N_1(1) \quad = 4 \qquad \left\{ \begin{array}{l} \text{AA} \\ \text{AB} \\ \text{BA} \\ \text{C} \end{array} \right.$$

$$N(6) = N_3(4) + N_2(3) + N_1(2) \quad = 6 \qquad \left\{ \begin{array}{l} \text{AAA} \\ \text{AB} \\ \text{AC} \\ \text{BA} \\ \text{BB} \\ \text{CA} \end{array} \right.$$

$$N(7) = N_4(5) + N_3(4) + N_2(3) \quad = 9 \qquad \left\{ \begin{array}{l} \text{AAA} \\ \text{AAB} \\ \text{ABA} \\ \text{AC} \\ \text{BAA} \\ \text{BB} \\ \text{BC} \\ \text{CA} \\ \text{CB} \end{array} \right.$$

$$N(8) = 6 + 4 + 3 \qquad\qquad = \quad 13$$
$$N(9) = 9 + 6 + 4 \qquad\qquad = \quad 19$$
$$N(10) = 19 + 9 \qquad\qquad\quad = \quad 28$$
$$N(11) = 28 + 13 \qquad\qquad\; = \quad 41$$
$$N(12) = 41 + 19 \qquad\qquad\; = \quad 60$$
$$N(13) \qquad\qquad\qquad\quad\; = \quad 88$$
$$N(14) \qquad\qquad\qquad\quad\; = \quad 129$$
$$N(15) \qquad\qquad\qquad\quad\; = \quad 189$$
$$N(16) \qquad\qquad\qquad\quad\; = \quad 277$$
$$N(17) \qquad\qquad\qquad\quad\; = \quad 406$$
$$N(18) \qquad\qquad\qquad\quad\; = \quad 595$$
$$N(19) \qquad\qquad\qquad\quad\; = \quad 872$$
$$N(20) \qquad\qquad\qquad\quad\; = 1\,278$$
$$N(21) \qquad\qquad\qquad\quad\; = 1\,873$$
$$N(22) \qquad\qquad\qquad\quad\; = 2\,745$$
$$N(23) \qquad\qquad\qquad\quad\; = 4\,023$$

Das Bildungsgesetz ist in diesem einfachen Falle:

$$N(i) = N(i-2) + N(i-3) + N(i-4)$$

und

$$N(i+1) = N(i) + N(i-2).$$

Man sieht auch hier wieder, daß mit wachsendem T die Anzahl der Nachrichten sich den Gliedern einer geometrischen Folge nähern und das Verhältnis aufeinanderfolgender Glieder ist

$$\frac{4023}{2745} \approx 1,4656.$$

Man erhält die Anzahl der Nachrichten direkt für genügend großes T in der Form $N(T) = r^T$, wenn man r als größte Wurzel der Gleichung

$$r^{-4} + r^{-3} + r^{-2} - 1 = 0$$

berechnet. Durch Multiplikation mit r^4 ergibt sich die algebraische Gleichung 4. Grades

$$r^4 - r^2 - r - 1 = 0.$$

Zur numerischen Bestimmung der betragsgrößten Wurzel einer algebraischen Gleichung

$$p_n(x) = x^n + a_{n-1} x^{n-1} + \ldots + a_1 x + a_0 = 0 \quad \text{(hier ist stets } a_n = 1 \text{ gesetzt!)}$$

kann folgende einfache Abschätzung von Nutzen sein [1]):

$$|x_j| \leqslant 1 + A$$

wobei

$$A = \operatorname*{Max}_{k} |a_k|,$$

d. h., alle reellen und komplexen Wurzeln x_j liegen innerhalb eines Kreises vom Radius $(1 + A)$. Von dieser Abschätzung ausgehend, eventuell unterstützt durch eine Skizze über den Kurvenverlauf von $p_n(x)$ über x, kann man einen Näherungswert $x^{(0)}$ verbessern durch

$$x^{(1)} = x^{(0)} - p_n(x^{(0)}) / p_n'(x^{(0)})$$

und diese Verbesserung iterativ fortsetzen (Verfahren von *Newton*) [2]), wobei sich $p_n(x)$ und $p_n'(x)$ nach dem *Horner*-Schema einfach berechnen lassen.

---

[1]) *R. Zurmühl*, Praktische Mathematik, 6. Aufl. 1965, S. 46.

[2]) *R. Zurmühl*, Praktische Mathematik, 6. Aufl. 1968, S. 18 u. 46 f.

In dem soeben betrachteten Übungsbeispiel ist

$$A = \operatorname*{Max}_{k} |a_k| = 1 \quad \text{und daher} \quad |r| \leqslant 2.$$

Geht man aus von $r^{(0)} = 2$, so erhält man nach drei *Newton*schen Verbesserungsschritten

$$r = 1,47$$

als größte Wurzel.

Die Informationsrate der Quelle ist daher

$$\log_2 r = \log_2 1,47 = \log_2 147 - 2 \log_2 10 = 7,200 - 6,644 = 0,556 \; \frac{\text{bit}}{\text{Zeiteinheit}}.$$

4.2.2.2. Nachrichten mit festen Einschränkungen

Hier sollen die Betrachtungen zum Telegraphen-Alphabet wieder aufgenommen werden.

Zur leichteren Behandlung kann man dabei von zwei Zuständen ausgehen:

Zustand 1: Das Symbol, das vorausging, war ein Punkt oder ein Strich. Es folgt dann eines der vier möglichen Symbole.

Zustand 2: Das Symbol, das vorausging, war ein Zeichen- oder ein Wort-Zwischenraum. Das folgende Zeichen kann dann nur ein Punkt oder Strich sein.

In ähnlicher Weise wie in den vorhergehenden Betrachtungen soll die Anzahl der Nachrichten bestimmt werden. Es gelten hier aber zwei Gleichungen:

$$N_2(T) = N_1(T - t_B) + N_1(T - t_D),$$
$$N_1(T) = N_2(T - t_A) + N_2(T - t_C) + N_1(T - t_A) + N_1(T - t_C).$$

Damit wird die Anzahl der Nachrichten für die verschiedenen Zustände angegeben. Die erste Gleichung gibt die Zahl $N_2(T)$ der Nachrichten an, die den Zustand 2 durchlaufen; sie gehen vom Zustand 1 aus und sind aus den beiden Symbolen B und D zusammengesetzt (vgl. Bild 4.1) also:

$$N_1(T - t_B) + N_1(T - t_D).$$

Die Nachrichten, die den Zustand 1 durchlaufen, können vom Zustand 2 ausgehen:

$$N_2(T - t_A) + N_2(T - t_C),$$

aber sie können ebenso vom Zustand 1 ausgehen:

$$N_1(T - t_A) + N_1(T - t_C).$$

Wie vorher findet man die Lösung dieses Differenzengleichungssystems durch einen Exponential-Ansatz:

$$A_2 W^T = A_1 W^{T-t_B} + A_1 W^{T-t_D}$$

$$A_1 W^T = A_2 W^{T-t_A} + A_2 W^{T-t_C} + A_1 W^{T-t_A} + A_1 W^{T-t_C}$$

oder auch

$$A_1 (W^{-t_B} + W^{-t_D}) \quad - A_2 \quad = 0,$$

$$A_1 (W^{-t_A} + W^{-t_C} - 1) + A_2 (W^{-t_A} + W^{-t_C}) = 0.$$

Das ist ein homogenes lineares Gleichungssystem für A_1 und A_2. Es muß also die Determinante verschwinden, damit dieses System eine nichttriviale Lösung hat:

$$\begin{vmatrix} W^{-t_B} + W^{-t_D} & -1 \\ W^{-t_A} + W^{-t_C} - 1 & W^{-t_A} + W^{-t_C} \end{vmatrix} = 0.$$

Daraus folgt:

$$(W^{-t_B} + W^{-t_D})(W^{-t_A} + W^{-t_C}) + (W^{-t_A} + W^{-t_C} - 1) = 0. \tag{4.14}$$

Setzt man die Werte aus dem Beispiel in 4.2.2.1 (siehe S. 79) ein, so ergibt sich

$$(W^{-3} + W^{-6})(W^{-2} + W^{-4}) + (W^{-2} + W^{-4} - 1) = 0$$

oder

$$W^{-10} + W^{-8} + W^{-7} + W^{-5} + W^{-4} + W^{-2} - 1 = 0.$$

Die größte Wurzel dieser Gleichung ist

$$W = 1,45.$$

Daraus folgt die Informationsrate

$$C = \log_2 W = 0,54 \; \frac{\text{bit}}{\text{Zeiteinheit}} \cdot$$

$$W = 2^{0,54}$$

Wie bereits früher schon gesagt wurde, verkleinert sich die Anzahl der möglichen Nachrichten während einer gegebenen Zeit T durch die Einschränkungen. Ohne die obigen Einschränkungen erhält man 0,60, mit den Einschränkungen aber 0,54 bit/Zeiteinheit.

Übung:

Wieviel Nachrichten können durch folgendes System dargestellt werden:

Symbole: A_1, A_2, A_3, B,

Dauer: 1,   1,   1,   2   (Zeiteinheiten).

Beschränkung: Ein Symbol B muß stets auf eine Folge von drei Symbolen A_i folgen.

Man kann in diesem Fall vier Zustände unterscheiden (siehe Bild 4.2):

Zustand 1: Ein Symbol B wird ausgesandt;
Zustand 2: Auf ein Symbol B folgt *ein* Symbol A_i;
Zustand 3: Auf ein Symbol B folgen *zwei* Symbole A_i;
Zustand 4: Auf ein Symbol B folgen *drei* Symbole A_i.

Für die Anzahl der ausgesandten Nachrichten kann man dann ansetzen:

$$N_1(T) = N_4(T-2)$$
$$N_2(T) = 3N_1(T-1)$$
$$N_3(T) = 3N_2(T-1)$$
$$N_4(T) = 3N_3(T-1)$$

Durch den Exponentialansatz erhält man:

$$
\begin{aligned}
C_4 r^{-2} - C_1 &= 0 \\
3C_1 r^{-1} + C_2 &= 0 \\
3C_2 r^{-1} + C_3 &= 0 \\
3C_3 r^{-1} + C_4 &= 0
\end{aligned}
\quad \text{oder} \quad
\begin{vmatrix}
-1 & 0 & 0 & r^{-2} \\
3r^{-1} & -1 & 0 & 0 \\
0 & 3r^{-1} & -1 & 0 \\
0 & 0 & 3r^{-1} & -1
\end{vmatrix}
= 1 - 27r^{-5}
$$

also:

$$1 - 27r^{-5} = 0,$$
$$r = \sqrt[5]{27},$$
$$N(T) = 27^{\frac{T}{5}}.$$

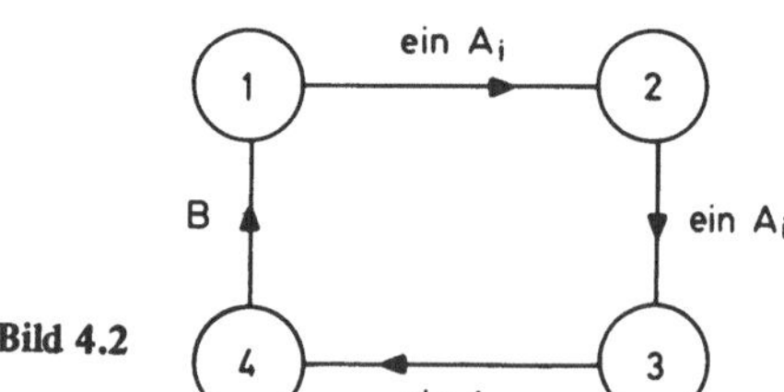

4.2.3. Nachrichten einer Informationsquelle mit stationären statistischen Eigenschaften

Die statistischen Eigenschaften der von einer Quelle ausgesandten Nachrichten seien bekannt. Die einfachste Quelle ist die, die mit aufeinander folgenden, unabhängig voneinander wählbaren Symbolen arbeitet. Jedes der s Symbole S_i des Alphabets S werde mit der Wahrscheinlichkeit p_i gewählt. Da selbstverständlich $\sum_{i=1}^{s} p_i = 1$, ist die Wahl der Symbole auch erschöpfend. Solche Systeme nennt man unabhängige Quellen. Die Vielfalt der Quellen hängt von den statistischen Eigenschaften ab, die man den Nachrichten zuordnet. Die Wahrscheinlichkeit für die Wahl eines Symbols wird durch den Zustand der Folge im Augenblick der Wahl beeinflußt (bedingte Wahrscheinlichkeiten, ergodische Systeme).

4.2.3.1. Unabhängige Quellen

Im einfachsten Falle sendet die Quelle nur die zwei Symbole A_1 und A_2 mit den Wahrscheinlichkeiten p und $q = 1 - p$ aus. In 3.4.4.1.1 wurde gezeigt, daß für die Binomialverteilung der Modalwert durch die zwei Bedingungen

$$np + p \geqslant k \geqslant np + p - 1 \tag{3.17}$$

festgelegt wird. Dafür kann man auch schreiben:

$$p + \frac{p}{n} \geqslant \frac{k}{n} \geqslant p + \frac{p}{n} - \frac{1}{n}. \tag{3.17a}$$

Nimmt n sehr große Werte an, so strebt die relative Häufigkeit $f = k/n$ gegen die Wahrscheinlichkeit p. Die Wahrscheinlichkeit, k-mal das Symbol A_1 zu erhalten, ist durch das $(k + 1)$-te Glied der Binomialentwicklung $(p + q)^n$ gegeben:

$$\left. \begin{aligned} (p + q)^n &= q^n + npq^{n-1} + \ldots + C_n^k p^k q^{n-k} + \ldots + p^n \\ P(k) &= C_n^k p^k q^{n-k} . \end{aligned} \right\} \tag{4.15}$$

Diese Ergebnisse lassen sich verallgemeinern für den Fall, daß für eine Informationsquelle die Symbole aus einem Alphabet mit s Symbolen $S = A_1, \ldots, A_i, \ldots, A_s$ ausgewählt werden, wobei die Wahrscheinlichkeit für A_i mit p_i bekannt ist und $\Sigma p_i = 1$. Gesucht wir die Wahrscheinlichkeit für das Auftreten einer Nachricht mit m_1 Symbolen $A_1, \ldots, m_i$ Symbolen $A_i, \ldots, m_s$ Symbolen A_s. Diese Wahrscheinlichkeit ist gegeben durch den Ausdruck:

$$p = R_n^{m_1 \cdots m_i \cdots m_s} \cdot p_1^{m_1} p_2^{m_2} \ldots p_i^{m_i} \ldots p_s^{m_s} \tag{4.16}$$

mit

$$n = m_1 + m_2 + \ldots + m_i + \ldots + m_s.$$

Die Wahrscheinlichkeit einer Folge mit vorgegebener Anordnung der Symbole ist $p_1^{m_1} p_2^{m_2} \ldots p_s^{m_s}$. Es sind aber $R_n^{m_1 \cdots m_s}$ Folgen dieser Art mit verschiedenen Anordnungen möglich. Daraus folgt die Wahrscheinlichkeit (4.16), die eine Verallgemeinerung der Binomialverteilung (4.15) ist und das allgemeine Glied der Entwicklung von $(p_1 + p_2 + \ldots + p_s)^n$ darstellt. Man kann zeigen, daß der größte Term in dieser Entwicklung den Werten von m_i $(i = 1, \ldots, s)$ entspricht, die den np_i benachbart sind, wenn n genügend groß ist. Wegen des Gesetzes der großen Zahlen tritt das günstige Ereignis mit einer Häufigkeit $f_i = m_i/n$ auf, die in der Nähe der Wahrscheinlichkeit p_i liegt.

Übungen:

1. Man zeige, daß die Wahrscheinlichkeit

$$p_{max} = R_n^{np_1, \ldots, np_s} \cdot p_1^{np_1} p_2^{np_2} \ldots p_s^{np_s}$$

einen Wert nahe Eins annimmt, wenn n sehr groß wird.

Durch Logarithmieren ergibt sich:

$$\ln p_{max} = \ln R_n + \ln (p_1^{np_1} \ldots p_s^{np_s})$$

$$= \ln \frac{n!}{np_1! \, np_2! \ldots np_s!} + n \sum_{i=1}^{s} p_i \ln p_i.$$

Ist $np_i > 100$, kann man die *Stirling*sche Formel in der Form $\ln m! = m (\ln m - 1)$ für $m > 100$ anwenden und erhält für $\ln R_n$

$$\ln R_n = n \ln n - n - \sum_{i=1}^{s} np_i \ln np_i + n \cdot \sum_{i=1}^{s} p_i$$

Berücksichtigt man die Beziehung $\sum_{i=1}^{s} p_i = 1$, so läßt sich die vorhergehende Gleichung

schreiben:

$$\ln R_n = n \sum_{i=1}^{s} p_i \ln n - \sum_{i=1}^{s} np_i \ln np_i = - n \sum_{i=1}^{s} p_i \ln p_i,$$

daher ergibt sich mit der Näherung der *Stirling*schen Formel

$$\ln p_{max} \approx 0 \quad \text{und} \quad p_{max} \approx 1.$$

Das bedeutet, daß man für genügend großes n fast die Gewißheit hat, eine Folge von Symbolen zu erhalten, in der die Verteilung der Symbole der Wahrscheinlichkeit ihres Auftretens entspricht. Folgen mit anderen Verteilungen sind nur mit einer äußerst kleinen Wahrscheinlichkeit möglich.

Für Nachrichten genügender Länge kann man also nur Folgen betrachten, in denen die Verteilung der Symbole ihren Wahrscheinlichkeiten entspricht. Diese Folgen sollen „*Folge-Typ*" genannt werden, sie sind gleichwahrscheinlich. Man geht dabei allerdings ein Risiko ein, aber dieses ist sehr gering, und man kann es abschätzen.

2. Eine Informationsquelle sendet Worte von 10 000 Symbolen aus mit einem Alphabet der fünf Buchstaben A, B, C, D, E, für die die folgenden Wahrscheinlichkeiten gelten:

$$p_A = 0{,}5, \ p_B = 0{,}25, \ p_C = p_D = 0{,}1, \ p_E = 0{,}05.$$

Gesucht ist die Anzahl der Folgen vom „Folge-Typ" ausgedrückt als Zweier-Potenz. Die Anzahl der Folgen des „Folge-Typs" ist:

$$R = \frac{n!}{np_1! \ np_2! \ldots np_s!} \, .$$

Durch eine ähnliche Rechnung, wie in der vorhergehenden Übung erhält man

$$\log_b R_n = -n \sum_{i=1}^{s} p_i \log_b p_i$$

oder mit Logarithmen zur Basis 2:

$$\log_2 R_n = -n \sum_{i=1}^{s} p_i \log_2 p_i$$

$$= -10\,000 \left(\frac{1}{2} \log_2 \frac{1}{2} + \frac{1}{4} \log_2 \frac{1}{4} + \frac{1}{10} \log_2 \frac{1}{10} + \frac{1}{10} \log_2 \frac{1}{10} + \frac{1}{20} \log_2 \frac{1}{20} \right) \approx 19\,000$$

und daher

$$R_n \approx 2^{19\,000}.$$

Da die fünf Symbole gleichwahrscheinlich sind, gilt

$$5^{10\,000} = 2^x$$

oder

$$x = 10\,000 \log_2 5 = 23\,219.$$

4.3. Die Entropie

4.3.1. Einführung des Begriffes „Entropie"

Bei der Berechnung der Wahrscheinlichkeiten von Ereignissen vom „Folge-Typ" tritt der folgende wichtige Ausdruck auf:

$$\log_b \frac{1}{p} = -n \sum_i p_i \log_b p_i = nH. \tag{4.17}$$

$H = -\sum_i p_i \log_b p_i$ nennt man die *Entropie* des betrachteten Systems. Dieser Ausdruck

stellt den Erwartungswert einer Zufallsvariablen X dar, die die Werte $-\log_b p_i$ mit den Wahrscheinlichkeiten p_i annimmt.

Durch die Wahl der Basis des Logarithmensystems wird die Einheit der Information festgelegt:

$$H = -\sum_i p_i \log_2 p_i \quad \text{bit,}$$

$$H = -\sum_i p_i \log_{10} p_i \quad \text{dit.}$$

Übung:

1. Man berechne in binären Einheiten die Entropie des folgenden Systems:

$$\begin{pmatrix} E_1, & E_2, & E_3, & E_4, & E_5 \\ 1/2, & 1/4, & 1/8, & 1/16, & 1/16 \end{pmatrix} \begin{matrix} \text{Ereignisse} \\ \text{Wahrscheinlichkeiten.} \end{matrix}$$

Dann ergibt sich die Entropie zu:

$$H = -\frac{1}{2} \log_2 \frac{1}{2} - \frac{1}{4} \log_2 \frac{1}{4} - \frac{1}{8} \log_2 \frac{1}{8} - \frac{1}{16} \log_2 \frac{1}{16} - \frac{1}{16} \log_2 \frac{1}{16}$$

$$= \frac{1}{2} \log_2 2 + \frac{1}{4} \log_2 4 + \frac{1}{8} \log_2 8 + \frac{1}{16} \log_2 16 + \frac{1}{16} \log_2 16$$

$$= \frac{1}{2} + \frac{1}{2} + \frac{3}{8} + \frac{4}{16} + \frac{4}{16} = \frac{15}{8} \text{ bit}$$

2. Die Berechnung der Entropie der folgenden drei Systeme ist durchzuführen:

$$(1) \begin{pmatrix} E_1 & E_2 \\ \frac{1}{2} & \frac{1}{2} \end{pmatrix} \quad (2) \begin{pmatrix} E_1 & E_2 \\ \frac{9}{10} & \frac{1}{10} \end{pmatrix} \quad (3) \begin{pmatrix} E_1 & E_2 \\ \frac{99}{100} & \frac{1}{100} \end{pmatrix}$$

Man erhält:

$$H_1 = 1 \text{ bit,} \quad H_2 = 0{,}67 \text{ bit,} \quad H_3 = 0{,}08 \text{ bit.}$$

Die Entropie gestattet, die Ungewißheit eines Systems zu bewerten.

Diese drei Fälle zeigen, daß das erste System ungewisser ist als das zweite, bei dem die Wahrscheinlichkeit für das Auftreten von E_1 von 0,5 auf 0,9 zugenommen hat. Das zweite System ist wiederum ungewisser als das dritte, in dem das Ereignis E_1 mit der Fast-Gewißheit $p = 0{,}99$ auftritt.

3. In zwei gleichen Urnen sind je 20 Kugeln enthalten, und zwar in der ersten
   10 weiße, 5 schwarze und 5 blaue; in der zweiten 8 weiße, 8 schwarze und
   4 rote Kugeln. Welche Versuchsanordnung ist mit der geringeren Ungewißheit
   behaftet?

Die Entropie für die erste Versuchsanordnung ist:

$$H_1 = -\frac{1}{2}\log_2\frac{1}{2} - \frac{1}{4}\log_2\frac{1}{4} - \frac{1}{4}\log_2\frac{1}{4} = 1{,}50 \text{ bit} = 0{,}4515 \text{ dit,}$$

und für die zweite Versuchsanordnung:

$$H_2 = -\frac{2}{5}\log_2\frac{2}{5} - \frac{2}{5}\log_2\frac{2}{5} - \frac{1}{5}\log_2\frac{1}{5} = 1{,}528 \text{ bit} = 0{,}4581 \text{ dit.}$$

Die Versuchsanordnung mit der geringeren Ungewißheit ist also die erste.

4.3.2. Eigenschaften der Entropie

Der Begriff der Entropie, der bei allen Systemen mit statistischen Eigenschaften auftritt, spielt eine große Rolle in der Informationstheorie. Die folgenden Eigenschaften
sollen nun behandelt werden:

1. *Die Entropie H wird maximal, wenn die s Symbole des Systems gleichwahrscheinlich sind:*

$$p_i = \frac{1}{s}, \quad H = -\sum_{i=1}^{s} p_i \log p_i = -\frac{1}{s}\log\left(\frac{1}{s}\right)^s = \log s \tag{4.18}$$

Dies läßt sich leicht exakt beweisen. Hier soll diese Eigenschaft aber nur graphisch für
den Fall zweier Symbole gezeigt werden. Es gilt hier:

$$p_1 + p_2 = 1, \quad H = -\sum_{i=1}^{s} p_i \log p_i = -(p_1 \log p_1 + p_2 \log p_2)$$

In Bild 4.3 ist der Wert von H als Funktion von p_1 (oder p_2) aufgetragen. H ist Null
für $p_1 = 0$ und $p_2 = 1$.

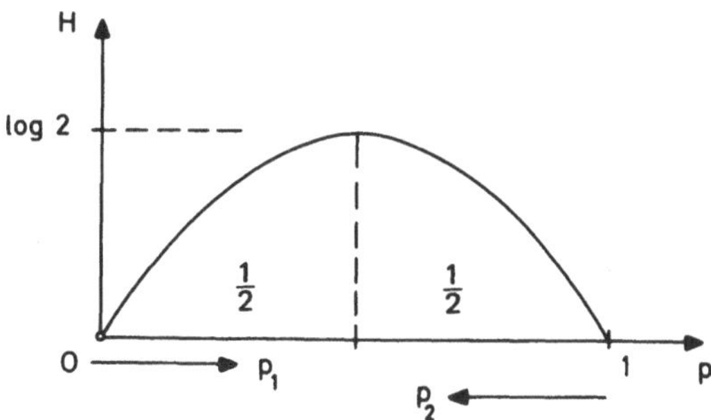

Bild 4.3

Man sieht leicht, daß aus Symmetriegründen H ein Maximum für $p_1 = p_2 = 1/2$ haben muß. Dieser Maximalwert ist:

$$H = -\left(\frac{1}{2}\log_2\frac{1}{2} + \frac{1}{2}\log_2\frac{1}{2}\right) = -\frac{1}{2}\log_2\left(\frac{1}{2}\right)^2$$

$$= \log_2 2 = 1 \text{ bit.}$$

2. *Zunahme der Entropie*

Geht man aus von gewissen Ereignissen $E_1, E_2, \ldots, E_k$ mit den Wahrscheinlichkeiten $p_1, p_2, \ldots, p_k$ (Ausgangssystem), das durch genauere Untersuchung sich in folgender Form aufspalten läßt:

$$\begin{pmatrix} E_1' & E_1'' & E_2 & \ldots & E_k \\ p_1' & p_1'' & p_2 & \ldots & p_k \end{pmatrix},$$

wobei selbstverständlich gelten soll:

$$p_1' + p_1'' = p_1,$$

so lassen sich die Entropien für das Ausgangssystem und das geänderte System berechnen. Für die Entropie des Ausgangssystems ergibt sich:

$$H_1 = -p_1\log p_1 - \sum_{i=2}^{k} p_i\log p_i = -(p_1' + p_1'')\log p_1 - \sum_{i=2}^{k} p_i\log p_i \qquad (4.19)$$

Für das zweite System gilt jedoch:

$$H_2 = -p_1'\log p_1' - p_1''\log p_1'' - \sum_{i=2}^{k} p_i\log p_i. \qquad (4.20)$$

Daraus folgt für die Differenz der Entropien:

$$\begin{aligned} H_2 - H_1 &= -p_1'\log p_1' - p_1''\log p_1'' + (p_1' + p_1'')\log p_1 \\ &= p_1'(\log p_1 - \log p_1') + p_1''(\log p_1 - \log p_1'') \\ &= p_1'\log\frac{p_1}{p_1'} + p_1''\log\frac{p_1}{p_1''}. \end{aligned} \qquad (4.21)$$

Diese Differenz ist die Summe zweier nicht negativen Größen, also ist:

$$H_2 - H_1 > 0,$$

wie gezeigt werden sollte.

Dieses Ergebnis ist sehr wichtig. Es zeigt, daß die Kenntnis einer Erscheinung, die aus der unseren Sinnen angepaßten Untersuchung hervorgeht, nur einen relativen Wert haben kann. Tatsächlich kann man in einem vorgelegten Zeitabschnitt, wenn man den wissenschaftlichen und technischen Fortschritt in Betracht zieht, durch Forschung erreichen, sich die Konfiguration der untersuchten Erscheinung vorzustellen und ihr eine statistische Verteilung zuzuordnen, durch die eine Entropie H_1 definiert wird. Ein Fortschritt der Wissenschaft führt zu einer Vervollkommung der Forschungsmittel, die eine schärfere Analyse dieser Erscheinung durchzuführen gestattet, und dessen Konfiguration wesentlich aufwendiger wird, als man vorher vermutete. Diese Untersuchung führt zu einer neuen Bestimmung der Entropie mit einem Wert $H_2 > H_1$.

Der Wert $(H_2 - H_1)/H_1$ könnte in gewisser Weise dazu dienen, den Grad der Unwissenheit abzuschätzen, in der man sich im Zeitpunkt der Bestimmung von H_1 befand in bezug auf den gegenwärtigen Zeitpunkt.

3. *Zerlegung der Entropie in eine gewogene Summe von Entropie-Komponenten*

Man kann die Entropie eines gegebenen Systems in eine gewogene Summe von Entropiekomponenten zerlegen.

Gegeben sei z.B. das System:

$$\begin{pmatrix} E_1 & E_2 & E_3 \\ 1/2 & 3/8 & 1/8 \end{pmatrix}$$

Seine Entropie werde mit $H(1/2, 3/8, 1/8)$ bezeichnet und durch das Schema in Bild 4.4 dargestellt.

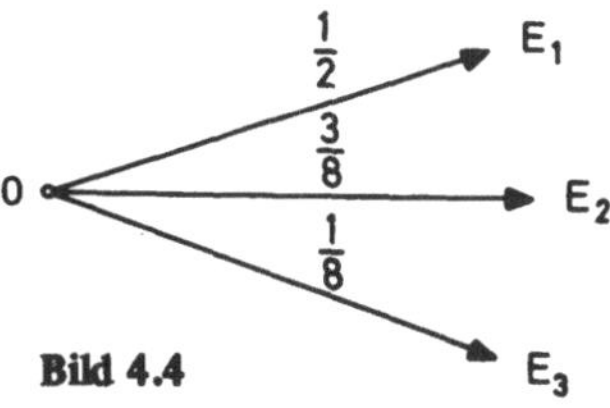

Bild 4.4

Zerlegung:

$$H(1/2, 3/8, 1/8) = -\left[\frac{1}{2}\log\frac{1}{2} + \frac{3}{8}\log\frac{3}{8} + \frac{1}{8}\log\frac{1}{8}\right]$$

$$= -\left[\frac{1}{2}\log\frac{1}{2} + \frac{1}{2}\cdot\frac{3}{4}\log\left(\frac{1}{2}\cdot\frac{3}{4}\right) + \frac{1}{2}\cdot\frac{1}{4}\log\left(\frac{1}{2}\cdot\frac{1}{4}\right)\right]$$

$$= -\left[\frac{1}{2}\log\frac{1}{2} + \frac{1}{2}\log\frac{1}{2}\right] - \frac{1}{2}\left[\frac{3}{4}\log\frac{3}{4} + \frac{1}{4}\log\frac{1}{4}\right]$$

$$= H(1/2, 1/2) + \frac{1}{2}H(3/4, 1/4)$$

Der zweite Term entspricht dem Schema in Bild 4.5.

Das erhaltene Resultat ist allgemein gültig und die folgende Zerlegung einfach herzuleiten.

$$H(p_1, p_2, \ldots, p_i, \ldots, p_k)$$

$$= H(p_1, 1 - p_1) + (1 - p_1)\, H\left(\frac{p_2}{1 - p_1}, \ldots, \frac{p_i}{1 - p_1}, \ldots, \frac{p_k}{1 - p_1}\right)$$

$$= H(p_1, 1 - p_1) + (1 - p_1)\, H\left(\frac{p_2}{1 - p_1}, \frac{1 - p_1 - p_2}{1 - p_1}\right) + \ldots \qquad (4.22)$$

$$+ \left(\frac{1 - p_1 - \ldots - p_i}{1 - p_1 - \ldots - p_{i-1}}\right) H\left(\frac{p_{i+1}}{1 - p_1 - \ldots - p_i}, \frac{1 - p_1 - \ldots - p_{i+1}}{1 - p_1 - \ldots - p_i}\right) + \ldots$$

$$+ \left(\frac{p_{k-1} + p_k}{p_{k-2} + p_{k-1} + p_k}\right) H\left(\frac{p_{k-1}}{p_{k-1} + p_k}, \frac{p_k}{p_{k-1} + p_k}\right).$$

Diese Beziehungen entsprechen den drei Darstellungen in Bild 4.6.

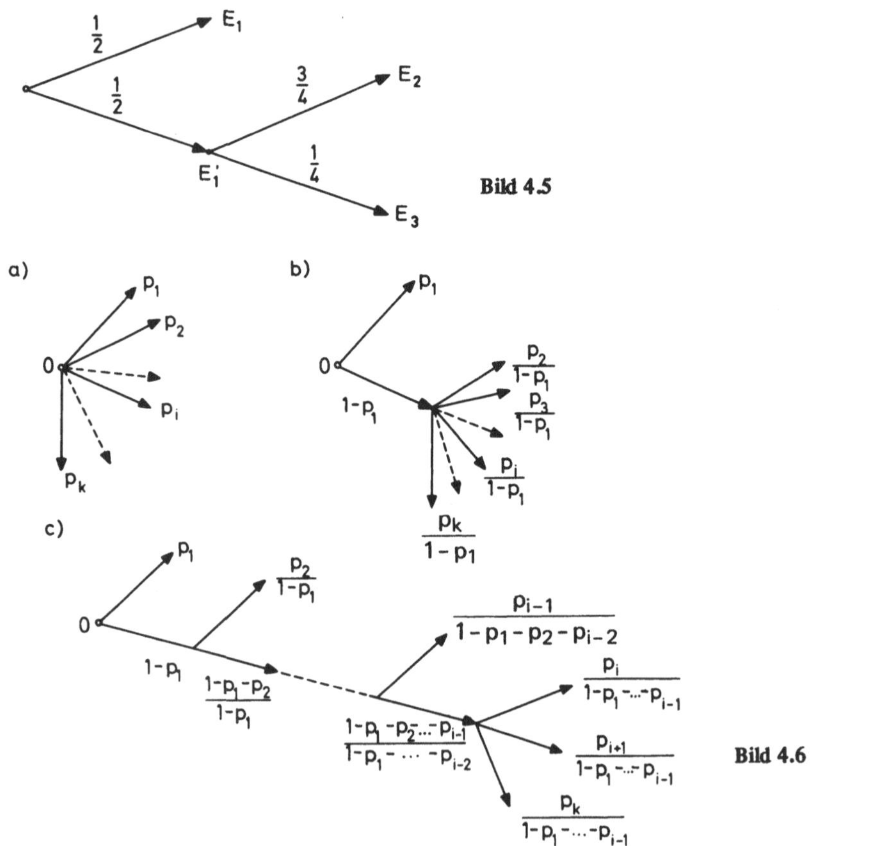

Beispiel:

$$H\left(\frac{1}{10},\frac{2}{10},\frac{3}{10},\frac{4}{10}\right) = H\left(\frac{1}{10},\frac{9}{10}\right) + \frac{9}{10}H\left(\frac{2}{9},\frac{3}{9},\frac{4}{9}\right)$$

$$= H\left(\frac{1}{10},\frac{9}{10}\right) + \frac{9}{10}H\left(\frac{2}{9},\frac{7}{9}\right) + \frac{7}{9}H\left(\frac{3}{7},\frac{4}{7}\right).$$

Das heißt, wenn man von p = 0,1 ausgeht, kann man folgende Aufspaltungen nach
Bild 4.7 erhalten.

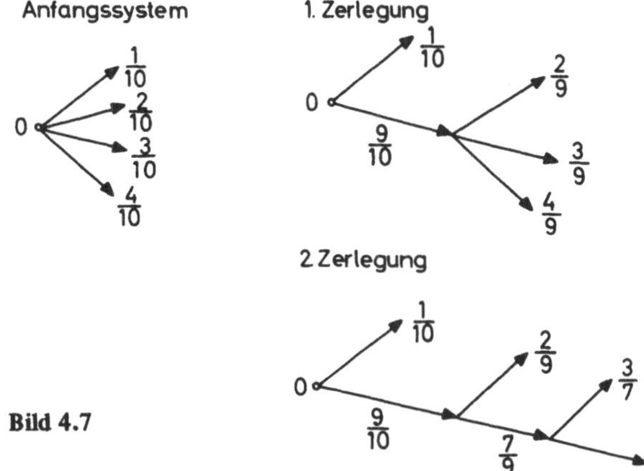

Bild 4.7

4. *Eine weitere additive Eigenschaft der Entropie*

Ähnlich wie im vorangegangenen Abschnitt kann man folgende Zerlegung vornehmen:

$$H(p_1, p_2, \ldots, p_{n-1}, q_1, q_2, \ldots, q_m) = H(p_1, p_2, \ldots, p_{n-1}, p_n)$$

$$+ p_n H\left(\frac{q_1}{p_n}, \frac{q_2}{p_n}, \ldots, \frac{q_m}{p_n}\right) \qquad (4.23)$$

mit

$$p_n = \sum_{i=1}^{m} q_i \qquad (4.24)$$

Um diese Zerlegung zu verifizieren, setzt man:

$$H(p_1, p_2, \ldots, p_{n-1}, q_1, q_2, \ldots, q_m) = -\left(\sum_{i=1}^{n-1} p_i \log p_i + \sum_{i=1}^{m} q_i \log q_i\right)$$

$$= -\left(\sum_{i=1}^{n} p_i \log p_i - p_n \log p_n + \sum_{i=1}^{m} q_i \log q_i\right)$$

Nach (4.24) gilt:

$$p_n \log p_n = p_n \frac{\sum\limits_{i=1}^{m} q_i}{p_n} \log p_n = p_n \sum\limits_{i=1}^{m} \frac{q_i}{p_n} \log p_n$$

$$\sum\limits_{i=1}^{m} q_i \log q_i = p_n \sum\limits_{i=1}^{m} \frac{q_i}{p_n} \log q_i$$

Das zweite Glied ergibt sich zu:

$$-\left(\sum\limits_{i=1}^{n} p_i \log p_i - p_n \sum\limits_{i=1}^{m} \frac{q_i}{p_n} \log p_n + p_n \sum\limits_{i=1}^{m} \frac{q_i}{p_n} \log q_i \right)$$

$$= -\sum\limits_{i=1}^{n} p_i \log p_i - p_n \sum\limits_{i=1}^{m} \frac{q_i}{p_n} \log \frac{q_i}{p_n}$$

$$= H(p_1, p_2, \ldots, p_{n-1}, p_n) + p_n H\left(\frac{q_1}{p_n}, \frac{q_2}{p_n}, \ldots, \frac{q_m}{p_n} \right).$$

5. Die Entropie eines Systems wird nicht geändert, wenn man ein unmögliches Ereignis hinzunimmt

$$H(p_1, p_2, \ldots, p_n, 0) = H(p_1, p_2, \ldots, p_n). \tag{4.25}$$

Übungen:

1. Man zeige die additive Eigenschaft der Entropien, indem man zuerst die Entropie des folgenden Systems

$$\begin{pmatrix} E_1 & E_2 & E_3 \\ 1/3 & 2/15 & 8/15 \end{pmatrix}$$

berechnet und darauf die der Systeme

$\{ E_1, E_2 \text{ oder } E_3 \}$ und $\{ E_2/(E_2 \text{ oder } E_3), E_3/(E_2 \text{ oder } E_3) \}$.

Entropie des ersten Systems:

$$H\left(\frac{1}{3}, \frac{2}{15}, \frac{8}{15}\right) = -\frac{1}{15}\left(5 \log_2 \frac{5}{15} + 2 \log_2 \frac{2}{15} + 8 \log_2 \frac{8}{15}\right)$$

$$= -\frac{1}{15}\left(5 \log_2 5 + 2 \log_2 2 + 8 \log_2 8 - 15 \log_2 15\right)$$

$$= -\frac{1}{15}\left(5 \log_2 5 + 2 + 24 - 15 \log_2 3 \cdot 5\right)$$

$$= \frac{1}{15}\left(10 \log_2 5 + 15 \log_2 3 - 26\right).$$

Berechnet man die Wahrscheinlichkeiten des zweiten Systems, so ist:

$$p(E_2 + E_3) = p(E_2) + p(E_3) = \frac{2}{15} + \frac{8}{15} = \frac{2}{3}$$

$$p(E_1) = \frac{1}{3}$$

und daher die Entropie:

$$H\left(\frac{1}{3}, \frac{2}{3}\right) = -\frac{1}{3} \log_2 \frac{1}{3} - \frac{2}{3} \log_2 \frac{2}{3} = -\frac{1}{3}\left(\log_2 \frac{1}{3} + 2 \log_2 \frac{2}{3}\right)$$

$$= \frac{1}{3}\left(3 \log_2 3 - 2\right).$$

Die Wahrscheinlichkeiten des dritten Systems sind:

$$p(E_2/(E_2 + E_3)) = \frac{p(E_2 \cdot (E_2 + E_3))}{p(E_2 + E_3)} = \frac{p(E_2) \cdot p((E_2 + E_3)/E_2)}{p(E_2) + p(E_3)}$$

(siehe Kap. 2, Gl. (2.12), S. 40).

Ist das Ereignis $E_2 + E_3$ durch das Ereignis E_2 bedingt, so ist die Wahrscheinlichkeit von $E_2 + E_3$ unter der Voraussetzung von E_2 $p((E_2 + E_3)/E_2) = 1$ und daher:

$$p(E_2/(E_2 + E_3)) = \frac{1}{5},$$

$$p(E_3/(E_2 + E_3)) = \frac{4}{5},$$

$$H\left(\frac{1}{5}, \frac{4}{5}\right) = -\frac{1}{5} \log_2 \frac{1}{5} - \frac{4}{5} \cdot \log_2 \frac{4}{5} = \frac{1}{5}\left(-\log_2 \frac{1}{5} - 4 \log_2 \frac{4}{5}\right)$$

$$= \frac{1}{5}\left(5 \log_2 5 - 8\right).$$

Man kann daher verifizieren, daß

$$H\left(\frac{1}{3}, \frac{2}{15}, \frac{8}{15}\right) = H\left(\frac{1}{3}, \frac{2}{3}\right) + \frac{2}{3} H\left(\frac{1}{5}, \frac{4}{5}\right)$$

mit den beiden äquivalenten Schemata (siehe Bild 4.8).

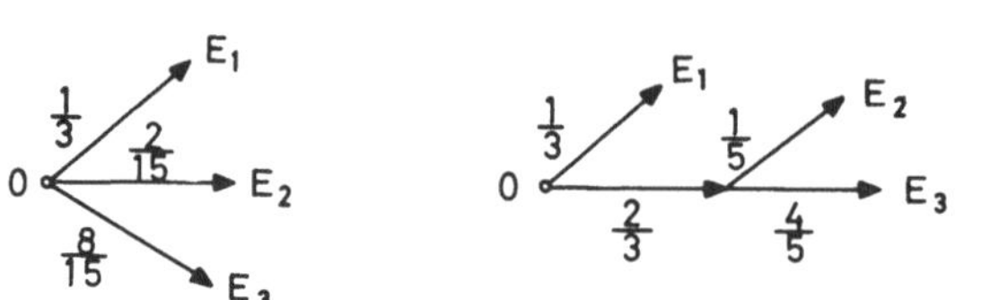

Bild 4.8

2. Man zeige, daß die Entropie ihren Wert nicht ändert, wenn man von dem System

$$\begin{pmatrix} E_1 & E_2 & E_3 & E_4 \\ 1/3 & 2/15 & 8/45 & 16/45 \end{pmatrix}$$

ausgeht (siehe Bild 4.9 (1)) und dann zu Systemen übergeht, die durch die beiden folgenden Schemata Bild 4.9 (2) und (3) dargestellt werden.

Nach Schema (1) hat die Entropie den Wert:

$$H(p_1, p_2, p_3, p_4) = -\frac{1}{3} \log_2 \frac{1}{3} - \frac{2}{15} \log_2 \frac{2}{15} - \frac{8}{45} \log_2 \frac{8}{45} - \frac{16}{45} \log_2 \frac{16}{45}$$

$$= \frac{1}{45} (15 \log_2 3 + 6 \log_2 15 + 24 \log_2 45 - 94)$$

$$= 1{,}887 \text{ bit.}$$

Für das Schema (2) kann man setzen:

$$H(p_1, 1 - p_1) + (1 - p_1) H\left(\frac{p_2}{1 - p_1}, \frac{p_3}{1 - p_1}, \frac{p_4}{1 - p_1}\right).$$

Ausführlich geschrieben lautet dieser Ausdruck:

$$-p_1 \log p_1 - (1 - p_1) \log (1 - p_1) - (1 - p_1) \cdot$$

$$\cdot \left[\frac{p_2}{1 - p_1} \log \frac{p_2}{1 - p_1} + \frac{p_3}{1 - p_1} \log \frac{p_3}{1 - p_1} + \frac{p_4}{1 - p_1} \log \frac{p_4}{1 - p_1} \right]$$

$$= -p_1 \log p_1 - (1 - p_1) \log (1 - p_1) - p_2 \log p_2 - p_3 \log p_3 - p_4 \log p_4$$

$$+ (p_2 + p_3 + p_4) \log (1 - p_1)$$

$$= -p_1 \log p_1 - p_2 \log p_2 - p_3 \log p_3 - p_4 \log p_4$$

$$= H(p_1, p_2, p_3, p_4).$$

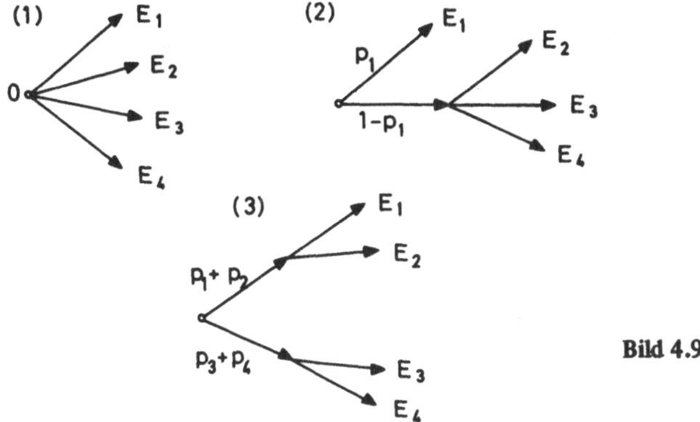

Das Schema (3) ergibt:

$$H(p_1 + p_2, p_3 + p_4) + (p_1 + p_2)\,H\left(\frac{p_1}{p_1 + p_2},\ \frac{p_2}{p_1 + p_2}\right)$$

$$+ (p_3 + p_4)\,H\left(\frac{p_3}{p_3 + p_4},\ \frac{p_4}{p_3 + p_4}\right).$$

Eine ähnliche Rechnung wie vorher ergibt die Übereinstimmung dieses Ausdrucks mit
$H(p_1, p_2, p_3, p_4)$.

Man kann noch zeigen, daß

$$H(p_1, p_2, p_3, p_4) = H(p_1, p_2, p_3 + p_4) + (p_3 + p_4)\,H\left(\frac{p_3}{p_3 + p_4},\ \frac{p_4}{p_3 + p_4}\right),$$

$$H(p_1, p_2, p_3 + p_4) = H(p_3 + p_4, p_1, p_2)$$

$$= H(p_3 + p_4, p_1 + p_2) + (p_1 + p_2)\,H\left(\frac{p_1}{p_1 + p_2},\ \frac{p_2}{p_1 + p_2}\right).$$

Daraus folgt:

$$H(p_1, p_2, p_3, p_4) = H(p_1 + p_2, p_3 + p_4) + (p_1 + p_2)\,H\left(\frac{p_1}{p_1 + p_2},\ \frac{p_2}{p_1 + p_2}\right)$$

$$+ (p_3 + p_4)\,H\left(\frac{p_3}{p_3 + p_4},\ \frac{p_4}{p_3 + p_4}\right).$$

Der Wert der Entropie ändert sich nicht bei verschiedener Anordnung der Ereignisse,
wenn die Einzelwahrscheinlichkeiten jedes Ereignisses ungeändert bleiben.

4.3.3. Kopplung und bedingte Entropie

Es soll davon ausgegangen werden, daß ein Ereignis E von der gleichzeitigen Realisation der beiden Ereignisse E_1 und E_2 abhängt. Diese zwei Ereignisse können aus den Gesamtheiten $X = \{A_1, A_2, \ldots, A_m\}$ bzw. $Y = \{A_1, A_2, \ldots, A_n\}$ gewählt werden. Auf diese Weise wird eine Kopplung verwirklicht.

Ist p_{ij} die Wahrscheinlichkeit dafür, daß man zugleich ein Element A_i der ersten Menge und ein Element A_j der zweiten Menge hat, dann entspricht die Gesamtheit aller Ereignisse E einer Folge von $(A_i A_j)$ und es muß gelten $\sum\limits_{i,j} p_{ij} = 1$.

Ist $p_{i.}$ die Wahrscheinlichkeit für das Auftreten des zweiten Elements A_j, ohne das erste zu berücksichtigen, so gilt:

$$p_{i.} = \sum_{j=1}^{n} p_{ij} \cdot \qquad (4.26)$$

Ist $p_{.j}$ die Wahrscheinlichkeit für das Auftreten des zweiten Elements A_j, ohne das erste zu berücksichtigen, so gilt:

$$p_{.j} = \sum_{i=1}^{m} p_{ij} \cdot \qquad (4.27)$$

Es muß dann weiterhin gelten:

$$\sum_{i=1}^{m} p_{i.} = 1, \qquad (4.28)$$

$$\sum_{j=1}^{n} p_{.j} = 1, \qquad (4.29)$$

$$\sum_{i,j} p_{i.} \, p_{.j} = 1. \qquad (4.30)$$

Andererseits ist bekannt, daß

$$p_{ij} = p_{i.} \cdot p_{i/j}, \qquad (4.31)$$

wobei $p_{i/j}$ die Wahrscheinlichkeit ist, daß als zweites Element A_j auftritt, wenn das erste Element A_i war (bedingte Wahrscheinlichkeit).

Gesucht wird nun die Entropie $H(X, Y)$, die dieser Kopplung entspricht. Man kann dann schreiben:

$$H(X, Y) = -\sum_{i,\,j} p_{ij} \log p_{ij} \qquad (4.32)$$

und indem man (4.31) beachtet:

$$H(X, Y) = -\sum_{i,\,j} p_{ij} \log p_{i\cdot} p_{i/j} = -\sum_{i,\,j} p_{ij} \log p_{i\cdot} - \sum_{i,\,j} p_{ij} \log p_{i/j}$$

$$= -\sum_{i=1}^{m} \sum_{j=1}^{n} p_{ij} \log p_{i\cdot} - \sum_{i,j} p_{ij} \log p_{i/j},$$

und berücksichtigt man (4.26), so gilt:

$$H(X, Y) = -\sum_{i=1}^{m} p_{i\cdot} \log p_{i\cdot} - \sum_{i,\,j} p_{ij} \log p_{i/j}.$$

Der erste Term der rechten Seite ist:

$$H(X) = -\sum_{i=1}^{m} p_{i\cdot} \log p_{i\cdot}.$$

Den zweiten Term bezeichnet man als *bedingte Entropie* $H_x(Y)$ für das zweite Ereignis, wenn das erste realisiert ist.

Die Entropie für die Kopplung $H(X, Y)$ hat daher den Wert

$$H(X, Y) = H(X) + H_x(Y). \qquad (4.33)$$

Sind die beiden Ereignisse E_1 und E_2 nicht gekoppelt, und ist daher $p_{i/j} = p_{\cdot j}$, so ist $H_x(Y) = H(Y)$, und es gilt

$$H(X, Y) = H(X) + H(Y). \qquad (4.34)$$

Durch Vergleich von (4.33) und (4.34) folgt:

$$H(X) = - \sum_{i=1}^{m} p_{i.} \log p_{i.} = - \sum_{i,j} p_{ij} \log p_{i.}$$

$$H(Y) = - \sum_{j=1}^{n} p_{.j} \log p_{.j} = - \sum_{i,j} p_{ij} \log p_{.j}$$

$$H(X) + H(Y) = - \sum_{i,j} p_{ij} \log p_{i.} p_{.j}.$$

Man kann dann zeigen, daß [1])

$$\sum_{i,j} p_{ij} \log p_{i.} p_{.j} \geqslant \sum_{i,j} p_{ij} \log p_{ij}$$

d.h. daß

$$H(X, Y) = H(X) + H_x(Y) \leqslant H(X) + H(Y). \tag{4.35}$$

Man könnte auf gleiche Weise zeigen, daß

$$H(Y) + H_y(X) \leqslant H(X) + H(Y) \tag{4.36}$$

ist.

Das Gleichheitszeichen gilt nur dann, wenn die Ereignisse unabhängig sind, d.h., wenn wegen (4.31) $p_{ij} = p_{i.} \cdot p_{.j}$ ist.

Man stellt also fest, daß durch die Tatsache, daß zwei Ereignisse gekoppelt sind, eine Beschränkung der Fälle eintritt, d.h., daß die Entropie des Systems dadurch vermindert wird.

---

[1]) Sehr leicht stellt man fest, daß $H_X(Y) \leqslant H(Y)$, denn

$$H_X(Y) - H(Y) = \sum_{j} p_{.j} \log p_{.j} - \sum_{i,j} p_{ij} \log p_{i/j} = \sum_{i,j} p_{ij} \log \frac{p_{.j}}{p_{i/j}} \leqslant \sum_{i,j} p_{ij} \left[\frac{p_{.j}}{p_{i/j}} - 1 \right] \log e;$$

$$\sum_{i,j} p_{ij} \left[\frac{p_{.j}}{p_{i/j}} - 1 \right] \log e = \sum_{i,j} [p_{i.} p_{.j} - p_{ij}] \log e = \sum_{j} (p_{.j} - p_{.j}) \log e = 0.$$

Auf gleiche Weise zeigt man, daß

$$H_y(X) \leqslant H(X).$$

Beispiel:

Man verfügt über ein Alphabet vom Umfang drei und kennt die Matrix der Wahrscheinlichkeiten p_{ij} der verschiedenen Zustände:

$$(p_{ij}) = \begin{pmatrix} 40/135 & 40/135 & 0 \\ 36/135 & 0 & 9/135 \\ 4/135 & 5/135 & 1/135 \end{pmatrix}$$

Es soll die Entropie der Kopplung berechnet werden.

Es ist also $H(X, Y) = H(X) + H_x(Y)$ zu bestimmen und man muß vorher die Wahrscheinlichkeiten $p_{i.}$ und $p_{i/j}$ berechnen.

Es ist bekannt, daß

$$p_{i.} = \sum_{j=1}^{3} p_{ij}, \quad p_{i/j} = \frac{p_{ij}}{p_{i.}}.$$

und daher ist

$$p_{1.} = p_{11} + p_{12} + p_{13} = \frac{40}{135} + \frac{40}{135} + 0 = \frac{80}{135} = \frac{16}{27}.$$

In gleicher Weise erhält man $p_{2.}$ und $p_{3.}$. Für die $p_{i/j}$ ergibt sich:

$$p_{1/1} = p_{1/2} = \frac{p_{11}}{p_{1.}} = \frac{p_{12}}{p_{1.}} = \frac{40}{135} \cdot \frac{27}{16} = \frac{5}{10}.$$

Man erhält also als Matrix und Vektoren geschrieben:

$$(p_{i.}) = \begin{pmatrix} 16/27 \\ 9/27 \\ 2/27 \end{pmatrix}, \quad (p_{i/j}) = \begin{pmatrix} 5/10 & 5/10 & 0 \\ 8/10 & 0 & 2/10 \\ 4/10 & 5/10 & 1/10 \end{pmatrix}$$

Für die Entropie erhält man:

$$H(X, Y) = -\sum_i p_{i.} \log p_{i.} - \sum_{i,j} p_{ij} \log p_{i/j}$$

$$= -\left(\frac{16}{27} \log_2 \frac{16}{27} + \frac{9}{27} \log_2 \frac{9}{27} + \frac{2}{27} \log_2 \frac{2}{27} \right)$$

$$- \left(\frac{40}{135} \log_2 \frac{5}{10} + \frac{40}{135} \log_2 \frac{5}{10} + \frac{36}{135} \log_2 \frac{8}{10} + \frac{9}{135} \log_2 \frac{2}{10} + \right.$$

$$\left. + \frac{4}{135} \log_2 \frac{4}{10} + \frac{5}{135} \log_2 \frac{5}{10} + \frac{1}{135} \log_2 \frac{1}{10} \right)$$

$$= 2,188 \text{ bit.}$$

4.3.4. Entropie und Information

Die Beziehungen (4.33), (4.35) und (4.36) des vorhergehenden Abschnittes gestatten, noch eine andere Seite der Theorie zu betrachten. Es ist bekannt, daß die Entropie die Unbestimmtheit eines gewissen Systems charakterisiert. Dieses System kann sich z.B. auf die verschiedenen Möglichkeiten einer Versuchsreihe Y beziehen. Die Entropie H(Y) dieses Systems bedeutet, daß das Ergebnis der Versuche vorher mehr oder weniger ungewiß ist. Manchmal kann man die Möglichkeiten einer Versuchsreihe Y durch Messungen oder durch vorbereitende Beobachtungen X reduzieren. Man vermindert auf diese Weise die Unbestimmtheit des betrachteten Systems. Man kann unter Umständen erreichen, daß diese vorbereitenden Beobachtungen X vollständig die Versuchsreihe Y bestimmen.

Es wurde gezeigt, daß

$$H(X, Y) = H(X) + H_x(Y) = H(Y) + H_y(X) \leqslant H(X) + H(Y)$$

und daß, wenn die Ereignisse unabhängig sind, $p_{i/j} = p_{.j}$ (die Realisierung des ersten Ereignisses beeinflußt also in keiner Weise die Wahrscheinlichkeit des zweiten). Unter diesen Bedingungen ist $H_x(Y) = H(Y)$, und die Entropie der Kopplung hat einen maximalen Wert. Die Verbindung zweier Ereignisse bedeutet eine Einschränkung, die die Kopplungsentropie vermindert und die Unbestimmtheit des Systems reduziert.

Die Differenz

$$I(X, Y) = [H(X) + H(Y)] - [H(X) + H_x(Y)]$$

mißt gerade die Abnahme der Unbestimmtheit. Durch die Einführung einer Einschränkung werden zwei Ereignisse gekoppelt. Anders gesagt, es ist I(X, Y) die Information, die im ersten Ereignis hinsichtlich des zweiten enthalten ist. Vereinfacht gilt:

$$I(X, Y) = H(Y) - H_x(Y). \tag{4.37}$$

Sind X und Y unabhängig, so ist I(X, Y) = 0 und X enthält keine Information über Y. Ist aber $H_x(Y) = 0$, so ist I(X, Y) = H(Y), und X bestimmt Y vollständig.

Beispiel 1:

Ein Seefahrer weiß, daß die beiden Inseln, die er ansteuert, bewohnt sind, und zwar die eine — mit L bezeichnet — durch Lügner und die andere — mit W bezeichnet — durch Leute, die stets die Wahrheit sagen. Er weiß auch, daß die beiden Gruppen der Inselbewohner sich gegenseitig besuchen. Der Seefahrer landet auf einer der beiden Inseln, er weiß aber nicht auf welcher. Wieviel Fragen muß er mindestens stellen, um festzustellen, auf welcher Insel er sich befindet und auf welcher Insel sein Gesprächspartner wohnt?

Der Seefahrer will wissen, ob er sich auf der Insel L oder W befindet. Da er keine vorge-faßte Meinung hat, betrachtet er die beiden Ereignisse als gleichwahrscheinlich. Die Entropie der Versuchsreihe, die er durchzuführen beabsichtigt, ist also

$$H(Y) = -\left(\frac{1}{2}\log 2 + \frac{1}{2}\log 2\right) = \log 2.$$

Der vorausgehende Versuch X, eine Frage an die erste Person, die er trifft, zu stellen, hat ebenfalls nur zwei Antwortmöglichkeiten. Die Antwort kann entweder bejahend oder verneinend sein, ihre Entropie ist also höchstens gleich log 2. Damit der Versuch X vollständig Y bestimmt, muß $H_x(Y) = 0$ sein, d.h. aus

$$I(X, Y) = H(Y) - H_x(Y) \quad \text{folgt} \quad I(X, Y) = H(Y) = \log 2.$$

Da andererseits aber $I(X, Y) = H(X) - H_y(X)$ und $I(X, Y) \leqslant H(X)$, und die gestellte Frage X so sein muß, daß die beiden Antworten gleichwahrscheinlich sind, muß $H(X) = \log 2$ sein.

Die zu stellende Frage ist: „Bewohnen Sie diese Insel?" Eine bejahende Antwort kann nur auf der Insel W, eine verneinende Antwort hingegen nur auf der Insel L gegeben werden. Es ist jedoch leicht einzusehen, daß der Seefahrer nun nur durch eine einzige weitere Frage, deren Antwort er kennt, die Insel bestimmen kann, auf der sein Gesprächs-partner ansässig ist. Er stellt z.B. die Frage: „Scheint die Sonne?". Damit ist gezeigt, daß eine einzige Frage nicht genug Information enthält, um mit einem Male den Namen der Insel und die Herkunft des Gesprächspartners zu ermitteln.

Beispiel 2:

Ein Geizhals besitzt 26 Goldstücke, aber er weiß, daß eines davon, das ein wenig leichter ist als die anderen, ein falsches ist. Ein Gläubiger kommt zu ihm, um die sofortige Rück-zahlung einer Schuld zu fordern. Selbstverständlich nimmt sich der Geizige vor, das falsche Goldstück unter die Rückzahlungssumme zu mischen. Leider weiß er nicht, wie er es erkennen kann. Er besitzt zwar eine Waage, aber keinen Gewichtssatz. Er versucht daher, durch eine möglichst kleine Anzahl von Wägungen das falsche Stück zu finden.

Die Versuchsreihe, das falsche Stück zu finden, hat 26 Möglichkeiten, alle sind gleich-wahrscheinlich, also p = 1/26. Das falsche Geldstück kann nur eines der 26 Stücke sein.

Man hat also H(Y) = log 26, d.h., um das falsche Stück herauszufinden, ist eine Informa-tionsmenge notwendig, die gleich log 26 ist.

Das vorangehende Experiment X, das der Geizige durchführen will, hat drei Möglichkeiten: Die Waagschalen können im Gleichgewicht sein, oder die eine oder die andere sinkt, d.h. es ist kein Gleichgewicht vorhanden. Die Entropie H(X) dieses Versuchs kann nur kleiner oder gleich log 3 sein. Er muß den Versuch k-mal wiederholen, also eine zusammengesetzte Versuchsreihe $X_1, X_2, \ldots, X_k$ durchführen. Es wurde gezeigt, daß

$$H(X_1, X_2) = H(X_1) + H_{x_1}(X_2) \leqslant H(X_1) + H(X_2),$$

oder allgemeiner

$$H(X_1, X_2, \ldots, X_k) \leqslant H(X_1) + H(X_2) + \ldots + H(X_k) = k \log 3.$$

Damit die zusammengesetzte Versuchsreihe $(X_1, X_2, \ldots, X_k)$ vollständig Y bestimmt, muß gelten:

$$H(X_1, X_2, \ldots, X_k) \geqslant H(Y), \text{ d.h. } \log 26 = k \log 3,$$

woraus folgt:

$$k = \frac{\log_2 26}{\log_2 3} = \frac{4{,}7004}{1{,}5850},$$

und da k nur ganzzahlig sein kann, gilt

$$k \geqslant 3.$$

Man kann tatsächlich das falsche Goldstück durch 3 Wägungen finden:

1. Wägung: Man lege auf jede Waagschale 9 Stück. Ist die Waage im Gleichgewicht, befindet sich das falsche Stück unter den restlichen 8 Stücken.

2. Wägung: Man teilt diese Restmenge in 3 + 3 + 2 Stücke und führt mit den je 3 Stücken auf den Waagschalen eine zweite Wägung durch. Ist der Waagebalken wieder im Gleichgewicht, so ist das falsche Stück unter den zwei restlichen.

3. Wägung: Die vergleichende Wägung der beiden letzten Stücke führt zum Endresultat.

Der Leser wird hiernach leicht die Folge der Wägungen bestimmen können für den Fall, daß bei der ersten oder zweiten Wägung kein Gleichgewicht aufgetreten ist.

Die allgemeine Regel im Falle von n Stücken ist die folgende: Die kleinste Zahl der auszuführenden Wägungen erhält man, indem man die Gesamtzahl so in drei Haufen A, B und C teilt, daß

$$A = B \leqslant 3^{k-1}, \quad C \leqslant 3^{k-1}.$$

Man vergleiche zunächst A mit B. Im Falle, daß der Waagebalken im Gleichgewicht ist oder daß eine Seite schwerer ist, teilt man C oder A, wenn $A < B$ (bzw. B, wenn $B < A$), wieder in drei Haufen, so daß

$$D_1 = D_2 \leqslant 3^{k-2}, \quad D_3 \leqslant 3^{k-2}$$

und vergleicht D_1 mit D_2 in einer zweiten Wägung. Die Folge der durchzuführenden Maßnahmen ist nun leicht zu übersehen.

Übungen:

1. Man berechne die fünf Entropien, die man aus der Matrix der Übung in 2.4 (siehe S. 44) herleiten kann.

Man erhält:

$$H(X) = H(Y) = -\sum_{i=1}^{6} p_i \log_2 p_i = -\log_2 \frac{1}{6} = 2{,}5850 \text{ bit,}$$

$$H(X, Y) = -\sum_{i=1}^{6}\sum_{j=1}^{6} p_{ij} \log_2 p_{ij} = -\log_2 \frac{1}{36} = 2 \log_2 6 = 5{,}17 \text{ bit,}$$

$$H_x(Y) = H_y(X) = -\sum_{i=1}^{6}\sum_{j=1}^{6} p_{ij} \log_2 p_{ij} = \log_2 6 = 2{,}5850 \text{ bit.}$$

2. Ein Sender verfügt über ein Alphabet von fünf Symbolen x_1, x_2, x_3, x_4, x_5 und ein Empfänger über ein Alphabet von nur vier Symbolen y_1, y_2, y_3, y_4. Bekannt sind die Kopplungswahrscheinlichkeiten der Matrix M. Gesucht sind die verschiedenen Entropien dieses Übertragungsweges.

$$M = \begin{pmatrix} 0{,}25 & 0 & 0{,}05 & 0 \\ 0 & 0 & 0{,}10 & 0 \\ 0 & 0 & 0{,}10 & 0 \\ 0{,}15 & 0{,}20 & 0 & 0 \\ 0 & 0 & 0 & 0{,}15 \end{pmatrix}$$

Die zu berechnenden Entropien sind: $H(X)$, $H(Y)$, $H(X, Y)$, $H_x(Y)$ und $H_y(X)$. Da nur die Matrix der p_{ij} bekannt ist, muß man zunächst die $p_{i.}$, $p_{i/j}$, $p_{.j}$ und $p_{j/i}$ berechnen. Man erhält:

$$(p_{i.}) = \begin{pmatrix} 0{,}30 \\ 0{,}10 \\ 0{,}10 \\ 0{,}35 \\ 0{,}15 \end{pmatrix}$$

$$p_{i/j}: \quad p_{1/1} = \frac{p_{11}}{p_{1.}} = \frac{0{,}25}{0{,}30} = 5/6$$

$$p_{1/3} = \frac{p_{13}}{p_{1.}} = \frac{0{,}05}{0{,}30} = 1/6$$

$$p_{2/3} = \frac{0{,}10}{0{,}10} = 1$$

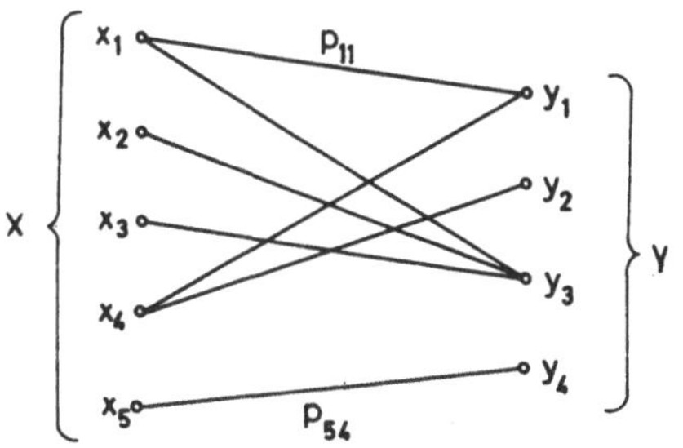

Bild 4.10

$$p_{3/3} = \frac{0{,}10}{0{,}10} = 1$$

$$p_{4/1} = \frac{0{,}15}{0{,}35} = 3/7$$

$$p_{4/2} = \frac{0{,}20}{0{,}35} = 4/7$$

$$p_{5/4} = \frac{0{,}15}{0{,}15} = 1$$

$$(p_{i/j}) = \begin{pmatrix} 5/6 & 0 & 1/6 & 0 \\ 0 & 0 & 1 & 0 \\ 0 & 0 & 1 & 0 \\ 3/7 & 4/7 & 0 & 0 \\ 0 & 0 & 0 & 1 \end{pmatrix}$$

$$(p_{.j}) = \begin{pmatrix} 0{,}40 \\ 0{,}20 \\ 0{,}25 \\ 0{,}15 \end{pmatrix}$$

$$p_{j/i}: \quad p_{1/1} = \frac{0{,}25}{0{,}40} = 5/8$$

$$p_{1/4} = \frac{0{,}15}{0{,}40} = 3/8$$

$$p_{2/4} = \frac{0{,}20}{0{,}20} = 1$$

$$p_{3/1} = \frac{0{,}05}{0{,}25} = 1/5$$

$$p_{3/2} = \frac{0{,}10}{0{,}25} = 2/5$$

$$p_{3/3} = \frac{0{,}10}{0{,}25} = 2/5$$

$$p_{4/5} = \frac{0{,}15}{0{,}15} = 1$$

$$(p_{j/i}) = \begin{pmatrix} 5/8 & 0 & 0 & 3/8 & 0 \\ 0 & 0 & 0 & 1 & 0 \\ 1/5 & 2/5 & 2/5 & 0 & 0 \\ 0 & 0 & 0 & 0 & 1 \end{pmatrix}$$

$$H(X, Y) = -\sum_{i,j} p_{ij} \log p_{ij}$$

$$= -[0{,}25 \log_2 0{,}25 + 0{,}05 \log_2 0{,}05 + 0{,}10 \log_2 0{,}10 + 0{,}10 \log_2 0{,}10$$

$$+ 0{,}15 \log_2 0{,}15 + 0{,}20 \log_2 0{,}20 + 0{,}15 \log_2 0{,}15]$$

$$= 2{,}665 \text{ bit}$$

$$H(X) = -\sum_{i,j} p_{ij} \log p_{i\cdot} = -\sum_i p_{i\cdot} \log p_{i\cdot}$$

$$= -[0{,}30 \log_2 0{,}30 + 0{,}10 \log_2 0{,}10 + 0{,}10 \log_2 0{,}10$$

$$+ 0{,}35 \log_2 0{,}35 + 0{,}15 \log_2 0{,}15]$$

$$= 2{,}126 \text{ bit}$$

$$H(Y) = -\sum_{i,j} p_{ij} \log p_{\cdot j} = -\sum_j p_{\cdot j} \log p_{\cdot j}$$

$$= -[0{,}40 \log_2 0{,}40 + 0{,}20 \log_2 0{,}20 + 0{,}25 \log_2 0{,}25 + 0{,}15 \log_2 0{,}15]$$

$$= 1{,}905 \text{ bit}$$

$$H_x(Y) = -\sum_{i,j} p_{ij} \log p_{i/j}$$

$$= -[0{,}25 \log_2 \frac{5}{6} + 0{,}05 \log_2 \frac{1}{6} + 0{,}15 \log_2 \frac{3}{7} + 0{,}20 \log_2 \frac{4}{7}]$$

$$= 0{,}539 \text{ bit}$$

$$H_y(X) = -\sum_{i,j} p_{ij} \log p_{j/i}$$

$$= -[0{,}25 \log_2 \frac{5}{8} + 0{,}15 \log_2 \frac{3}{8} + 0{,}05 \log_2 \frac{1}{5} + 0{,}10 \log_2 \frac{2}{5} + 0{,}10 \log_2 \frac{2}{5}]$$

$$= 0{,}760 \text{ bit}$$

Man kann verifizieren, daß

$$H(X, Y) < H(X) + H(Y)$$

$$2{,}665 < 2{,}126 + 1{,}905$$

und

$$H(X, Y) = H(X) + H_x(Y) = H(Y) + H_y(X)$$

$$2{,}665 = 2{,}126 + 0{,}539 = 1{,}905 + 0{,}760.$$

Zusammengefaßt ergibt sich:

$H(X)$ ist die Entropie der Quelle, d.h. der Mittelwert der Information pro Symbol auf der Seite des Senders.

$H(Y)$ ist die Entropie auf der Empfängerseite, d.h. der Mittelwert der Information pro Symbol auf der Seite des Empfängers.

$H(X, Y)$ ist der Mittelwert der Information pro Symbolpaar, und zwar eines gesendeten und eines empfangenen Symbols, oder auch der Mittelwert der Information des Übertragungssystems in bezug auf die gesamte Information.

$H_x(Y)$ zeigt, daß ein Symbol x_i, das von der Quelle ausgesandt wird, auf der Seite des Senders in eines der Symbole y_j mit der Wahrscheinlichkeit $p_{i/j}$ übertragen wird. Die bedingte Entropie mißt den Mittelwert der Information auf der Seite des Empfängers, wenn man weiß, daß das Symbol $X = x_i$ von der Quelle ausgesandt wurde.

$H_y(X)$ zeigt, daß ein Symbol y_j, das empfangen wurde, einem x_i der Quelle mit der Wahrscheinlichkeit $p_{j/i}$ entspricht. Die bedingte Entropie mißt den Mittelwert der Information auf der Seite des Senders, wenn man weiß, daß das Symbol $Y = y_j$ beim Empfänger aufgetreten ist.

$H(X)$ und $H(Y)$ geben Hinweise über das Wesen von Sender und Empfänger.

$H_x(Y)$ gibt ein Maß für das „Rauschen" auf dem Übertragungskanal.

$H_y(X)$ mißt die Möglichkeit, die ausgesandten Symbole aus den empfangenen Symbolen wieder herzustellen.

4.4. Codierung und Übertragung der Information

Es wurde bereits gezeigt, daß für genügend große n der zu betrachtenden binären Folgen einer unabhängigen Quelle diese Folgen mit der Wahrscheinlichkeit

$$p = 2^{-nH}$$

auftreten, wobei

$$H = -\sum_i p_i \log p_i.$$

Man kann auch sagen, daß eine Informationsquelle durch die Entropie H charakterisiert ist, und zwar in der Weise, daß die Anzahl der Nachrichten der Länge n, die die Quelle liefert, nahe 2^{nH} liegt.

Exakter formuliert: Man kann immer zwei kleine positive Zahlen ϵ und δ angeben, so daß die Gesamtzahl der Nachrichten, die von der Quelle ausgehen, zwischen 2^{nH} und $2^{n(H+\delta)}$ liegen, und zwar mit einer Wahrscheinlichkeit für die Gesamtheit dieser Nachrichten, die größer als $(1 - \epsilon)$ ist.

4.4.1. Codierung der Nachrichten

Um alle Nachrichten einer Quelle binär zu codieren, sind binäre Folgen der Länge $n(H + \delta)$ notwendig. Oder, wenn man aus der Gesamtheit der Nachrichten der Länge n nur die Folgen betrachtet, für die die Codierung möglich ist, so muß man wenigstens über 2^{nH} binäre Folgen verfügen.

H bit/Symbol ist also im Mittel die minimale Anzahl der notwendigen binären Symbole, um ein Symbol der Quelle darzustellen. Dies ist die Informationsrate, über die man verfügen muß, um ein Symbol der Quelle binär übertragen zu können.

Übungen:

1. Wie hoch ist die Informationsrate einer Quelle, die durch ihre Entropie H charakterisiert ist, wenn man die mittlere Dauer eines Symbols kennt?

$$\frac{1}{T} \log_2 N(T) = \frac{1}{T} n\, H,$$

wenn T sehr groß ist in bezug auf die Symboldauer t. Oder, wenn

$$T \approx nt$$

$$\frac{1}{T} \log_2 N(T) = \frac{1}{t} H \text{ bit/Zeiteinheit.}$$

2. Ein binärer Übertragungskanal kann verglichen werden mit einer Informationsquelle, die über zwei Symbole verfügt. Welches ist die maximale Übertragungsrate eines solchen Übertragungskanals?

Ist die Dauer jedes binären Symbols t, oder faßt man t als die mittlere Dauer eines Symbols auf, so gilt nach dem, was früher behandelt wurde:

Übertragungsrate der Quelle $= \frac{1}{t} H$ bit/Zeiteinheit $= \tau$, dabei ist τ die Anzahl der binären Symbole, die auf dem Übertragungskanal pro Zeiteinheit ausgesandt werden können.

Die Übertragungsrate nimmt einen maximalen Wert an, wenn H maximal wird, d.h., wenn die binären Symbole gleichwahrscheinlich sind:

$$H_{max} = \log_2 2 = 1.$$

4.4.2. Übertragung einer Information auf einem binären Übertragungskanal

Die Übertragungsrate einer binären Quelle wird maximal, wenn die Symbole gleichwahrscheinlich sind:

$$\frac{1}{T} \log_2 N(T) = \frac{1}{t} H_{max} \text{ bit/Zeiteinheit,} \tag{4.38}$$

wobei T als sehr groß in bezug auf die mittlere Dauer t eines Symbols vorausgesetzt wird.
Eine Informationsquelle wird durch die Entropie $H(p_1, p_2, \ldots, p_l)$ charakterisiert. Für

Nachrichten hinreichender Länge n wurde gezeigt, daß die Zahl der Nachrichten 2^{nH} ist, jeder dieser Nachrichten entspricht also eine und nur eine der 2^{nH} binären Folgen. Wenn man mit t_s die mittlere Dauer eines Symbols der Quelle bezeichnet, hat man:

$$\frac{1}{T} \log_2 N(T) = \frac{n}{T} H = \frac{1}{t_s} H \text{ bit/Zeiteinheit,}$$

$$T \gg t_s.$$

Um die gesamte Information auf einem binären Kanal zu übertragen, muß die Informationsrate des binären Kanals wenigstens gleich der Informationsrate der Quelle sein, d.h.

$$\frac{1}{t} H_{max} \geqslant \frac{1}{t_s} H. \tag{4.39}$$

Die Übertragung von Nachrichten der Informationsquelle in binären Folgen erfordert also in diesem Falle eine Codierung. Die maximale Rate der binären Quelle, die diese Operation durchzuführen gestattet, nennt man die *Kapazität eines Codes.*

Allgemein sei $C = \frac{1}{t} H_{max}$ die Kapazität eines Codes mit k Symbolen oder auch die Übertragungsrate eines Kanals, der k gleichwahrscheinliche Symbole überträgt, wobei t die mittlere Dauer eines Symbols ist, dann gilt:

Wenn die Kapazität der Information eines Codes, mit dessen Hilfe die Information auf den Übertragungskanal gegeben wird, wenigstens gleich der von der Quelle stammenden mittleren Information pro Zeiteinheit ist, kann man die gesamte auf dem Kanal übertragene Information codieren. Man muß dann nur noch den Vorgang der Codierung definieren.

Übungen:

1. Auf einem binären Übertragungskanal werden die drei Nachrichten A, B und C einer Informationsquelle übertragen. Man soll berechnen:
   a) die maximale Kapazität des binären Übertragungskanals,
   b) die Kapazität des Übertragungskanals, wenn man weiß, daß die drei Nachrichten A, B und C gleichwahrscheinlich sind, und die folgende Codierung benutzt wird:

Nachricht	Codierung
A	11
B	10
C	01

wobei jedes binäre Symbol eine Dauer von einer Zeiteinheit benötigt.

Zu a) Die maximale Kapazität des binären Übertragungskanals ist

$$C_{max} = -\frac{1}{t} \log_2 \frac{1}{2} = \log_2 2 = 1 \text{ bit/Zeiteinheit.}$$

Zu b) Jede codierte Nachricht hat die Dauer von zwei Zeiteinheiten, und da die Nachrichten gleichwahrscheinlich sind, gilt

$$C = -\frac{1}{2} \log_2 \frac{1}{3} = \frac{1}{2} \log_2 3 = 0{,}7925 \text{ bit/Zeiteinheit.}$$

2. Es soll die wirksamste Codierung angegeben werden, die gestattet, auf einem binären Übertragungskanal der maximalen Kapazität $\tau = 9$ ein Alphabet von 8 Buchstaben zu übertragen (Nachrichten einer Informationsquelle). Die von der Quelle ausgesandten Nachrichten seien gleichwahrscheinlich.

Um die gesamte Information auf dem binären Übertragungskanal zu codieren, muß gelten:

$$C_{Code} \geqslant \frac{\text{mittlere Information der Quelle}}{\text{Zeiteinheit}}.$$

Die mittlere Information pro Nachricht ist

$$H = -\sum_i p_i \log p_i.$$

Sind die hier betrachteten Nachrichten gleichwahrscheinlich, so ist die Wahrscheinlichkeit

$$p = \frac{1}{8} = \frac{1}{2^3}$$

und daher

$$H = -\log_2 \frac{1}{2^3} = 3 \log_2 2 = 3 \text{ bit/Nachricht.}$$

Die Kapazität des Codes ist 9 Symbole/Zeiteinheit. Man kann also die Information der Quelle im Verhältnis $C/H = 3$ Nachrichten/Zeiteinheit übertragen.

Die wirksamste Codierung erhält man, wenn man von den 2^3 binären Folgen ausgeht und jedem Buchstaben des Alphabets eine der binären Folge zuordnet, wie etwa in der folgenden Tabelle:

Nachrichten der Quelle	Binäre Codierung	Nachrichten der Quelle	Binäre Codierung
A	000	E	100
B	001	F	101
C	010	G	110
D	011	H	111

Die beiden binären Symbole 0 und 1 sind gleichwahrscheinlich!

3. Die gleiche Aufgabe wie vorher, aber die Nachrichten haben die folgenden Wahrscheinlichkeiten:

$$A = 0{,}40, B = C = 0{,}15, D = E = 0{,}10, F = 0{,}06, G = H = 0{,}02.$$

In der vorhergehenden Übung waren die Kapazität des Codes C und die mittlere Informationsrate pro Zeiteinheit gleich. Die Quelle 3H gestattet, ein Übertragungsverhältnis der Information zu definieren:

$$\theta = \frac{C}{H} = 3.$$

Allgemeiner gilt: Wenn eine Quelle eine Entropie von H bit/Nachricht und der Übertragungskanal eine Kapazität von C bit/Nachricht besitzt, so ist es stets möglich, die Information so zu codieren, daß man sie mit einem mittleren Verhältnis $\frac{C}{H} - \epsilon$ Nachrichten/Zeiteinheit übertragen kann, wobei ϵ eine willkürliche kleine Zahl ist, d.h., daß für einen binären Übertragungskanal, der betrachtet werden soll, es stets möglich ist, einen binären Code so zu finden, daß jede binäre Ziffer die maximale Information oder ein bit überträgt. Deshalb ist es notwendig, so zu codieren, daß die beiden binären Ziffern 0 und 1 gleichwahrscheinlich sind. Man braucht also nur in verschiedenen Termen das auszudrücken, was schon bekannt ist.

R. M. Fano hat das folgende Verfahren angegeben:

1. Ordne die Nachrichten nach abnehmenden Wahrscheinlichkeiten.
2. Teile die Menge der Nachrichten in zwei Untermengen nach nahe beieinander liegenden Wahrscheinlichkeiten. Setze sodann die Teilung in Untermengen fort in gleicher Weise, bis jede Nachricht isoliert ist.
3. Ordne eine erste Ziffer, 0 bzw. 1, den Nachrichten der ersten und der zweiten Untermenge zu und dann nacheinander eine zweite Ziffer 0 oder 1 den anderen Paaren von Untermengen.

Man sieht daraus, daß bei diesem Verfahren die Zahl der binären Ziffern, die einer Nachricht zugeordnet wird, umgekehrt proportional der Wahrscheinlichkeit ist. Die Nachrichten mit den höheren Wahrscheinlichkeiten sind in der Tat isoliert am Anfang des Verfahrens, die mit den kleineren Wahrscheinlichkeiten am Ende nach den verschiedenen Teilungen in Untermengen.

Dieses Verfahren soll nun auf das angegebene Übungsbeispiel angewandt werden. In der folgenden Tafel ist die Folge der einzelnen Operationen leicht zu verfolgen.

i	Nachricht der Quelle	p_i	Wahrscheinlichkeiten der Untermengen				Codierung					$n_i \cdot p_i$
			1.	2.	3.	4.						
				Teilung								
1	A	0,40	0,55	0.40			0	0				$2 \cdot 0,40 = 0,80$
2	B	0,15		0,15			0	1				$2 \cdot 0,15 = 0,30$
3	C	0,15	0,45	0,25	0,15		1	0	0			$3 \cdot 0,15 = 0,45$
4	D	0,10			0,10		1	0	1			$3 \cdot 0,10 = 0,30$
5	E	0,10		0,20	0,10	0,10	1	1	0			$3 \cdot 0,10 = 0,30$
6	F	0,06			0,10	0,06	1	1	1	0		$4 \cdot 0,06 = 0,24$
7	G	0,02				0,04	1	1	1	1	0	$5 \cdot 0,02 = 0,10$
8	H	0,02					1	1	1	1	1	$5 \cdot 0,02 = 0,10$

E(n) = mittlere Anzahl der binären Ziffern pro Nachricht
    = 2,59

Die ideale Codierung müßte die folgende mittlere Anzahl von Binärziffern pro Nachricht haben:

$$H = - \sum_{i=1}^{8} p_i \log_2 p_i = 2{,}5838 \text{ bit/Nachricht.}$$

Fano führt zum Vergleich der Wirksamkeit zweier benutzter Codes den folgenden Koeffizienten ein:

$$\eta = \frac{H}{E(n)},$$

dessen Maximalwert offensichtlich Eins ist.

Vergleicht man die Wirksamkeit des Codes, der in der vorhergehenden Übung eingeführt wurde mit dem, der soeben hergeleitet wurde, so ist:

$$\text{für den ersten Code } E(n) = 3, \quad \eta_1 = \frac{2{,}5838}{3} \approx 0{,}8613;$$

$$\text{für den zweiten Code } E(n) = 2{,}59, \; \eta_2 = \frac{2{,}5838}{2{,}59} \approx 0{,}9976.$$

Der Vergleich dieser beiden Zahlen gestattet es, den Nutzen der von *Fano* eingeführten Methode zu beurteilen.

5. Fehler erkennende und Fehler korrigierende Codes

5.1. Allgemeines über Codierung

5.1.1. Übertragung einer Information

Bei der Übertragung einer Information auf einem Übertragungskanal ohne Rauschen sucht
man eine Codierung mit möglichst geringer Redundanz. Um z.B. das folgende Alphabet

$$S = \{ A, B, C, D, E, F, G, H, I, J, K, L, M, N, O, P\}$$

auf einem binären Übertragungskanal zu übertragen, erfordert die binäre Codierung der
16 Buchstaben des Alphabets

$$16^1 \leqslant 2^m \text{ oder } m \geqslant \log_2 16 = 4 \text{ binäre Stellen}$$

(siehe Tab. 5.1).

Im Falle des Gleichheitszeichens ist keinerlei Redundanz vorhanden, jeder binären Nachricht entspricht notwendig ein einziger Buchstabe des Alphabets. Die Anwendung von $\mathcal{L}$ auf das Alphabet der Literale (Buchstaben) bzw. auf das Alphabet der vierstelligen Binärstellen liefert eine eineindeutige Korrespondenz (siehe Tab. 5.1).

Tabelle 5.1

(S)	Codierung			
A	0	0	0	0
B	0	0	0	1
C	0	0	1	0
D	0	0	1	1
E	0	1	0	0
F	0	1	0	1
G	0	1	1	0
H	0	1	1	1
I	1	0	0	0
J	1	0	0	1
K	1	0	1	0
L	1	0	1	1
M	1	1	0	0
N	1	1	0	1
O	1	1	1	0
P	1	1	1	1

(Spalte der Literale $\mathcal{L}$ zugeordnet)

Erfolgt die Übertragung auf einem Kanal mit Rauschen, dann kann während der Übertragung von der Quelle zum Empfänger die binäre Nachricht gewisse Änderungen erfahren,
die sich in einer Änderung des Wertes der Ziffern durch Verfälschung gewisser Stellen auswirkt, so würde die gesamte Nachricht in dieser Codierung zwar interpretierter sein, aber
nicht mehr der Eingangsinformation entsprechen.

Man nimmt an, daß bei der Anwendung von $\mathcal{L}$ jedem Buchstaben die binäre Folge in derselben Zeile entspricht. Der Buchstabe D z.B. wird in der binären Form 0 0 1 1 übertragen. Ein Fehler an einer Stelle überführt z.B. diese Nachricht in 0 1 1 1, das ist aber die Codierung des Buchstaben H, oder z.B. in 1 0 1 1, was dem Buchstaben L entspricht. Auf keine Weise kann man sich aber Rechenschaft geben, ob die empfangene Nachricht der übertragenen entspricht oder nicht (siehe Bild 5.1).

5.1.2. Nutzen der Redundanz bei der Übertragung einer Information

Um die Genauigkeit empfangener Nachrichten beurteilen zu können, muß man die Arten der Fehler kennen, die der Übertragungskanal in die Nachricht einführen kann, d.h. die Stellen der Nachricht, in denen binäre Ziffern geändert wurden, ebenso wie gewisse Kontrollen, denen diese Nachrichten unterworfen werden. Definiert man eine binäre Codierung, um die 10 Ziffern des Dezimalsystems zu übertragen, so benötigt man dazu wenigstens vier binäre Stellen pro Ziffer, da $10^1 \leqslant 2^m$, d.h. $m \geqslant \log_2 10 = 3,322$. Man wählt also 10 binäre Folgen zu 4 Stellen aus den 16 möglichen (siehe Tab. 5.2).

Tabelle 5.2

0	0	0	0	0
1	0	0	0	1
2	0	0	1	0
3	0	0	1	1
4	0	1	0	0
5	0	1	0	1
6	0	1	1	0
7	0	1	1	1
8	1	0	0	0
9	1	0	0	1
nicht	1	0	1	0
benö-	1	0	1	1
tigte	1	1	0	0
Fol-	1	1	0	1
gen	1	1	1	0
	1	1	1	1

Wenn durch den Übertragungskanal, den man benutzt, ein einfacher Fehler auftreten kann, d.h., daß eine und nur eine binäre Ziffer in der Folge sich ändert, so würde z.B. die empfangene Nachricht (1 1 1 1), die der übertragenen Nachricht (0 1 1 1) (also einer 7) mit einem Fehler in der ersten Stelle entspricht, nicht mehr angenommen werden, da sie nicht Teil des vereinbarten Codes ist.

Kann durch den Übertragungskanal nur ein einfacher Fehler auftreten, so kann durch die empfangene Nachricht selbst in diesem Falle das Auftreten eines Fehlers erkannt werden.

Zu übertragende Information D
Binär-Code
Physikalisches System mit zwei stabilen Zuständen 1 ≙ n , 0 ≙ -
Übertragungskanal Nachricht
Rücktransformation vom physikalischen in das binäre System
Empfangene Information D H
(0011) (--nn) (--nn) (0011)
(0011) (--nn) (-nnn) (0111)
Codierung
Decodierung
Sender
Empfänger
Übertragung ohne Rauschen
Übertragung mit Rauschen
inverse Operation zu

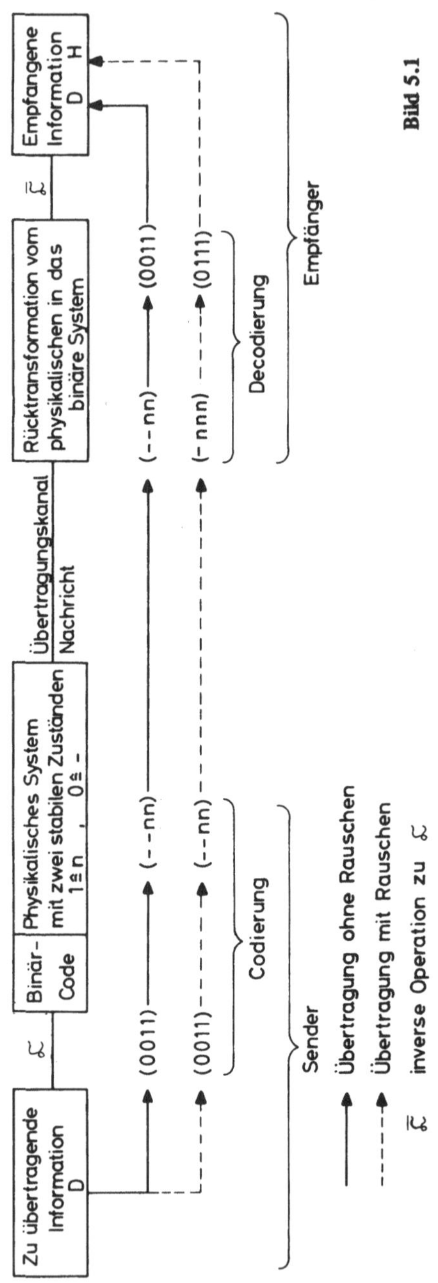

Bild 5.1

Wird aber z. B. die Folge (0 0 0 1), also eine 1, mit einem Fehler in einer dieser Stellen übertragen, so wird die empfangene Folge dem vereinbarten Code angehören und zu einem Fehler führen, der nicht erkannt werden kann.

Man verbessert die Kontrollmöglichkeit beim Empfang, wenn man redundante Stellen zufügt, die dann allerdings die Länge des Codes vergrößern.

Statt im obigen Fall binäre Folgen der Länge vier zu nehmen, kann man etwa Folgen der Länge fünf wählen. Diese gestatten, 10 Folgen aus $2^5 = 32$ möglichen auszuwählen. Nimmt man die 10 Folgen, die aus drei Nullen und zwei Einsen gebildet werden, denn es ist

$$C_5^2 = \frac{5!}{2!\,3!} = 10$$

(siehe Tab. 5.3), so hat man jetzt die Möglichkeit zu entscheiden, ob die empfangenen Nachrichten fehlerlos den übertragenen entsprechen oder nicht.

Tabelle 5.3

0		0	0	0	1	1
1		0	0	1	1	0
2		0	1	1	0	0
3		1	1	0	0	0
4		1	0	0	0	1
5		1	0	0	1	0
6		0	1	0	0	1
7		0	1	0	1	0
8		1	0	1	0	0
9		0	0	1	0	1

Es genügt tatsächlich, zu prüfen, ob jede empfangene Nachricht zwei Ziffern 1 enthält. Auf diese Weise wird eine Paritätskontrolle durchgeführt.

Soll ein Fehler in einer Stelle nicht nur erkannt, sondern auch korrigiert werden, so kann man stets die Paritätskontrolle benutzen, aber man muß außerdem noch eine weitere Verlängerung des Codes in Kauf nehmen. Mit Hilfe von m binären Stellen kann man 2^m verschiedene Nachrichten der Länge m darstellen. Führt man weitere k Stellen zur Paritätskontrolle für gewisse der m Stellen, die für die Information bestimmt sind, ein, so erhält man einen neuen Code der Länge $n = m + k$.

Die Zahl der einfachen Fehler, die im Laufe der Übertragung auftreten können, steigt von m auf $n = m + k$.

Beim Empfang einer Nachricht muß man kontrollieren können, ob ein Fehler in einer der n Stellen aufgetreten ist oder nicht. Es gibt n + 1 Möglichkeiten. Für die Zahl der Kontrollmöglichkeiten mit k Kontrollstellen muß gelten:

$$2^k \geqslant n + 1.$$

Das Gleichheitszeichen gilt für den Code maximaler Wirksamkeit.

Die Codes der Länge n, in denen m Stellen für die Information und k Stellen für Kontrollen bestimmt sind, wobei n = m + k, nennt man *systematische Codes.*

5.1.3. Der Code von Hamming

Es soll nun gezeigt werden, wie die Kontrollen durchzuführen sind, um einfache Fehler in einem Code mit m = 4 und k = 3 korrigieren zu können.

Der Code hat also n = m + k = 7 Stellen. Sie sollen von links nach rechts gezählt werden. Die Stellen 1–4 sind für die Information, die Stellen 5–7 für die Kontrollen bestimmt, wie Tab. 5.4 zeigt.

Tabelle 5.4

Nr. der Kontrollen	Stellen Information				Stellen Kontrollen			Stellung des Fehlers	ein Fehler in Stelle						
	1	2	3	4	5	6	7		5	6	7	2	3	4	1
①	+	+	+		+			0	1	0	0	1	1	0	1
②	+	+		+		+		0	0	1	0	1	0	1	1
③	+		+	+			+	0	0	0	1	0	1	1	1
Kontrollzahlen:								0	1	2	4	3	5	6	7

Man kann n + 1 = 8 Möglichkeiten abzählen mit Hilfe von k = 3 binären Ziffern, da 2^3 = 8. Man hat es also mit einem Code maximaler Wirksamkeit zu tun.

Es sollen drei Paritätskontrollen an drei Informationsstellen durchgeführt werden, wie in Tab. 5.4 gezeigt ist. Die erste Kontrolle soll sich z.B. auf die Stellen 1, 2, 3 und 5 beziehen; die Anzahl der Einsen in diesen vier Stellen muß stets eine gerade Zahl sein. Dafür wird in der Kontrollstelle dann eine Null gesetzt, eine Eins im entgegengesetzten Falle. Jeder Serie der drei Kontrollen entspricht eine dreistellige Binärzahl, der man einen entsprechenden dezimalen Wert zuordnen kann. Dieser Wert wird *Kontrollzahl* genannt. Er gestattet 8 Möglichkeiten von 0 bis 7 abzuzählen.

Es gilt also:

a) Sind die drei Kontrollen erfüllt, so ist kein Fehler aufgetreten (Kontrollzahl = 0).

b) Wird eine der Kontrollen nicht erfüllt, so kann der Fehler sich nur in dieser Stelle befinden (Stelle 5, 6, 7 mit den entsprechenden Kontrollzahlen 1, 2, 4).

c) Sind zwei der drei Kontrollen nicht erfüllt, so kann der Fehler nur in der Stelle liegen, die beiden Kontrollen gemeinsam ist (Stellen 2, 3, 4 und die entsprechenden Kontrollzahlen 3, 5, 6).

d) Sind 3 Kontrollen nicht erfüllt, so befindet sich der Fehler in der Stelle, die allen gemeinsam ist (Stelle 1 und Kontrollzahl 7).

Ordnet man die Stellen des Codes so an, daß jede der neuen Stellen seiner Kontrollzahl entspricht, ohne die alten Paritätskontrollen zu ändern, so erhält man Tab. 5.5.

Tabelle 5.5

Nr. der Kontrollen	①	②	③	④	⑤	⑥	⑦
1	+		+		+		+
2		+	+			+	+
3				+	+	+	+

◇ Informationsstellen

○ Paritätskontrollen

Beim Empfang einer Nachricht genügt es dann, die drei Paritätskontrollen durchzuführen. Die Kontrollzahl zeigt an, daß kein Fehler, oder ein einfacher Fehler sich an der Stelle befindet, die die Kontrollzahl angibt.

Es soll nun der Code von *Hamming* besprochen werden. Er gestattet, einfache Fehler zu erkennen und zu korrigieren. Mit Hilfe der Stellen 3, 5, 6 und 7 zählt man die 16 möglichen Binärfolgen auf. Für jede Folge führt man nacheinander die 3 Paritätskontrollen durch, die den Wert an den drei Kontrollstellen 1, 2 und 4 festlegen.

Tabelle 5.6

	1	2	3	4	5	6	7	dezimaler Wert der Informationsfolgen
A	0	0	0	0	0	0	0	0
B	1	1	0	1	0	0	1	1
C	0	1	0	1	0	1	0	2
D	1	0	0	0	0	1	1	3
E	1	0	0	1	1	0	0	4
F	0	1	0	0	1	0	1	5
G	1	1	0	0	1	1	0	6
H	0	0	0	1	1	1	1	7
I	1	1	1	0	0	0	0	8
J	0	0	1	1	0	0	1	9
K	1	0	1	1	0	1	0	10
L	0	1	1	0	0	1	1	11
M	0	1	1	1	1	0	0	12
N	1	0	1	0	1	0	1	13
O	0	0	1	0	1	1	0	14
P	1	1	1	1	1	1	1	15

Man kann jetzt ein Alphabet von 16 Buchstaben mit voller Sicherheit übertragen, wenn höchstens ein Fehler bei der Übertragung eines Buchstabens auftritt.

Wird z.B. die Folge für die Dezimalzahl 10: (1 0 1 1 0 1 0) mit einem Fehler in der 5. Stelle empfangen: (1 0 1 1 1 1 0), so ergeben die drei Paritätskontrollen:

$$
\begin{aligned}
\text{die 1. Kontrolle ist nicht erfüllt:} &\quad 1 \\
\text{2. Kontrolle ist erfüllt:} &\quad 0 \\
\text{3. Kontrolle ist nicht erfüllt:} &\quad \underline{1} \\
\text{Kontrollzahl:} &\quad 101_2 = 5
\end{aligned}
$$

Der Fehler tritt also in der 5. Stelle auf und läßt sich dort korrigieren.

5.1.4. Fehler erkennende und Fehler korrigierende redundante Codes

Die redundanten Codes, die gewisse Fehlertypen zu erkennen und zu korrigieren gestatten,
kann man in zwei Hauptgruppen einteilen:

> die linearen Codes und
> die zyklischen Codes.

Die Codes der letzten Gruppe sind technisch besonders einfach mit Hilfe von Schieberegistern zu realisieren. Es werden gewisse verkettete Codes behandelt, die, obgleich sie
zyklisch sind, sich besser mit der *Boolesche* Algebra behandeln lassen, als deren einfachste
Operation die Summe modulo 2 anzusehen ist.

5.2. Lineare Codes

5.2.1. Abstand der Vektoren eines Codes

Wenn ein Übertragungskanal q verschiedene Symbole übertragen kann, und q außerdem
eine Potenz einer Primzahl ist, dann können diese q Symbole Elemente eines endlichen
Körpers sein. Unter diesen Bedingungen bilden alle n-Tupel dieser Elemente einen Vektorraum der Dimension n[1]). Eine Untermenge dieser n-Tupel heißt ein *linearer Code* dann und
nur dann, wenn diese Untermenge ein Unterraum des Vektorraumes der Dimension n ist.
Speziell hat man für q = 2 die binäre Übertragung der beiden Symbole 0 und 1.
Im n-dimensionalen Raum gibt es 2^n Punkte, die den 2^n Ecken eines Hyperwürfels der
Kantenlänge 1 entsprechen. Umgibt man jeden Punkt mit einer Kugel vom Radius Eins
und setzt man voraus, daß diese Kugeln keinen Punkt gemeinsam haben, dann haben
diese Kugeln einen Abstand $d \geqslant \sqrt{n}$. Hat jede Kugel den Mittelpunkt und n Punkte auf
den Ecken dieses Hyperwürfels, so sind das im ganzen n + 1 Punkte. Da es aber 2^n Punkte
des betrachteten Raumes gibt, kann es höchstens

$$\frac{2^n}{n+1}$$

Kugeln geben, die diese Bedingung erfüllen, d.h. höchstens $2^n/(n+1)$ Punkte vom
Abstand $\sqrt{n}$.
Im dreidimensionalen Raum z.B. ist

> n = 3 und es gibt $2^3 = 8$ Ecken.

Jede Ecke kann man mit einer Kugel vom Radius Eins umgeben. Jede Kugel besitzt ihren
Mittelpunkt und drei Punkte auf den Ecken des Würfels, das sind also 3 + 1 = 4 Punkte.
In dem betrachteten Raum gibt es also höchstens $2^n/(n+1) = 8/4 = 2$ Kugeln, die keinen
Punkt gemeinsam haben. Also erfüllen nur zwei Punkte die Bedingung minimalen Ab-
standes $d \geqslant \sqrt{3}$. Ein solches Punktepaar liegt auf den Raumdiagonalen des Würfels.

---

[1]) Siehe Anhang 4: Lineare Vektorräume (S. 176).

Nach *Hamming* wird der Abstand zweier n-Tupel als die Zahl der verschiedenen Komponenten definiert. Dieser Abstand ist gleich der Zahl der nicht verschwindenden Komponenten des Differenzvektors der beiden Vektoren x_i und x_j. Man nennt dies das Gewicht der Vektordifferenz. Da aber x_i und x_j einen Teil des Codes bilden, gehört auch der Differenzvektor dem Code an, und der kleinste Abstand zwischen den Vektoren des Codes entspricht dem Minimum der Gewichte der nicht verschwindenden Vektoren.

Beispiel:

Für einen binären Code mit 5 Stellen, n = 5, ist die Menge der Vektoren:

$$(0\ 0\ 0\ 0\ 0),\ (0\ 0\ 1\ 0\ 1),\ (0\ 1\ 0\ 1\ 1),\ (0\ 1\ 1\ 1\ 0),\ (1\ 0\ 0\ 1\ 1),$$
$$(1\ 0\ 1\ 1\ 0),\ (1\ 1\ 0\ 0\ 0),\ (1\ 1\ 1\ 0\ 1)$$

ein Unterraum des Raumes E_5. Diese Vektoren bilden also einen linearen Code. Der kleinste Abstand zwischen den Vektoren des Codes ist 2.

5.2.2. Darstellung linearer Codes durch Matrizen

Alle Basisvektoren eines linearen Codes lassen sich durch die Zeilen einer Matrix G, der *erzeugenden Matrix,* des dem Code entsprechenden vektoriellen Unterraumes darstellen.

Der Raum der Zeilenvektoren von G stellt den linearen Code dar, und ein Vektor ist Teil des Codes, wenn er eine Linearkombination der Zeilen der Matrix G ist. Ist die Dimension des Unterraumes m, so ist die Zahl der unabhängigen Zeilen von G ebenfalls m. Ein Code, bei dem die erzeugende Matrix m Zeilen und n Spalten hat, nennt man einen (m, n)-Code. Ist der betrachtete Vektorraum über einem Körper von p Elementen erklärt, so besitzt der lineare Code p^m Vektoren, da die m Elemente, die eine Linearkombination gestatten, p verschiedene Werte annehmen können (siehe Anhang 4, S. 176).

Die Darstellung eines linearen Codes durch eine Matrix G ist vorteilhaft für Codes mit einer sehr großen Zahl von Vektoren.

So läßt sich z. B. ein binärer (40,30)-Code durch eine Matrix mit $40 \cdot 30$ Elementen darstellen. Er besitzt also $N = 2^{30}$ Vektoren, da $\log_2 N = 30 \log_2 2$, ist $N \approx 10^9$.

Beispiel:

Der 5stellige Code des vorigen Abschnittes hat die folgende erzeugende Matrix G:

$$G = \begin{pmatrix} 1 & 0 & 0 & 1 & 1 \\ 0 & 1 & 0 & 1 & 1 \\ 0 & 0 & 1 & 0 & 1 \end{pmatrix}.$$

Es gibt noch eine andere Art, einen Code durch eine Matrix darzustellen. Es wurde gezeigt [1]), daß zu einem durch G definierten Unterraum der Dimension m ein orthogonaler Unterraum der Dimension $(n - m)$ gehört, dessen erzeugende Matrix H n Spalten und

---

[1]) Siehe Anhang 4, S. 176.

(n − m) unabhängige Zeilen besitzt. Ein Vektor x ist also dann und nur dann aus dem durch G erzeugten Unterraum, wenn x H^T = 0. Dieser Beziehung entsprechen (n − m) unabhängige Gleichungen, denen die Komponenten a_i des Vektors x = $(a_1, a_2, \ldots, a_n)$ genügen müssen.

$$\sum_{j=1}^{n} a_j\, h_{ij} = 0, \quad i = 1, \ldots, n - m \tag{5.1}$$

h_{ij} ist das Element der i-ten Zeile und j-ten Spalte von H^T.

Bei einem binären Code stellen diese Gleichungen eine einfache Paritätskontrolle der nicht verschwindenden Komponenten des Vektors x dar, der den nicht verschwindenden Komponenten der Zeilenvektoren der Matrix H entspricht. Man nennt H aus diesem Grunde auch *Matrix der Paritätskontrolle.*

Beispiel:

Für die Matrix G des obigen Beispiels ist

$$H = \begin{pmatrix} 1 & 1 & 0 & 1 & 0 \\ 1 & 1 & 1 & 0 & 1 \end{pmatrix}$$

die erzeugende Matrix des orthogonalen Unterraumes.

Ein Vektor x = $(a_1, a_2, a_3, a_4, a_5)$ ist nur dann ein Vektor des Codes, wenn seine Komponenten die beiden Gleichungen

$$x\, H^T = 0$$

erfüllen, d.h.

$$1 \cdot a_1 + 1 \cdot a_2 + 0 \cdot a_3 + 1 \cdot a_4 + 0 \cdot a_5 = 0$$

$$1 \cdot a_1 + 1 \cdot a_2 + 1 \cdot a_3 + 0 \cdot a_4 + 1 \cdot a_5 = 0$$

Die Gleichungen enthalten eine Paritätskontrolle zwischen den Komponenten a_1, a_2, a_4 und den Komponenten a_1, a_2, a_3, a_5 der Codevektoren.

5.2.3. Der duale Code

So wie der von der Matrix H erzeugte Raum orthogonal ist zu dem durch die Matrix G erzeugten, so entspricht auch einem (n, m)-Code stets ein dualer (n, n-m)-Code.

Ist $\mathcal{L}$ ein linearer Code, dessen zugeordneter orthogonaler Vektorraum durch die Matrix H erzeugt wird, so gibt es für jeden Codevektor mit dem Gewicht p eine lineare Beziehung zwischen p Spalten von H. Umgekehrt entspricht jeder linearen Verbindung von p Spalten von H ein Codewort mit dem Gewicht p.

Bezeichnet $h^{(i)}$ den i-ten Spaltenvektor von H, so lassen sich die $(n - m)$ Gleichungen (5.1) vektoriell einfach schreiben:

$$a_1 h^{(1)} + a_2 h^{(2)} + \ldots + a_n h^{(n)} = 0, \tag{5.2}$$

wodurch die p Spalten von H miteinander verbunden werden, für die $a_i \neq 0$ ist. Umgekehrt sind, wenn die angegebenen Beziehungen erfüllt sind, die Koeffizienten a_i Komponenten eines Codevektors des Raumes.

Zusammenfassung:

Ein Codevektor, der in einem durch die Matrix H erzeugten orthogonalen Raum liegt, hat ein minimales Gewicht, und zwar hat das Gewicht wenigstens den Wert p dann und nur dann, wenn alle Linearkombinationen von wenigstens $(p - 1)$ Spalten von H linear unabhängig sind.

5.2.4. Äquivalente Codes

Zwei Codes, die sich nur durch die Anordnung der Komponenten der Codevektoren unterscheiden, haben die gleichen Fehlerwahrscheinlichkeiten; man nennt sie daher *äquivalente Codes*. Ebenso ergibt jede Permutation zwischen den Spalten einer erzeugenden Matrix eine neue erzeugende Matrix eines äquivalenten Codes. Speziell läßt sich jede erzeugende (m, n)-Matrix G auf eine Matrix in kanonischer Dreiecksgestalt zurückführen, bei der jede der ersten m Spalten als erstes Element eine Eins in jeder Zeile enthält. Dieser erste Teil der Matrix hat die Form einer m-dimensionalen Einheitsmatrix E_m und es gilt:

$$G = (E_m, P) = (\alpha_{ij}, p_{il}) \qquad \begin{aligned} \alpha_{ij} &= \begin{cases} 1, & i = j \\ 0, & i \neq j \end{cases} \\ i &= 1, \ldots, m \\ j &= 1, \ldots, m \\ l &= 1, \ldots, n - m \end{aligned} \tag{5.3}$$

Beispiel:

Der Matrix

$$M = \begin{pmatrix} 2 & 0 & 0 & 0 & 4 & 6 \\ 0 & 0 & 3 & 2 & 9 & 6 \\ 2 & 0 & 0 & 1 & 7 & 6 \\ 3 & 0 & 0 & 1 & 9 & 9 \end{pmatrix}$$

entspricht die erzeugende Matrix

$$G' = \begin{pmatrix} 1 & 0 & 0 & 0. & 2 & 3 \\ 0 & 0 & 1 & 0 & 1 & 2 \\ 0 & 0 & 0 & 1 & 3 & 0 \end{pmatrix}$$

die durch Vertauschung der Spalten 2 mit 3 und dann 3 mit 4 sich in die folgende Form
bringen läßt:

$$G = \begin{pmatrix} 1 & 0 & 0 & 0 & 2 & 3 \\ 0 & 1 & 0 & 0 & 1 & 2 \\ 0 & 0 & 1 & 0 & 3 & 0 \end{pmatrix}$$

5.2.5. Erkennung eines einfachen Fehlers

5.2.5.1. Wahl der Informations- und der Kontroll-Stellen

Jedem Codevektor des durch die (m, n)-Matrix G erzeugten Raumes entspricht eine
Linearkombination einer gewissen Zahl von Zeilen der Matrix G. Die verschiedenen möglichen Kombinationen erhält man, indem man im Körper der Skalare m Zahlen a_i aus-
wählt, die ein m-Tupel bilden:

$$v = (a_1, a_2, \ldots, a_m)$$

ein Codevektor ist dann das Produkt vG mit der erzeugenden Matrix:

$$v\,G = (a_1, a_2, \ldots, a_m, b_1, b_2, \ldots, b_{n-m}) \tag{5.4}$$

mit

$$b_j = \sum_{i=1}^{m} a_i p_{ij}, \quad j = 1, \ldots, n - m. \tag{5.5}$$

Die m Komponenten a_i des Codevektors können für die Übertragung der Information
gewählt werden, und die n -- m Linearkombinationen b_j der a_i sind für die Kontrollen
reserviert.

5.2.5.2. Kontrollbeziehungen

Ist $\mathcal{L}$ der Raum der Zeilen von $G = (E_m, P)$, wobei P die Dimension $m \cdot (n - m)$ hat, so
ist $\mathcal{L}$ der orthogonale Raum von $H = (-P, E_{n-m})$, $-P^T$ ist die transponierte Matrix von
P, in der bei allen Elementen das Vorzeichen geändert worden ist.

Man verifiziert leicht, daß

$$G H^T = 0 \tag{5.6}$$

Ist $x = (a_1, a_2, \ldots, a_m, b_1, b_2, \ldots, b_{n-m})$ ein Vektor aus $\mathcal{L}$, so ist

$$x H^T = 0 \quad \text{oder} \quad - \sum_{i=1}^{m} a_i p_{ij} + b_j = 0, \quad j = 1, \ldots, m - n. \tag{5.7}$$

Dies ist aber nichts anderes als das System (5.5).

Beispiel:

Im Körper der ganzen Zahlen modulo 2 [1]) sei:

$$G = \begin{pmatrix} 1 & 0 & 0 & 1 & 1 \\ 0 & 1 & 0 & 1 & 1 \\ 0 & 0 & 1 & 0 & 1 \end{pmatrix} = (E_3, P)$$

und daher

$$H = \begin{pmatrix} 1 & 1 & 0 & 1 & 0 \\ 1 & 1 & 1 & 0 & 1 \end{pmatrix} = (-P^T, E_2).$$

Jeder Vektor des durch G erzeugten Raumes, $x = (a_1, a_2, a_3, a_4, a_5)$, muß so gewählt werden, daß $x H^T = 0$, d.h., daß die Komponenten zwei Paritätsrelationen zwischen den Informationsstellen a_1, a_2, a_3 und den Kontrollstellen a_4, a_5 erfüllen müssen:

$$a_1 + a_2 + a_4 = 0,$$

$$a_1 + a_2 + a_3 + a_5 = 0.$$

Übung:

Für einen 7stelligen Code mit 4 Informationsstellen und 3 Kontrollstellen erhält man Tab. 5.7.

Als Kontrollstellen werden die Stellen 1, 2 und 4 gewählt und daher für die Information die Stellen 3, 5, 6 und 7.

Tabelle 5.7

1	2	③	4	⑤	⑥	⑦	Dezimalwert der Information
0	0	0	0	0	0	0	0
1	1	0	1	0	0	1	1
0	1	0	1	0	1	0	2
1	0	0	0	0	1	1	3
1	0	0	1	1	0	0	4
0	1	0	0	1	0	1	5
1	1	0	0	1	1	0	6
0	0	0	1	1	1	1	7
1	1	1	0	0	0	0	8
0	0	1	1	0	0	1	9
1	0	1	1	0	1	0	10
0	1	1	0	0	1	1	11
0	1	1	1	1	0	0	12
1	0	1	0	1	0	1	13
0	0	1	0	1	1	0	14
1	1	1	1	1	1	1	15

◯ Informationstellen

- Kontrollstellen

[1]) Es sei daran erinnert, daß der Körper der ganzen Zahlen modulo 2 von den beiden Elementen 0 und 1 gebildet wird und daß

$(0 + 1) \mod 2 = (1 + 0) \mod 2 = 1$ (andere Schreibweise $0 \oplus 1 = 1$, $1 \oplus 1 = 0$)

$(1 + 1) \mod 2 = (0 + 0) \mod 2 = 0,$

$(- 1) \mod 2 = 1.$

Die Paritätskontrollen werden nach folgendem Schema durchgeführt:

	1	2	3	4	5	6	7
1. Kontrolle:	+		+		+		+
2. Kontrolle:		+	+			+	+
3. Kontrolle:				+	+	+	+

Dem Symbol 0 1 1 1 1 0 0 entspricht der Dezimalwert 12 nach obiger Tabelle. Durch
einen Fehler in der 5. Stelle erhält man 0 1 1 1 0 0 0. Die erste Paritätskontrolle in
den Stellen $\underline{1}$ 3 5 7 ergibt einen Fehler, also 1. Die zweite Paritätskontrolle in den
Stellen $\underline{2}$ 3 6 7 ergibt ein richtiges Ergebnis, also 0. Die dritte Paritätskontrolle in den
Stellen $\underline{4}$ 5 6 7 ergibt wieder einen Fehler, also eine 1. Die daraus gebildete binäre
Kontrollzahl 1 0 1 zeigt einen Fehler in der 5. Stelle an.

Tab. 5.7 gibt die Codevektoren in einem Unterraum $\mathcal{L}$ eines Raumes E_7 an.

a) Welche Dimension hat dieser Unterraum?
b) Die oben angegebenen Paritätsbeziehungen sollen hergeleitet werden.

Der Unterraum $\mathcal{L}$ wird durch folgende Matrix bestimmt:

$$G' = \begin{matrix} \underline{1} & \underline{2} & \underline{3} & \underline{4} & \underline{5} & \underline{6} & \underline{7} \\ \end{matrix} \begin{pmatrix} 1 & 1 & 0 & 1 & 0 & 0 & 1 \\ 0 & 1 & 0 & 1 & 0 & 1 & 0 \\ 1 & 0 & 0 & 1 & 1 & 0 & 0 \\ 1 & 1 & 1 & 0 & 0 & 0 & 0 \end{pmatrix}$$

Die Dimension des Unterraumes $\mathcal{L}$ ist 4. Durch Umordnung gewisser Spalten a_i erhält
man die Form $G = (E_4, P)$:

$$G = \begin{matrix} \underline{7} & \underline{6} & \underline{5} & \underline{3} & \underline{4} & \underline{2} & \underline{1} \\ \end{matrix} \begin{pmatrix} 1 & 0 & 0 & 0 & 1 & 1 & 1 \\ 0 & 1 & 0 & 0 & 1 & 1 & 0 \\ 0 & 0 & 1 & 0 & 1 & 0 & 1 \\ 0 & 0 & 0 & 1 & 0 & 1 & 1 \end{pmatrix}$$

Als Stellen für die Information werden a_3, a_5, a_6 und a_7 gewählt und für die Kontrollen
die Stellen a_1, a_2 und a_4. Also ist

$$H = \begin{pmatrix} 1 & 1 & 1 & 0 & 1 & 0 & 0 \\ 1 & 1 & 0 & 1 & 0 & 1 & 0 \\ 1 & 0 & 1 & 1 & 0 & 0 & 1 \end{pmatrix}$$

und da jeder Vektor $x = (a_7, a_6, a_5, a_3, a_4, a_2, a_1)$ des Unterraumes $\mathcal{L}_4$ die Beziehung

$$x\,H^T = 0$$

erfüllen muß, ergeben sich die Paritätsbeziehungen für die Erkennung eines einfachen Fehlers·

$$a_1 + a_3 + a_5 + a_7 = 0,$$
$$a_2 + a_3 + a_6 + a_7 = 0,$$
$$a_4 + a_5 + a_6 + a_7 = 0.$$

5.2.6. Korrektur der Fehler — das Standard-Schema

Es sei $\mathcal{L}$ ein linearer (n, m)-Code. Man ordne die Vektoren, die die Codeworte bilden, in einer ersten Zeile einer Tafel an, und zwar so, daß der Vektor x_1 in der ersten Spalte steht. Man erhält in der ersten Zeile die q^m Vektoren: $x_1, x_2, \ldots, x_q$, dabei ist q die Zahl der Elemente des Körpers.

Zur Fortsetzung der Tafel wird unter x_1 ein Vektor y_1 des Raumes E_n geschrieben, der nicht zum Code gehört, sich also nicht unter den Vektoren der ersten Zeile befindet. Die zweite Zeile wird dann in der Weise ergänzt, daß man unter jeden Vektor x_j den Vektor $y_1 + x_j$ schreibt. In der 3. Zeile setzt man an erster Stelle einen Vektor y_2, der sich nicht unter den bereits angeschriebenen Vektoren der vorhergehenden Zeilen befindet und in die weiteren Spalten unter x_j setzt man $y_2 + x_j$. Dieses Verfahren führt man weiter fort bis man die vollständige Tafel mit q^m Spalten und q^{n-m} Zeilen erhält. Die Tafel enthält somit alle q^n Vektoren des Raumes E_n.

x_1	x_2	x_3	$\ldots$	x_j	$\ldots$	x_{q^m}
y_1	$y_1 + x_2$	$y_1 + x_3$	$\ldots$	$y_1 + x_j$	$\ldots$	$y_1 + x_{q^m}$
y_i	$y_i + x_2$	$y_i + x_3$	$\ldots$	$y_i + x_j$	$\ldots$	$y_i + x_{q^m}$
$y_{q^{n-m}}$	$y_{q^{n-m}}+x_2$	$\ldots$	$\ldots$	$\ldots$	$\ldots$	$y_{q^{n-m}} + x_{q^m}$

$$(5.8)$$

Wenn ein Codewort x_j in einer fehlerhaften Form z empfangen wird, so charakterisiert der Differenzvektor $z - x_j$ den bei der Übertragung auftretenden Fehler.

Man kann sehr leicht die Nachricht z korrigieren, wenn der Differenzvektor $z - x_j$ ein Vektor der ersten Spalte des Standard-Schemas ist. Denn wenn $z-x_j = y_i$ ist, so befindet sich $z = x_j + y_j$ in der Spalte j des Standard-Schemas und die Korrektur findet man dann sofort, indem man das Codewort x_j am Kopfe dieser Spalte abliest. Im Gegensatz dazu, wenn der Differentvektor $z - x_j = y_i$ ist, befindet sich der Vektor z wohl in einer Zeile des Standard-Schemas aber nicht unter dem Codewort x_j. Es ist daher nicht möglich, den bei der Übertragung von x_j eingetretenen Fehler zu korrigieren.

Man nimmt jetzt an daß der lineare Code dem orthogonalen Raum entspricht, der dem durch die (r, n)-Matrix H bestimmten Raum zugeordnet ist.

Für jede empfangene Nachricht z liefert das Produkt

$$s = z H^T \tag{5.9}$$

ein r-Tupel, das verschwindet, wenn z ein Codewort ist, und das von Null verschieden ist, wenn ein Übertragungsfehler auftritt. Das r-Tupel s kann q^r verschiedene Werte annehmen; man nennt daher dieses r-Tupel *Kontrollvektor*. Man stellt sofort fest, daß die Codeworte der ersten Zeile des Standard-Schemas einen Kontrollvektor Null haben; alle Vektoren der i-ten Zeile haben denselben Kontrollvektor $s = y_i H^T$. Für einen binären symmetrischen Übertragungskanal und bei Gleichwahrscheinlichkeit der Übertragung der Codeworte kann man zeigen, daß die Wahrscheinlichkeit korrekter Decodierung eines empfangenen Wortes für einen gegebenen Code maximal wird, wenn das Standard-Schema so gewählt wurde, daß in der ersten Spalte die Worte kleinsten Gewichtes jeder Zeile stehen.

Bemerkung:

Wenn zwei Vektoren z_1 und z_2 gleiche Kontrollvektoren haben, gilt:

$$z_1 H^T = z_2 H^T \quad \text{oder} \quad (z_1 - z_2) H^T = 0.$$

Der Differenzvektor $(z_1 - z_2)$ ist ein Code-Vektor. Daher können z_1 und z_2 nicht gleichzeitig korrigiert werden.

Beispiel:

Es soll das Standard-Schema für den in 5.2.1 (siehe S. 121) angegebenen Code mit fünf Stellen angegeben und gezeigt werden, daß man nicht alle einfachen Fehler richtig korrigieren kann. Wie lauten die Kontroll-Vektoren der verschiedenen Zeilen der Tafel?

Standard-Schema

00000	00101	01011	01110	10011	10110	11000	11101
10000	10101	11011	11110	00011	00110	01000	01101
00100	00001	01111	01010	10111	10010	11100	11001
00010	00111	01001	01100	10001	10100	11010	11111

Alle angegebenen Vektoren einer Zeile haben den gleichen Kontrollvektor. Es ist nicht möglich, mit einem Mal einen Fehler in der ersten und zweiten Stelle zu korrigieren. Der Differenzvektor von 10000 und 01000 ist ein Codewort 11000. Das gleiche gilt für die Vektoren 00100 und 00001. Man kann keinen Fehler korrigieren, der in der einen oder anderen Stelle auftritt. Man stellt fest, daß diese Doppeldeutigkeit bei der Fehlerkorrektur nicht auftritt bei Worten vom Gewicht zwei. Daher ist es für die Korrektur einfacher Fehler notwendig, Codeworte vom Gewicht 3 zu wählen.

Der Kontrollvektor der ersten Zeile ist Null:

$$(00000) \begin{pmatrix} 1 & 1 \\ 1 & 1 \\ 0 & 1 \\ 1 & 0 \\ 1 & 1 \end{pmatrix} = (0,0)$$

Für die zweite Zeile gilt:

$$(10000) \begin{pmatrix} 1 & 1 \\ 1 & 1 \\ 0 & 1 \\ 1 & 0 \\ 1 & 1 \end{pmatrix} = (1,1)$$

In gleicher Weise erhält man für die dritte Zeile (0,1) und für die vierte Zeile (1,0).
Dieser Code gestattet also nur drei einfache Fehler von fünf möglichen zu korrigieren.

Übung

Man zeige, daß es der in 5.1.3 angegebene Code von *Hamming* gestattet, alle einfachen
Fehler zu korrigieren, die bei der Übertragung eines Codewortes auftreten können.

Es wurde gezeigt, daß der gewählte lineare Code als orthogonaler Raum angesehen werden kann, der durch die folgende Matrix bestimmt ist:

$$H' = \begin{pmatrix} 0 & 0 & 0 & 1 & 1 & 1 & 1 \\ 0 & 1 & 1 & 0 & 0 & 1 & 1 \\ 1 & 0 & 1 & 0 & 1 & 0 & 1 \end{pmatrix}$$

H' ist nichts anderes als die Matrix H, in der die Spalten wieder in die Anfangsanordnung
gebracht sind.

Diese Matrix hat den Rang drei, und der Kontrollvektor hat drei Komponenten.

Das Standard-Schema kann man bilden, indem man in die erste Spalte die C_7^1 Vektoren
schreibt, die eine einzige Komponente mit dem Wert Eins und alle anderen Komponenten
mit dem Wert Null haben, in der Ordnung wachsender Gewichte. Unter diesen Bedingungen würde ein Codewort z, das mit einem Fehler in einer dieser Stellen empfangen würde,
als Kontrollvektor den in der ersten Spalte stehenden Vektor:

$$z\, H^T = y_i\, H^T$$

oder, wenn die i-te Komponente von y_i den Wert Eins hat, gibt $y_i\, H^T$ binär die Stelle
des auftretenden Fehlers:

$$(0\ 0\ \dots\ i\ \dots\ 0) \begin{pmatrix} 1 & 0 & 0 \\ 0 & 1 & 0 \\ 1 & 1 & 0 \\ 0 & 0 & 1 \\ 1 & 0 & 1 \\ 0 & 1 & 1 \\ 1 & 1 & 1 \end{pmatrix} = (\dots)\ \text{i-te Stelle als Binärzahl}$$

Standard-Schema

1 2 3 4 5 6 7					
0 0 0 0 0 0 0	...	0 1 1 1 1 0 0	...	1 1 1 1 1 1 1
0 0 0 0 0 0 1	...	0 1 1 1 1 0 1	...	1 1 1 1 1 1 0
0 0 0 0 0 1 0	...	0 1 1 1 1 1 0	...	1 1 1 1 1 0 1
0 0 0 0 1 0 0	...	0 1 1 1 0 0 0	...	1 1 1 1 0 1 1
. . . .	...	. . . .	...	. . . .

Das Codewort (0 1 1 1 1 0 0) wird mit einem Fehler als (0 1 1 1 0 0 0) empfangen. Die Kontrollzahl ist

$$(0\ 1\ 1\ 1\ 0\ 0\ 0)\,H^T = (0\ 0\ 0\ 0\ 1\ 0\ 0)\,H^T = (1\ 0\ 1).$$

Man sieht daraus, daß der Fehler in der 5. Stelle aufgetreten ist.

5.2.7. Bestimmung der Codeworte

G ist die erzeugende Matrix eines (n, m)-Codes und M eine (m, q^m)-Matrix, deren Spalten alle m-Tupel darstellen, die man bilden kann. Daher stellen die Zeilen der Matrix $C = M^T G$ alle Linearkombinationen der Zeilen von G dar, d.h. die Gesamtheit der Codeworte.

Beispiel:

Ist G die erzeugende Matrix des (5,3)-Codes mit q = 2, so erhält man die Codeworte folgendermaßen:

$$G = \begin{pmatrix} 1 & 0 & 0 & 1 & 1 \\ 0 & 1 & 0 & 1 & 1 \\ 0 & 0 & 1 & 0 & 1 \end{pmatrix} \qquad M = \begin{pmatrix} 0 & 0 & 0 & 0 & 1 & 1 & 1 & 1 \\ 0 & 0 & 1 & 1 & 0 & 0 & 1 & 1 \\ 0 & 1 & 0 & 1 & 0 & 1 & 0 & 1 \end{pmatrix}$$

$$M^T G = \begin{pmatrix} 0 & 0 & 0 \\ 0 & 0 & 1 \\ 0 & 1 & 0 \\ 0 & 1 & 1 \\ 1 & 0 & 0 \\ 1 & 0 & 1 \\ 1 & 1 & 0 \\ 1 & 1 & 1 \end{pmatrix} \begin{pmatrix} 1 & 0 & 0 & 1 & 1 \\ 0 & 1 & 0 & 1 & 1 \\ 0 & 0 & 1 & 0 & 1 \end{pmatrix} = \begin{pmatrix} 0 & 0 & 0 & 0 & 0 \\ 0 & 0 & 1 & 0 & 1 \\ 0 & 1 & 0 & 1 & 1 \\ 0 & 1 & 1 & 1 & 0 \\ 1 & 0 & 0 & 1 & 1 \\ 1 & 0 & 1 & 1 & 0 \\ 1 & 1 & 0 & 0 & 0 \\ 1 & 1 & 1 & 0 & 1 \end{pmatrix}$$

5.3. Zyklische binäre Codes

5.3.1. Darstellung einer binären Folge durch ein Polynom

Jedes Codewort eines systematischen Codes enthält n binäre Stellen, von denen k für die Kontrolle reserviert und m = n − k für die Übertragung der Information bestimmt sind. Ein Codewort kann man auch durch ein Polynom P(x) darstellen. Die Koeffizienten der verschiedenen Potenzen von x sind die angegebenen Werte in den entsprechenden Stellen der binären Darstellung.

Man kann z.B. das Codewort (1 0 1 1 0 1) durch das Polynom

$$P(x) = 1 \cdot x^0 + 0 \cdot x^1 + 1 \cdot x^2 + 1 \cdot x^3 + 0 \cdot x^4 + 1 \cdot x^5$$
$$= 1 + x^2 + x^3 + x^5$$

darstellen.

Die Koeffizienten des Polynoms werden aus dem Körper der ganzen Zahlen modulo 2 gewählt und es gilt daher:

$$\begin{aligned}
1 \cdot x^i + 1 \cdot x^i &= (1 \oplus 1) \, x^i = 0 \cdot x^i, \\
1 \cdot x^i + 0 \cdot x^i &= (1 \oplus 0) \, x^i = 1 \cdot x^i, \\
0 \cdot x^i + 0 \cdot x^i &= (0 \oplus 0) \, x^i = 0 \cdot x^i, \\
-1 \cdot x^i &= \; 1 \cdot x^i \quad -1 \cdot x^i \, (\text{mod } 2) = 1 \cdot x^i.
\end{aligned}$$

$$(5.10)$$

5.3.2. Das erzeugende Polynom eines zyklischen Codes

Ein zyklischer Code wird durch sein erzeugendes Polynom $G(x)$ vom Grade k definiert. Ein Polynom $C(x)$ von niederem Grade als n stellt ein Codewort dar, wenn es durch $G(x)$ teilbar ist. Es gilt weiterhin:

a) Die Summe zweier Codeworte darstellende Polynome stellt wiederum ein Codewort dar, wenn sie durch $G(x)$ darstellbar ist.

b) Durch Multiplikation des Polynoms $G(x)$ mit einem anderen Polynom in x von niedererem Grade als $n - k$ erhält man wieder ein Polynom, das ein Codewort darstellt.

c) Um das Polynom zu erhalten, das die Codierung einer Nachricht $M(x)$ darstellt, muß man, wenn $G(x)$ erzeugendes Polynom ist, das Produkt $x^k \cdot M(x)$ durch $G(x)$ teilen und den erhaltenen Rest dem Produkt $x^k \cdot M(x)$ zufügen:

$$x^k \cdot M(x) = G(x) \cdot Q(x) + R(x), \tag{5.11}$$

wobei $R(x)$ von niedererem Grade als $G(x)$ ist.

Das Polynom, das die Codierung der Nachricht $M(x)$ darstellt, ist:

$$x^k \cdot M(x) + R(x) = G(x) \cdot Q(x).$$

Dieses Polynom stellt ein Codewort dar, da es ein Vielfaches von $G(x)$ ist. Die Koeffizienten der Potenzen von x mit Exponenten kleiner k entsprechen den Kontrollstellen, die $m = n - k$ folgenden Koeffizienten sind für die Übertragung der Nachricht bestimmt.

Beispiel:

Ein Code mit $n = 15$, $k = 5$ sei durch das Polynom $G(x) = 1 + x^3 + x^4 + x^5$ bestimmt und die zu übertragende Nachricht sei in der Form einer binären Folge (0 1 0 1 0 0 0 0 1 1) gegeben, der das Polynom $M(x) = x^1 + x^3 + x^8 + x^9$ entspricht.

Es ist

$$x^k \cdot M(x) = x^5 \cdot M(x) = x^6 + x^8 + x^{13} + x^{14}.$$

Führt man die Division von $x^5 \cdot M(x)$ durch $G(x)$ aus, ergibt sich

$$x^6 + x^8 + x^{13} + x^{14} = (1 + x^3 + x^4 + x^5)(1 + x^1 + x^3 + x^6 + x^7 + x^9) + (1 + x).$$

Das Polynom $C(x)$, das die Codierung der zu übertragenden Nachricht darstellt, ist daher:

$$C(x) = x^5 \cdot M(x) + R(x) = 1 + x^1 + x^6 + x^8 + x^{13} + x^{14}.$$

Dies ergibt also die binäre Folge (C):

$$(1\ \underbrace{1\ 0\ 0\ 0}\qquad \underbrace{0\ 1\ 0\ 1\ 0\ 0\ 0\ 0\ 1\ 1})$$
$$\text{Kontrolle}\qquad\qquad \text{Information}$$

5.3.3. Erkennung und Korrektur von Fehlern

Im Verlauf der Übertragung kann die binäre Folge (C), der das Polynom $C(x)$ entspricht, gewisse Änderungen erfahren, indem eine Null durch eine Eins (oder umgekehrt) ersetzt wird, was zu einem Fehler in den betreffenden Stellen führt. Der neuen empfangenen Folge ist daher ein Polynom $F(x)$ zugeordnet, das man so schreiben kann:

$$F(x) = C(x) + E(x). \tag{5.12}$$

Dabei ist $E(x)$ also ein Fehlerpolynom, das einen nicht verschwindenden Koeffizienten bei jeder Potenz von x besitzt, die einer fehlerhaften Stelle der binären Folge entspricht.

Es werde z.B. die Nachricht

$$C = (1\ 1\ 0\ 0\ 0\ 0\ 1\ 0\ 1\ 0\ 0\ 0\ 0\ 1\ 1)$$

in der Form:

$$F = (1\ 1\ 0\ 0\ 0\ 1\ 1\ 0\ 0\ 1\ 1\ 0\ 0\ 1\ 1)$$

empfangen, also mit Fehlern in den Stellen 6, 9, 10 und 11. Das Fehlerpolynom ist daher

$$E(x) = x^5 + x^8 + x^9 + x^{10}.$$

Ist das empfangene Polynom $F(x)$ nicht durch $G(x)$ teilbar, so ist offensichtlich ein Fehler bei der Übertragung der Nachricht aufgetreten. Ist aber $F(x)$ durch $G(x)$ teilbar, so wie $C(x)$ durch $G(x)$ teilbar ist, so darf, damit der Fehler erkennbar ist, $E(x)$ nicht durch $G(x)$ teilbar sein. Man muß also als erzeugendes Polynom ein solches wählen, das keines der Fehlerpolynome teilt, die den Fehlern entsprechen, die man zu erkennen wünscht.

Beispiel:

Für einen Code mit n = 15, k = 5, der durch das Polynom $G(x) = 1 + x^3 + x^4 + x^5$ bestimmt ist, können Fehler, die gleichzeitig in der 6., 9., 10. und 11. Stelle des Codewortes C = (1 1 0 0 0 0 1 0 1 0 0 0 0 1 1) auftreten, nicht erkannt werden, da wegen F(x) = C(x) + E(x) die Polynome C(x) und E(x) beide durch G(x) teilbar sind. Dagegen sind gleichzeitige Fehler in der 1., 2., 9., 11. und 14. Stelle erkennbar, da das Fehlerpolynom $E(x) = 1 + x^1 + x^8 + x^{10} + x^{13}$ nicht durch G(x) teilbar ist. Es sei noch bemerkt, daß in diesen Fällen der Rest der Division von F(x) durch G(x) der gleiche ist, wie von E(x) durch G(x).

Für einen Code, der alle zweifachen Fehler zu erkennen gestattet, ist:

$$E(x) = x^i + x^j, \quad i, j = 0, 1, \ldots, n - 1, \quad i \neq j.$$

Um einen Fehler in einem Codewort C(x) zu korrigieren, das als F(x) empfangen wurde:

$$F(x) = a_0 x^0 + a_1 x^1 + \ldots + a_{n-1} x^{n-1}, \quad a_j = 0 \text{ oder } 1, \quad j = 0, \ldots, n - 1,$$

versucht man nacheinander die verschiedenen eingliedrigen Terme $E(x) = x^j$. Solange der Term x^j nicht der fehlerhaften Stelle x^i entspricht, zeigt die Summe $F(x) + x^j \neq C(x)$ zwei Fehler an, die erkannt worden sind. Ist j = i, also F(x) + E(x) = C(x) wird der Fehler korrigiert.

5.3.3.1. Erkennung einfacher Fehler

Ein einfacher Fehler, der in der (j + 1)-ten Stelle eines Codewortes auftritt, entspricht einem Fehlerpolynom $E(x) = x^j$. Damit dieser Fehler erkennbar ist, darf das den Code erzeugende Polynom G(x) nicht teilen. Es genügt, daß G(x) ein Polynom von mehr als einem Term ist. Das einfachste Polynom ist G(x) = 1 + x, das darüber hinaus noch die Besonderheit besitzt, alle Polynome zu teilen, die eine geradzahlige Anzahl Terme haben.

Denn, wenn F(x) = (1 + x) Q(x), so gilt für x = 1:

$$F(1) = (1 + 1) Q(1) = 0 \cdot Q(1) = 0 \pmod{2}. \tag{5.13}$$

In einem Code, der durch das Polynom G(x) = 1 + x festgelegt ist, findet man alle einfachen Fehler, aber auch alle Fehler ungerader Anzahl. Der Rest R(x) der Division eines Polynoms durch dieses G(x) kann nur vom Grad Null sein. Ihm entspricht ein Kontrollsymbol, das auf einfache Weise gestattet, gerade Anzahlen von Koeffizienten Eins des Codewortes abzuzählen.

Es sei noch bemerkt, daß man jedes Polynom der Form $1 + x^n$ in die Form:

$$1 + x^n = (1 + x)(1 + x^1 + \ldots + x^{n-2} + x^{n-1}) \tag{5.14}$$

bringen kann. Damit kann man stets eine ungerade Anzahl von Fehlern erkennen.

5.3.3.2. Codes, die zur Erkennung doppelter und dreifacher Fehler geeignet sind

Damit in einem Code doppelte Fehler erkannt werden können, darf das erzeugende Polynom $G(x)$ nicht die Fehlerpolynome teilen, die in der Form $E(x) = x^i + x^j$ oder auch $= x^i(1 + x^{j-i})$ mit $i < j < n$ angegeben werden können. Da es aber ohne Interesse ist, für $G(x)$ ein Polynom der Form $G(x) = xP(x)$ zu wählen, so muß stets der Term mit x^0 verschwinden. Daraus folgt, daß die erste Stelle des Codewortes ohne Bedeutung ist; $G(x)$ ist also nicht durch x teilbar. Man braucht also als erzeugendes Polynom nur ein solches zu wählen, das keines der Polynome

$$E(x) = 1 + x^{j-i} \qquad\qquad (5.15)$$

teilt. Man kann zeigen, daß stets wenigstens ein Polynom vom Grad k existiert, das das Polynom $x^\alpha - 1 = x^\alpha + 1 \pmod 2$ vom Grad $\alpha = 2^k - 1$ teilt, was man leicht durch folgende Beispiele veranschaulichen kann:

$$x^3 + 1 = (x^2 + x + 1)(x + 1)$$
$$x^7 + 1 = (x^3 + x^2 + 1)(x^4 + x^3 + x^2 + 1)$$
$$= (x^3 + x + 1)(x^4 + x^2 + x + 1).$$

Wählt man das Polynom $G(x)$ vom Grade k, das $x^\alpha - 1$ teilt, so daß α die kleinste ganze Zahl größer oder gleich n und $j - i < n$ ist, so teilt das so definierte Polynom $G(x)$ keines der Fehlerpolynome. Für jeden Wert k existiert also ein Code mit $n = 2^k - 1$ Stellen, von denen k für die Kontrollen bestimmt sind, der also alle doppelten Fehler zu erkennen gestattet.

Diese Codes zur Erkennung doppelter Fehler und zur Korrektur einfacher Fehler sind den *Hamming*schen Codes äquivalent. Bei einem erzeugenden Code der Form $(1 + x)G_1(x)$ werden alle einfachen, doppelten oder dreifachen Fehler erkannt, wenn die Länge n des Codes nicht größer ist als der Exponent α, den man für das Polynom $x^\alpha - 1$, das $G_1(x)$ entspricht, definieren kann. Es wurde gezeigt, daß das Polynom $1 + x$ alle Fehler in ungerader Anzahl zu erkennen gestattet, also im besonderen die einfachen und dreifachen Fehler, während $G_1(x)$ die zweifachen Fehler erkennen läßt, wie sich zeigen läßt.

5.3.4. Verwirklichung zyklischer Codes

Die Art, in der man diese Codes realisieren kann, zeigt, warum sie sich als zyklische Codes qualifizieren.

Zur Definition eines speziellen (n, m)-Codes mit genau festgelegten Eigenschaften muß man ein erzeugendes Polynom $G(x)$ vom Grad k wählen. Die zu übertragenden Informationen werden durch alle Polynome $M(x)$ vom Grad kleiner $m = n - k$ dargestellt. Die Codierung dieser Informationen geschieht, wie bereits gezeigt wurde, indem man den Rest der Division von $x^k M(x)$ durch $G(x)$ dem Ausdruck $x^k M(x)$ zufügt, also:

$$C(x) = x^k M(x) + R(x) = G(x)\, Q(x), \qquad\qquad (5.16)$$

wobei der Grad von $R(x)$ kleiner als der von $G(x)$ ist.

Beim Empfang der Information in der Form $F(x)$ muß für die Division durch $G(x)$ gelten

$$F(x) = G(x) Q(x) + E(x). \tag{5.17}$$

Ist $E(x) = 0$, so ist die empfangene Information korrekt oder mit einem nicht erkennbaren Fehler behaftet.

Alle diese Operationen lassen sich durch einfache Schaltkreise für die Übertragung realisieren. Diese sind:

Schieberegister, die gestatten, die verschiedenen Stellen a_i einer gegebenen binären Folge sequentiell aufzunehmen und sie von einer Stelle des Registers in die folgende zu übertragen, wobei $a_i = 0$ oder 1 ist;

Addierer modulo zwei, die die Addition modulo 2 ausführen, was durch $a_i \oplus a_j$ bezeichnet werden soll und wobei a_i und $a_j = 0$ oder 1 sein können;

Multiplizierer mit einem konstanten Wert a_i, wobei $a_i = 0$ oder 1 ist.

Diese verschiedenen Schaltkreise werden durch die folgenden Symbole dargestellt (siehe Bild 5.2).

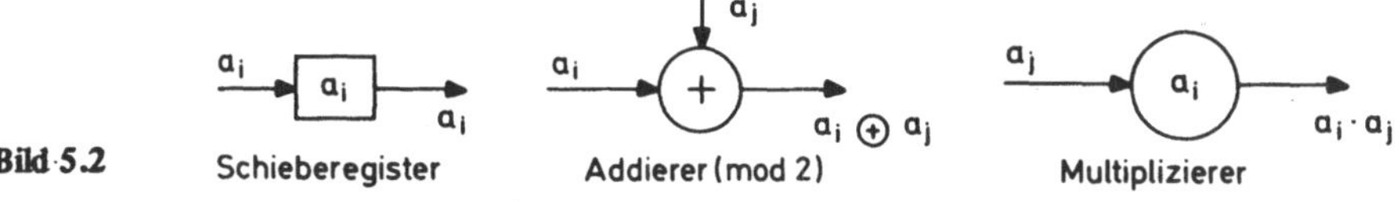

Bild 5.2   Schieberegister   Addierer (mod 2)   Multiplizierer

Die in das Innere des Symbols zeigenden Pfeile bedeuten die Eingangs-, die aus dem Symbol hinausweisenden Pfeile die Ausgangssignale. Der Multiplizierer reduziert sich im Fall binärer Signale auf einen einfachen Schalter, der offen ist, wenn das Signal den Wert $a_i = 0$, und der geschlossen ist, wenn das Signal den Wert $a_i = 1$ hat. Die Operation $x^k M(x)$ läßt sich sehr einfach durch Verschiebung der entsprechend dem Polynom $M(x)$ eingeschriebenen binären Folge um k Stellen nach rechts in einem Schieberegister darstellen, wie die folgende Skizze zeigt.

Schieberegister für n binäre Stellen:

	2^0	2^1	2^2	$\ldots\ 2^k$	2^{m-1}	2^{n-1}
$M(x) = a_0 x^0 + \ldots + a_{m-1} x^{m-1} =$	a_0	a_1	a_2	$\ldots\ldots\ldots$	a_{m-1}	$\ldots\ldots$
$x^k M(x) =$				a_0	$\ldots\ldots\ldots\ldots$	a_{m-1}

$$= a_0 x^k + \ldots + a_{m-1} x^{n-1}$$

Verschiebung um k Stellen nach rechts.

Die nach den üblichen Rechenregeln ausgeführte Division von $x^k M(x)$ durch $G(x)$ läßt sich auf eine sehr einfache Operation zurückführen, wie an dem folgenden Beispiel gezeigt wird:

$$
\begin{array}{l}
F(x) = x^7 + x^5 + \quad + x^3 \qquad + x + 1 \qquad\qquad G(x) = x^3 + x + 1 \\
\qquad\quad x^7 + x^5 + x^4 \qquad\qquad\qquad\qquad\qquad Q(x) = x^4 + x^1 + 1 \\
\hline
\qquad\qquad\qquad x^4 + x^3 + \qquad x \\
\qquad\qquad\qquad x^4 \qquad + x^2 + x \\
\hline
\qquad\qquad\qquad\qquad x^3 + x^2 + \qquad 1 \\
\qquad\qquad\qquad\qquad x^3 \qquad\quad + x + 1 \\
\hline
\qquad\qquad\qquad R(x) = x^2 + x
\end{array}
$$

$$x^7 + x^5 + x^3 + x + 1 = (x^3 + x + 1)(x^4 + x + 1) + (x^2 + x).$$

Man schreibt statt des Polynoms $x^7 + x^5 + x^3 + x + 1$ die binäre Folge, die den Werten der Koeffizienten der Potenzen von x entsprechen: 1 0 1 0 1 0 1 1 und subtrahiert oder addiert modulo 2 die binäre Folge 1 0 1 1, die dem Divisor entspricht, indem man von links ausgeht und diese Operation durchführt, solange sie sich ausführen läßt:

$$
\begin{array}{ll}
F(x) = & 1\ 0\ 1\ 0\ 1\ 0\ 1\ 1 \\
x^4 \cdot G(x) = & 1\ 0\ 1\ 1 \\
\hline
& 0\ 0\ 0\ 1\ 1\ 0\ 1\ 1 \\
x^1 \cdot G(x) = & \qquad\ \ 1\ 0\ 1\ 1 \\
\hline
& \qquad\ \ 0\ 1\ 1\ 0\ 1 \\
x^0 \cdot G(x) = & \qquad\qquad 1\ 0\ 1\ 1 \\
R(x) = & \qquad\qquad 0\ 1\ 1\ 0
\end{array}
$$

Das Ergebnis der letzten Addition ergibt die binäre Folge, die dem Rest der Division entspricht, also hier

$$110 : 1x^2 + 1x^1 + 0x^0.$$

Diese Operationen lassen sich durch eine Zusammenfassung von Schaltkreisen verwirklichen, wie Bild 5.3 zeigt.

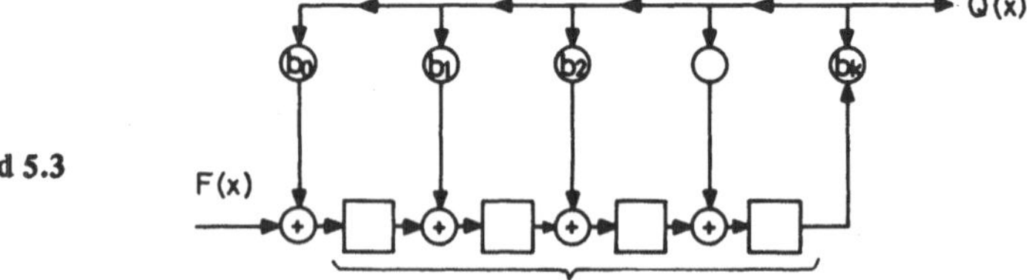

Bild 5.3

R(x) am Ende der Operation nach n Verschiebungen.

Dabei ist:

$$F(x) = G(x)\,Q(x) + R(x), \qquad F(x)\ \text{Polynom vom Grade } n-1$$
$$G(x) = b_0 x^0 + b_1 x^1 + \ldots + b_k x^k, \quad b_i = 0 \text{ oder } 1.$$

Um die oben angegebene Division durch Schaltkreise zu verwirklichen, wählt man die in Bild 5.4 angegebene Anordnung:

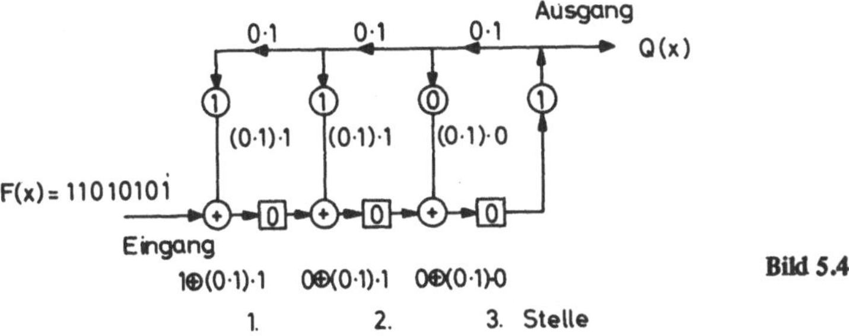

Bild 5.4

Im Anfangszustand t_0 enthält das Register nur Nullen. Bei einer ersten Verschiebung wird die Null der dritten Stelle des Registers nach dem Ausgang zu verschoben. Die drei Stellen des Registers nehmen dann die neuen Werte an; und zwar in der

ersten Stelle: $1 \oplus (0 \cdot 1) \cdot 1 = 1,$

zweiten Stelle: $0 \oplus (0 \cdot 1) \cdot 1 = 0,$

dritten Stelle: $0 \oplus (0 \cdot 1) \cdot 0 = 0$ (siehe Bild 5.4).

Nach acht aufeinander folgenden Verschiebungen enthält das Register den Divisionsrest, der Quotient erscheint am Ausgang. Die folgende Tabelle faßt die Folge der Operationen zusammen:

	$F(x)$	Registerinhalt in den verschiedenen Stellungen			$Q(x)$
	1	0	0	0	
1. Verschiebung t_0	0	$1 \oplus 0 = 1$	$0 \oplus 0 = 0$	$0 \oplus 0 = 0$	0
2. Verschiebung t_1	1	$0 \oplus 0 = 0$	$1 \oplus 0 = 1$	$0 \oplus 0 = 0$	0
3. Verschiebung t_2	0	$1 \oplus 0 = 1$	$0 \oplus 0 = 0$	$1 \oplus 0 = 1$	0
4. Verschiebung t_3	1	$0 \oplus 1 = 1$	$1 \oplus 1 = 0$	$0 \oplus 0 = 0$	1
5. Verschiebung t_4	0	$1 \oplus 0 = 1$	$1 \oplus 0 = 1$	$0 \oplus 0 = 0$	0
6. Verschiebung t_5	1	$0 \oplus 0 = 0$	$1 \oplus 0 = 1$	$1 \oplus 0 = 1$	0
7. Verschiebung t_6	1	$1 \oplus 1 = 0$	$0 \oplus 1 = 1$	$1 \oplus 0 = 1$	1
8. Verschiebung t_7	$R(x) = 0\,x^0 + 1\,x^1 + 1\,x^2$				1

Übung:

Welches Polynom muß man wählen, um den Code von *Hamming* zu erzeugen (siehe auch S. 118)?

Dieser Code ist ein systematischer mit $n = 7$ und $k = 3$. Ein Codewort wird also durch ein Polynom höchstens 7. Grades dargestellt. Dieser Code bei dem ein Fehler in einer der 7 Stellen eines Wortes korrigiert werden kann, soll auch zwei Fehler erkennen lassen.

Das erzeugende Polynom sei $G(x) \neq x \cdot P(x)$ und die Fehlerpolynome seien vom Typ $E = x^i(1 + x^{j-i})$. Da $j - i < 7$, muß man ein nicht reduzierbares Polynom 3. Grades suchen, das Polynome vom Typ $1 + x^\alpha$ für $\alpha < 7$ nicht teilt. Nach dem, was früher bereits gezeigt wurde, entspricht das Polynom $G(x) = x^3 + x + 1$ diesen Forderungen, denn es ist:

$$x^7 + 1 = (x^3 + x + 1)(x^4 + x^2 + x + 1).$$

Das in Bild 5.4 angegebene Übertragungssystem ist geeignet, Nachrichten der Form $M(x) = x^0 + x^1 + x^2 + x^3$ nach der in 5.2.5 (siehe S. 125) angegebene Tabelle aufzustellen, wobei die Koeffizienten von $C(x)$

$$C(x) = x^0 + x^1 + x^2 + x^3 + x^4 + x^5 + x^6$$

den Stellen

$$1 \quad 2 \quad 4 \quad 3 \quad 6 \quad 7 \quad 5$$

der Tabelle entsprechen.

Es entspricht z.B. der Folge $1 \ 0 \ 1 \ 1 \ 1 \ 0 \ 0$ mit dem dezimalen Wert 10 das Polynom:

$$C(x) = x^0 + x^2 + x^3 + x^4 = x^3 M(x) + R(x)$$
$$x^3 M(x) = x^3 + x^4$$

und es gilt tatsächlich

$$x^4 + x^3 = (x^3 + x + 1)(x + 1) + (x^2 + 1).$$

5.4. Verkettete Codes

Es soll nun untersucht werden, unter welchen Bedingungen es möglich ist, daß in einem Schieberegister von n Stellen die $2^n - 1$ verschiedenen binären Folgen nacheinander auftreten können. Man läßt im allgemeinen die Folge weg, die nur aus Nullen besteht, um diese für den Fall des Nichtvorhandenseins einer Nachricht bereit zu haben.

Im Verlauf der $(2^n - 1)$ Verschiebungen läuft durch das Register eine binäre Folge der Länge $2^n - 1$, die die Kette des Codes bildet. Die Kenntnis dieser Kette und ihr Bildungsgesetz gestatten die Zusammensetzung dieser $2^n - 1$ binären Folgen zu n Stellen entsprechend den Codeworten aufzufinden.

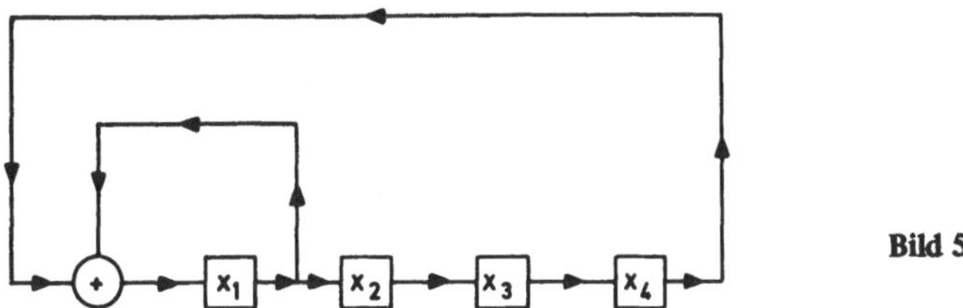

Bild 5.5

5.4.1. Übergangsmatrizen

In Bild 5.5 sei ein vierstelliges Schieberegister dargestellt. Zur Zeit t_0, die man als Anfangspunkt nehmen kann, enthalte das Register x_1^0, x_2^0, x_3^0, x_4^0. In dem folgenden Zeitpunkt t_1 ergibt sich ein neuer Zustand des Registers, der sich aus dem vorhergehenden herleitet:

$$x_1^1 = x_1^0 \oplus x_4^0$$
$$x_2^1 = x_1^0$$
$$x_3^1 = x_2^0 \qquad\qquad (5.18)$$
$$x_4^1 = x_3^0$$

Dies läßt sich auch in Matrizenform schreiben:

$$x_1 = \begin{pmatrix} 1 & 0 & 0 & 1 \\ 1 & 0 & 0 & 0 \\ 0 & 1 & 0 & 0 \\ 0 & 0 & 1 & 0 \end{pmatrix} x_0 \quad \text{oder} \quad x_1 = M\,x_0$$

Für die einzelnen Verschiebungen erhält man also nacheinander:

im Zeitpunkt t_2: $\quad x_2 = M\,x_1 = M^2\,x_0$

im Zeitpunkt t_3: $\quad x_3 = M\,x_2 = M^3\,x_0 \qquad\qquad (5.19)$

$\dots\dots\dots\dots\dots\dots\dots\dots\dots\dots\dots\dots$

im Zeitpunkt t_i: $\quad x_i = M\,x_{i-1} = M^i\,x_0$

Es soll nun eine solche Matrix M, eine Übergangsmatrix, gefunden werden, so daß sich nach Potenzierung ergibt:

$$x_\alpha = M^\alpha\,x_0 = x_0. \qquad\qquad (5.20)$$

Diese Matrix M soll eine eindeutige Inverse haben, das bedeutet, daß jeder gegebene Zustand x_i einen eindeutigen vorhergehenden Zustand x_{i-1} besitzt. Man sagt dann, daß die Gesamtheit der Schaltkreise nicht singulär ist. Dem entspricht eine Übergangsmatrix M, deren Determinante nicht verschwindet. Da hier im Zahlkörper (0, 1) gerechnet wird, kann diese Determinante nur den Wert Eins haben, $|M| = 1$.

Man kann jeden Zustand x_i durch einen Punkt und den Übergang von x_i nach x_{i+j} durch einen Pfeil darstellen. Diesem Übergang entspricht auch eine Matrix, bei der eine Eins in der i-ten Zeile und (i + j)ten Spalte steht. Für ein Schieberegister mit n Stellen hat man maximal $2^n - 1$ Punkte, die man als Kreis darstellen kann. Der Zustand $x = 0$ führt nur auf eine Folge vollkommen gleicher Zustände und wird daher nicht in Betracht gezogen.

Für eine Übertragung mit dem in Bild 5.5 angegebenen Schaltkreis soll als Anfangszustand gewählt werden:

$$x_0 = (1, 0, 0, 0), \text{ also } x_1^0 = 1, x_2^0 = x_3^0 = x_4^0 = 0.$$

Jedem der aufeinander folgenden Zustände kann man einen dezimalen Wert zuordnen:

$$x_0 = 1 \cdot 2^0 + 0 \cdot 2^1 + 0 \cdot 2^2 + 0 \cdot 2^3 = 1$$
$$x_1 = 1 \cdot 2^0 + 1 \cdot 2^1 + 0 \cdot 2^2 + 0 \cdot 2^3 = 3$$
$$\cdots\cdots\cdots\cdots\cdots\cdots\cdots\cdots\cdots\cdots$$

Die Folge dieser Zustände ist als Kreis in Bild 5.6 dargestellt.

Das Schieberegister wird von der binären Folge

$$0\ 0\ 0\ 1\ 1\ 1\ 1\ 0\ 1\ 0\ 1\ 1\ 0\ 0\ 1$$

durchlaufen, die die Kette des Codes bildet, welche gestattet, die verschiedenen Zustände des Schaltkreises 5.6 anzugeben. Diese binäre Folge der Kette kann man auf einem Kreis markieren (siehe Bild 5.7). Die Folge der Zustände kann man dann angeben, indem man auf dem Kreis vier aufeinander folgende binäre Ziffern im Sinne des Pfeiles verschiebt. Der folgende Zustand ergibt sich durch Verschiebung um einen Schritt in der angegebenen Pfeilrichtung.

Auf diese Weise werden nur $2^n - 1$ binäre Ziffern benötigt, statt der $(2^n - 1) \cdot n$, die für einen normalen binären Code nötig wären.

Man kann nicht immer für eine vorliegende Gesamtheit von Schaltkreisen eine vollkommene Kette der Länge $2^n - 1$ finden.

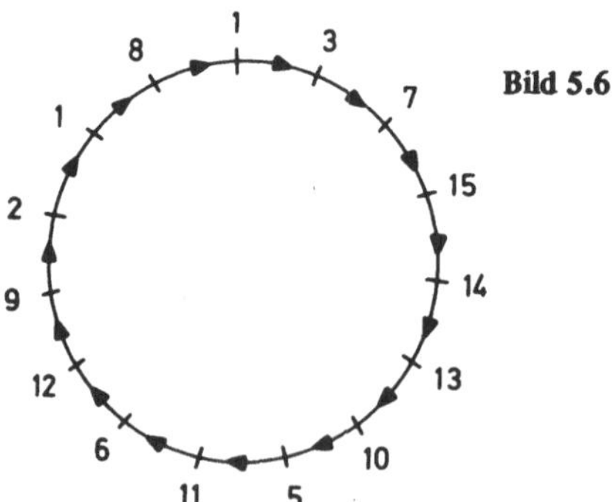

Bild 5.6

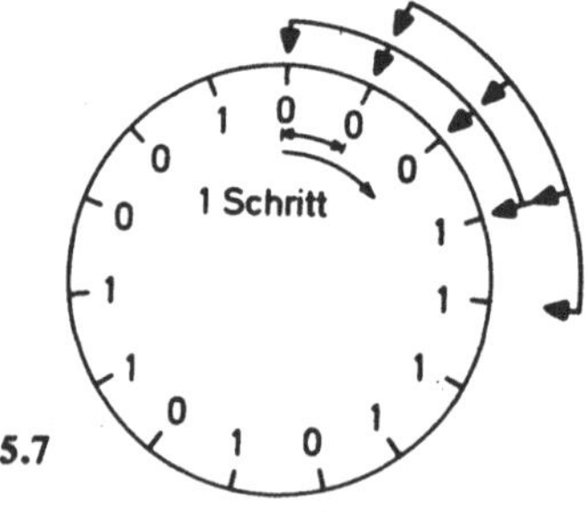

Bild 5.7

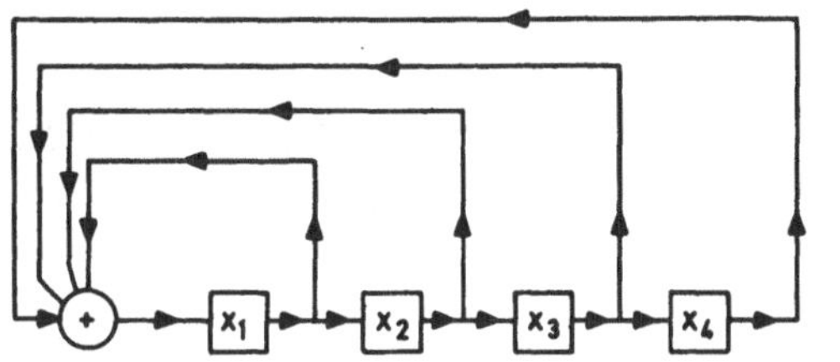

Bild 5.8

Die in Bild 5.8 angegebenen Schaltkreise führen auf eine Kette der Länge 5, ganz gleich von welchem Anfangszustand man ausgeht, mit Ausnahme des Zustandes 0, der, wie oben schon gesagt wurde, stets auf denselben Zustand führt.

$$x_1^1 = x_1^0 \oplus x_2^0 \oplus x_3^0 \oplus x_4^0$$
$$x_2^1 = x_1^0$$
$$x_3^1 = x_2^0$$
$$x_4^1 = x_3^0$$

(5.21)

x_4	x_3	x_2	x_1
0	0	0	1
1	0	0	0
1	1	0	0
0	1	1	0
0	0	1	1
0	0	0	1

Es soll versucht werden, die Bedingungen anzugeben, unter welchen eine Gesamtheit von Schaltkreisen durch eine Kette der maximalen Länge dargestellt werden kann.

5.4.2. Notwendige und hinreichende Bedingungen für Ketten

Das *Cayley-Hamiltonsche* Theorem zeigt, daß jede quadratische Matrix ihrer charakteristischen Gleichung genügt. Gilt z.B. (siehe Anhang 4 S. 184) die charakteristische Gleichung

$$|M - x E| = f(x) = x^4 + x^3 + 1,$$

so gilt auch

$$f(M) = M^4 + M^3 + E = 0.$$

Wenn es möglich ist, eine ganze Zahl α zu finden, so daß $x^\alpha - 1$ durch $f(x)$ teilbar ist, also

$$x^\alpha - 1 = f(x) \cdot q(x),$$

aber $M^\alpha - E = f(M) \cdot q(M) = 0$

(5.22)

und $M^\alpha = E,$

so folgt daraus, daß

$$M^\alpha x_0 = x_0. \tag{5.23}$$

Die kleinste ganze Zahl α, für die $x^\alpha - 1$ durch $f(x)$ teilbar ist, bestimmt die Periodenlänge der Kette.

Um eine Kette maximaler Länge zu erhalten, muß man also ein $\alpha = 2^n - 1$ finden, aber diese Bedingung ist nicht hinreichend. Tatsächlich kann man z.B. bilden:

$$x^{15} - 1 = (x^4 + x + 1)(x^4 + x^3 + 1)(x^4 + x^3 + x^2 + x + 1)(x^2 + x + 1)(x - 1).$$

Die Faktoren der rechten Seite sind alle nicht reduzierbar. Der erste Faktor ist zwar Teiler von $x^{15} - 1$, aber nicht von $x^\alpha - 1$ für $\alpha < 2^n - 1 = 15$. Das gleiche gilt für den zweiten Faktor. Dagegen ist der dritte Faktor $x^4 + x^3 + x^2 + x + 1$ Teiler von $x^{15} - 1$ und auch von $x^5 - 1$. Es gibt also eine Kette der Länge 5. Man kann leicht verifizieren, daß $f(x) = x^4 + x^3 + x^2 + x + 1$ charakteristische Gleichung der Matrix der Bild 5.8 zugeordneten Schaltkreisanordnung ist. Es gilt:

$$\begin{vmatrix} 1-x & 1 & 1 & 1 \\ 1 & -x & 0 & 0 \\ 0 & 1 & -x & 0 \\ 0 & 0 & 1 & -x \end{vmatrix} = (1-x)\begin{vmatrix} -x & 0 & 0 \\ 1 & -x & 0 \\ 0 & 1 & -x \end{vmatrix} + 1 \cdot \begin{vmatrix} 1 & 1 & 1 \\ 1 & -x & 0 \\ 0 & 1 & -x \end{vmatrix}$$
$$= x^4 + x^3 + x^2 + x + 1$$

Man kann zusammenfassend sagen:

Die notwendige und hinreichende Bedingung dafür, daß eine Kette die maximale Länge $2^n - 1$ hat, ist folgende: Die charakteristische Gleichung der dem Übertragungsschaltkreis entsprechenden Matrix M muß irreduzibel und kein Teiler von $x^\alpha - 1$ für $\alpha < 2^n - 1$ sein.

Bild 5.9 gibt für Schieberegister mit $n = 2$ bis 5 Stellen die Anordnung der Schaltkreise und die charakteristischen Gleichungen an, die auf Ketten der maximalen Länge $2^n - 1$ führen.

Übung:
Man zeige für den Telegraphencode, daß es sich um einen verketteten Code mit 5 Stellen handelt, und gebe die den Code erzeugende Kette an.

5.4.3. Erkennung und Korrektur der Fehler

Es wurde gezeigt, daß die Länge der Nachrichten um zusätzliche binäre Stellen vergrößert werden muß, um Fehler in einer binären Nachricht erkennen und korrigieren zu können. Der Wert dieser zusätzlichen binären Stellen ist eine Funktion der binären Ziffern an gewissen Stellen der Nachricht. Auch in einer Kette werden diese zusätzlichen binären Ziffern, die als binäre Folgen der Länge n eingeführt werden, so erhalten. Es ist also möglich, derartige Codes zur Erkennung und Korrektur von Fehlern zu benutzen.

Stellen des Registers $n=$	Schaltkreise	Charakteristische Gleichungen	Länge der Kette
2	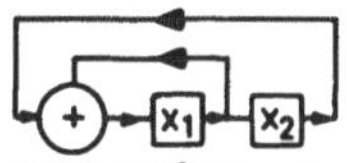	$x^0+x^1+x^2$	3
3	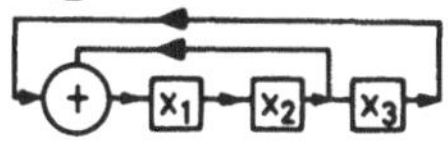	$x^0+x^1+x^3$	7
	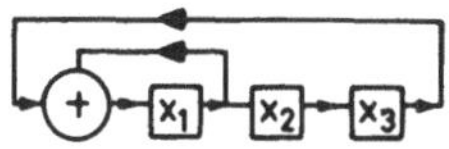	$x^0+x^2+x^3$	7
4	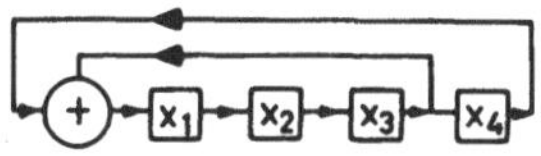	$x^0+x^1+x^4$	15
	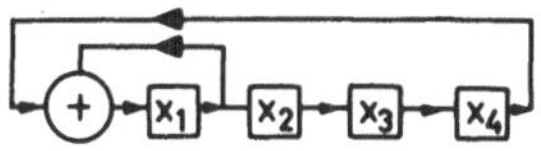	$x^0+x^3+x^4$	15
5	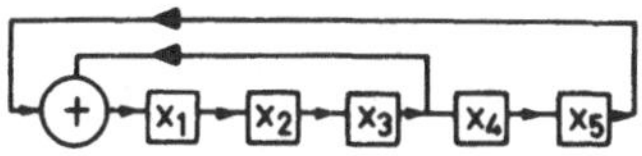	$x^0+x^2+x^5$	31
	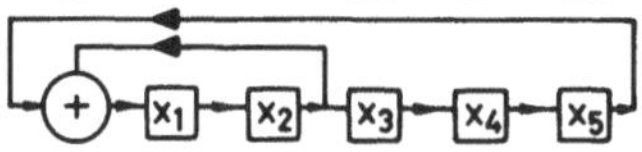	$x^0+x^3+x^5$	31
	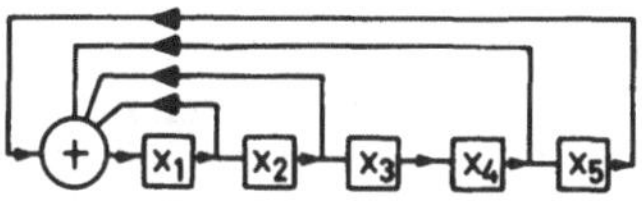	$x^0+x^1+x^3+x^4+x^5$	31
	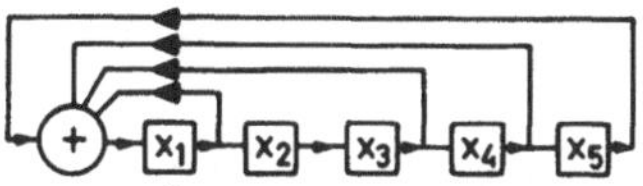	$x^0+x^1+x^2+x^4+x^5$	31
	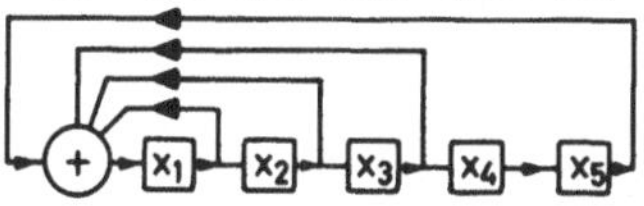	$x^0+x^2+x^3+x^4+x^5$	31
	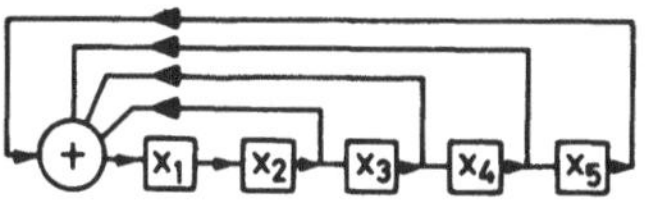	$x^0+x^1+x^2+x^3+x^5$	31

Bild 5.9

Übung:

Man zeige, daß der in 5.1.3 (siehe S. 118) behandelte Code von *Hamming* durch eine Kette erzeugt werden kann.

Das Bild 5.9 zeigte, daß man zur Verwirklichung einer Kette der Länge 15 die Wahl hat zwischen zwei verschiedenen Schaltkreisanordnungen. Wenn man die zweite Anordnung wählt, die bereits früher verwendet wurde, bei der die Folge der auszuführenden Operationen bekannt ist, so gilt:

Stellen der Kette	Kette	Folge der Operationen
1	0	x_1
2	0	x_2
3	0	x_3
4	1	x_4
5	1	$x_1 \oplus x_4$
6	1	$x_1 \oplus x_2 \oplus x_4$
7	1	$x_1 \oplus x_2 \oplus x_3 \oplus x_4$
8	0	$x_1 \oplus x_2 \oplus x_3$
9	1	$x_2 \oplus x_3 \oplus x_4$
10	0	$x_1 \oplus x_3$
11	1	$x_2 \oplus x_4$
12	1	$x_1 \oplus x_3 \oplus x_4$
13	0	$x_1 \oplus x_2$
14	0	$x_2 \oplus x_3$
15	1	$x_3 \oplus x_4$

Bild 5.10

Als Anfangszustand $x_0 = (x_1^0, x_2^0, x_3^0, x_4^0)$ kann man eine der $2^4 - 1$ binären Folgen wählen. Die in der dritten Spalte obiger Tabelle angegebenen Operationen gelten immer, wie auch die Anfangsfolge gewählt wird. Wählt man zur Darstellung der Information die Stellen 1, 2, 3 und 4 der Kette und die Stellen 6, 9 und 12 für die Kontrollen aus, so ergibt sich der (7, 4)-Code von *Hamming*.

Hat man die Kette auf einem Kreis dargestellt (siehe Bild 5.10), so kann man ein System angeben, das gestattet, 7 Stellen in der in der Figur angegebenen Folge auszuwählen. Man braucht dann nur die Marke 1 gegenüber der Dezimalziffer entsprechend der zu übertragenden Nachricht zu stellen, um die codierte Folge mit 7 Stellen nach dem Code von *Hamming* zu erhalten.

Anhang 1: Bedingungen für die exakte Darstellung einer Zahl $N_b < 1$ in einem System mit der Basis a [1]

1. Zerlegung von a und b in Primfaktoren

$$a = a_1^{\alpha_1} \cdot a_2^{\alpha_2} \ldots a_n^{\alpha_n} \cdot c_a$$
$$b = b_1^{\beta_1} \cdot b_2^{\beta_2} \ldots b_n^{\beta_n} \cdot c_b$$

c_a und c_b sind im allgemeinen teilerfremd (können aber auch Eins sein).

2. $N_b < 1$ in der Darstellung $N_b = b_{-1}b^{-1} + b_{-2}b^{-2} + \ldots + b_{-m}b^{-m}$

Es sei $N_a < 1$ ein endlicher Ausdruck im Zahlensystem mit der Basis a mit dem letzten Koeffizienten $a_{-n} \neq 0$, so daß also $N_a \cdot a^n$ ganzzahlig ist; daraus folgt, daß auch $(N_b \cdot a^n)_b$ ganzzahlig ist.

$$a^n = \Pi \, a_i^{n\alpha_i} \cdot c_a^n,$$
$$b^m = \Pi \, a_i^{m\beta_i} \cdot c_b^m,$$
$$a^n = b^m \, \frac{c_a^n}{c_b^m} \, \frac{\underset{J_n}{\Pi} \, a_j^{(n\alpha_j - m\beta_j)}}{\underset{K_n}{\Pi} \, a_k^{(m\beta_k - n\alpha_k)}},$$

wobei
$$\begin{array}{ll} j \in J_n & n\alpha_j - m\beta_j > 0 \\ k \in K_n & \text{mit} \quad m\beta_k - n\alpha_k > 0. \end{array}$$

3. Mögliche Werte von n

Untere Grenze:

n_{min} entspricht $J_{min} = \phi$ und es existiert ein k, für das $m\beta_k - n\alpha_k < \beta_k$ folgt (außer der Reduktion des Grades von b^m), woraus

$$\boxed{n_{min} = GT \left\{ (m-1) \cdot \min_k \left(\frac{\beta_k}{\alpha_k} \right) + 1 \right\}} \qquad [2]$$

---

[1] Dieser Anhang wurde von M. *Demoucron*, Ingénieur à la Compagnie des Machines Bull, verfaßt, der außerdem das Manuskript des gesamten Buches gelesen hat, wofür wir ihm unseren freundschaftlichsten Dank aussprechen.

[2] GT . . . = Ganzzahliger Teil von . . . .

Obere Grenze:

n_{max} entspricht $K_{max} = \phi$ und es existiert ein j, für das $n\alpha_j - m\beta_j < \alpha_j$ folgt (außer den gleichen Bedingungen der Teilbarkeit von $N_b \cdot b^n$ für n_{max} wie für $n_{max} + n'$), woraus:

$$n_{max} = GT \left\{ m \cdot \max_{\underline{j}} \left(\frac{\beta_j}{\alpha_j} \right) + 1 - \epsilon \right\}$$

Bedingung für n:

$$n_{min} \leqslant n \leqslant n_{max}$$

$(N_b \cdot a^n)_b$ ganzzahlig

d.h.

$$(N_b \cdot b^m) \cdot \frac{c_a^n \prod_{J_n} a_j^{(n\alpha_j - m\beta_j)}}{c_b^m \prod_{K_n} a_k^{(m\beta_k - n\alpha_k)}} \quad \text{ganzzahlig,}$$

also ist $N_b \cdot b^m$ durch

$$c_b^m \prod_{K_n} a_k^{(m\beta_k - n\alpha_k)} \quad \text{teilbar.}$$

4. Spezialfall

$$\min \frac{\beta_k}{\alpha_k} = \max \frac{\beta_j}{\alpha_j} = p$$

$$n_{min} = GT \{ pm + 1 - p \}$$
$$n_{max} = GT \{ pm + 1 - \epsilon \}$$

Wenn $p < 1$:

$$p = \frac{p_1}{p_2}, \text{ woraus } pm = \frac{p_1 m}{p_2} = k + \frac{\alpha}{p_2} \text{ mit } \alpha < p_2,$$

also

$$n_{min} = k + GT \left\{ 1 + \frac{\alpha - p_1}{p_2} \right\} = \begin{cases} k, & \text{wenn } \alpha < p_1 \\ k + 1, & \text{wenn } \alpha \geqslant p_1 \end{cases}$$

und

$$n_{max} = \begin{cases} k + 1, & \text{wenn } \alpha > 0 \\ k, & \text{wenn } \alpha = 0. \end{cases}$$

Für $p_1 = 1$ gibt es nur einen Wert $n = \begin{cases} k+1, & \text{wenn } \alpha \neq 0 \\ k, & \text{wenn } \alpha = 0 \end{cases}$

Ist $p > 1$:

$$p = p_e + \frac{p_1}{p_2} \quad \text{mit} \quad \frac{p_1}{p_2} < 1.$$

Mögliche Werte von n:

	$\alpha = 0$	$0 < \alpha < p_1$	$\alpha \geqslant p_1$
n_{min}	$p_e(m-1)+k$	$p_e(m-1)+k$	$p_e(m-1)+k+1$
n_{max}	$p_e m + k$	$p_e m + k + 1$	$p_e m + k + 1$

5. Beispiele

I. Darstellung von N_8 als Zahl mit der Basis 4

$b = 8 = 2^3$

$a = 4 = 2^2$ Die Länge für $N_8 < 1$ ist m.

1. Werte von n und Bedingungen für die exakte Darstellung:

$$n_{min} = GT \left\{ \frac{3}{2} m - \frac{1}{2} \right\},$$

$$n_{max} = GT \left\{ \frac{3}{2} m + 1 - \epsilon \right\}.$$

a) $m = 2p$ $\qquad$ $n_{min} = 3p - 1,$

$\qquad\qquad\qquad$ $n_{max} = 3p,$

$\qquad\qquad\qquad$ $n = \begin{cases} 3p-1, \text{ wenn } N_8 \cdot 8^{2p} \text{ durch } 2^2 = 4_8 \text{ teilbar ist,} \\ 3p, \qquad \text{immer realisierbar.} \end{cases}$

b) $m = 2p + 1$ $\qquad$ $n_{min} = 3p + 1,$

$\qquad\qquad\qquad$ $n_{max} = 3p + 2,$

$\qquad\qquad\qquad$ $n = \begin{cases} 3p+1, \text{ wenn } N_8 \cdot 8^{2p+1} \text{ durch } 2^1 = 2_8 \text{ teilbar ist,} \\ 3p+2, \text{ immer realisierbar.} \end{cases}$

2. Numerische Beispiele

a) $N_8 = 0{,}44_8$

$\quad m = 2$

$\quad n = 2$, wenn $\dot{N}_8 \cdot 8^2$ durch 4_8 teilbar ist, sonst $n = 3$

$\quad (0{,}44 \cdot 100)_8 = 44_8$

$\quad (44/4)_8 = 11_8$, also $n = 2$.

Berechnung von N_4:

$N_b \cdot a^2 = (0{,}44 \cdot 2^4)_8 = (0{,}44 \cdot 20)_8 = 11_8$

```
11 | 4
 1 | 2 | 4
     2 | 0    Basis 8       N₄ = 0,21₄
```

b) $N_8 = 0{,}45_8$

$n = 2$ oder 3, 45_8 ist nicht durch 4_8 teilbar, also $n = 3$

Berechnung von N_4:

$(N_b \cdot a^3)_8 = (0{,}45 \cdot 2^6)_8 = (0{,}45 \cdot 100)_8 = 45$

```
45 | 4
05 | 11 | 4
 1 |  1 | 2 | 4        N₄ = 0,211₄
          2 | 0    Basis 8
```

c) $N_8 = 0{,}442_8$

$m = 3$

$n = 4$, wenn $(N \cdot 8^3)_8$ durch 2_8 teilbar ist, sonst $n = 5$ $(442/2)_8 = 221_8$, also $n = 4$.

Berechnung von N_4:

```
221 |  4
 21 | 44 |  4
  1 | 04 | 11 |  4
        0 |  1 |  2 | 4        N₄ = 0,2101₄
               2 |  0    Basis 8
```

II. Darstellung von N_{60} als Zahl mit der Basis 10

$b = 60 = 2^2 \cdot 3 \cdot 5$

$a = 10 = 2 \cdot 5$

1. Werte von n und Bedingungen für exakte Darstellung:

$n_{min} = m$

$n_{max} = 2m$

$$
n = \begin{cases}
m, & \text{wenn } N_{60} \cdot 60^m \text{ durch } (3^m 2^m)_{60} \text{ teilbar ist,} \\
\cdots\cdots\cdots\cdots\cdots\cdots\cdots\cdots\cdots\cdots\cdots\cdots \\
p, & \text{wenn } N_{60} \cdot 60^m \text{ durch } (3^m 2^{2m-p})_{60} \text{ teilbar ist,} \\
\cdots\cdots\cdots\cdots\cdots\cdots\cdots\cdots\cdots\cdots\cdots\cdots \\
2m, & \text{wenn } N_{60} \cdot 60^m \text{ durch } (3^m)_{60} \text{ teilbar ist.}
\end{cases}
$$

2. Numerisches Beispiel:

$N_{60} = 0{,}37 | 12_{60}$ [1])

$m = 2$, also $n = 2$, wenn $N_{60} \cdot 60^2$ durch 36_{60} teilbar ist,
$\quad\quad\quad\quad\quad = 3$, wenn $N_{60} \cdot 60^2$ durch 18_{60} teilbar ist,
$\quad\quad\quad\quad\quad = 4$, wenn $N_{60} \cdot 60^2$ durch $\ \ 9_{60}$ teilbar ist.

$37 | 12_{60}$ ist durch 36_{60} teilbar:

$\quad 37 | 12_{60} / 36_{60} = 01 | 02_{60}$

Berechnung von N_{10}:

$\quad 0{,}37 | 12 \cdot 10^2 = 0{,}37 | 12 \cdot 01 | 40$

```
  0,37 | 12
X  01 | 40                       01 | 02 | 10
  ─────────                          ┌──────────
    08 | 00                       2  │  6 │ 10
  24 | 40                            │  6 │  0     Basis 60
  37 | 12
 ──────────
 01 | 02,00 | 00    Basis 60         N = 0,62
```

Bemerkung:

Die exakte Darstellung von N_{10} als Zahl mit der Basis 60 ist immer möglich, wobei

$$n_{min} = GT\left\{\frac{1}{2}\,m + \frac{1}{2}\right\}$$

Es sei

$$m = \begin{cases} 2p, \\ 2p + 1, \end{cases} \quad n_{min} = \begin{cases} m/2 \\ (m+1)/2 \end{cases} \quad n_{max} = m$$

die Bedingung der Teilbarkeit von 5^p für n_{min} bis 1 für n_{max}.

---

[1]) Die Stellen des Sechzigersystems werden durch Striche (|) getrennt!

Anhang 2: Codierung numerischer Informationen – Die wichtigsten Codes

1. Änderung der Basis und Codierung

Die Umwandlung einer Zahl N_{b_1} in eine andere mit der Basis b_2 ändert die Struktur der Information.

Es entspricht z. B. der Zahl N_{10} oder $f(10) = \sum_{i=0}^{n} a_i \, 10^i$ im Binärsystem eine andere Struktur N_2 oder $f(2) = \sum_{j=0}^{k} b_j 2^j$ mit $k \geqslant n$.

Dagegen ändert die stellenweise Codierung einer Dezimalzahl mit den Binär-Symbolen 0 und 1 nicht die Struktur der Dezimalzahl, da jeder ihrer Ziffern eine spezielle binäre Folge entspricht.

Beispiel:

$N = 24$ entspricht $N_2 = 11\,000$. Wird aber jede Ziffer einzeln binär dargestellt, ergibt sich:

$$N_{10}^{(2)} = (0010 \mid 0100) \; {}^1),$$

d. h., es ergibt sich die Dezimalcodierung, siehe 1.1.4.2, S. 14.

Statt jeder Dezimalziffer die entsprechende Binärzahl zuzuordnen, kann man auch andere Darstellungen wählen (siehe 5.1.2). $N = 24$ ist z. B. auch in der Form $(1011 \mid 1111)$ codierbar, wenn der 2 die 1011 und der 4 die 1111 entspricht. Es gibt also verschiedene Möglichkeiten, Dezimalziffern zu codieren, aber nur eine einzige Art, eine Dezimalzahl in eine Dualzahl zu verwandeln.

2. Binärcodierung einer Dezimalzahl

Um codierte Formulierungen für die zehn Dezimalziffern aufzustellen, muß man binäre Folgen der Länge n verwenden, so daß $10^1 = 2^n$, daraus folgt $n = \log_2 10 = 3{,}32$. Da die Anzahl der binären Symbole ganzzahlig sein muß, nimmt man $n = 4$. Das Verhältnis $4/3{,}32 \approx 1{,}20$ mißt den Überschuß der Zahlenlänge, den man in Kauf nehmen muß, um die Dezimalen durch binäre Symbole auszudrücken, wobei man nur 10 Folgen von 16 möglichen benutzt. Es ergeben sich also:

$$C_{16}^{10} \cdot P(10) = \frac{16!}{10!\,6!} \cdot 10! = \frac{16!}{6!} \approx 2{,}9 \cdot 10^{10}.$$

Möglichkeiten, einen Code auszuwählen. Glücklicherweise ist der größte Teil dieser Codes ohne praktisches Interesse. Man beschränkt sich im allgemeinen nur auf die Codes,

---

${}^1)$ Der Strich (|) soll die einzelnen Dezimalstellen trennen!

für die bei Verwendung eines Gewichtes p_i in der binären Stelle b_i die Dezimalziffer $a_{k\,(10)}$

der algebraischen Summe $\sum\limits_{i=0}^{3} p_i b_i$ entspricht. Diese nennt man *gewogene Codes*. Außerdem verwendet man diejenigen Codes, für die die Folgen spezielle Konfigurationen darstellen, die man leicht wieder erkennt. Sie heißen *Codes ohne Gewichte*.

3. Die wichtigsten binären Codes

3.1. Codes mit Gewichten

3.1.1. Reiner Binärcode

Jede Folge dieses Codes drückt jede Dezimalziffer durch die ihr entsprechende mit der Basis 2 aus. Das ist der Code mit den Gewichten 8. 4. 2. 1.

Tabelle A 2.1

d	Binärer Code			
Gew.	8	4	2	1
0	0	0	0	0
1	0	0	0	1
2	0	0	1	0
3	0	0	1	1
4	0	1	0	0
5	0	1	0	1
6	0	1	1	0
7	0	1	1	1
8	1	0	0	0
9	1	0	0	1

Die weiteren Folgen werden nicht benötigt:

```
1 0 1 0
1 0 1 1
1 1 0 0
1 1 0 1
1 1 1 0
1 1 1 1
```

3.1.2. Neuner-Komplement

Dieser Code benutzt in umgekehrter Anordnung die gleichen Folgen wie der vorhergehende Code. Er wird oft bei der Subtraktion zweier Zahlen in Maschinen benutzt. Dabei wird die Subtraktion durch eine Addition ersetzt: Die Differenz zweier Zahlen N_1 und N_2 kleiner Eins mit n Dezimalziffern nach dem Komma kann man schreiben:

$$D = N_1 - N_2 = N_1 + (1 - N_2) - 1$$

$$(1{,}\underbrace{00 \ldots 0}_{\text{n Stellen}} - N_2) = (0{,}\underbrace{99 \ldots 9}_{\text{n Stellen}} - N_2) + 0{,}\underbrace{00 \ldots 1}_{\text{n Stellen}}.$$

Die Subtraktion $D = N_1 - N_2$ wird dann in folgender Weise ausgeführt:

$$N_1 = 0{,}7437 < 1, \quad N_2 = 0{,}3579 < 1.$$

a) $D_1 = N_1 - N_2 > 0$:

$$N_1 = 0{,}7437$$
$$0{,}9999 \; - N_2 = 0{,}6420$$
$$\textcircled{1}{,}3857$$
$$\longrightarrow 1$$
$$D_1 = 0{,}3858$$

b) $D_2 = N_2 - N_1 < 0$:

$$N_2 = 0{,}3579$$
$$0{,}9999 \; - N_1 = 0{,}2562$$
$$0{,}6141$$

Neuner-Komplement:
$$|D_2| = 0{,}3858$$

d	Code $9 - d$			
0	1	0	0	1
1	1	0	0	0
2	0	1	1	1
3	0	1	1	0
4	0	1	0	1
5	0	1	0	0
6	0	0	1	1
7	0	0	1	0
8	0	0	0	1
9	0	0	0	0

Tabelle A 2.2

Aus diesen Beispielen ist folgende Regel abzuleiten:

Um eine Zahl N_2 von einer Zahl N_1 abzuziehen, nimmt man das Neuner-Komplement von N_2 und addiert dieses zu N_1. Ist die Summe dieser Zahlen größer Eins, so heißt das: Die Differenz $D = N_1 - N_2$ ist positiv. Man läßt die Eins vor dem Komma weg und fügt eine Eins zur letzten Ziffer der Summe zu und erhält so die gewünschte Differenz. Hat die Summe dagegen eine Null vor dem Komma, so ist die Differenz negativ und ihren Absolutbetrag erhält man als Neuner-Komplement der Summe.

Diese Regel ist auch für Differenzen von Zahlen größer Eins anwendbar, denn um z.B. 275 von 342 abzuziehen, kann man stets annehmen, daß diese Zahlen in der Form 0,275 und 0,342 geschrieben werden [1]).

3.1.3. Code mit den Gewichten 2. 4. 2. 1.

Die Summe der Gewichte dieses Codes ist 9. Ersetzt man bei diesem Code in den Ziffernfolgen die 0 durch 1 und die 1 durch 0, so wird dieser Code in den komplementären Code $9 - d$ transformiert.

---

[1]) *Anmerkung:* Gleichartige Rechenregeln gelten auch für spezielle Zahlensysteme. Speziell gilt für *Dualzahlen:* Beispiel: $N_1 = 0{,}0101_2$, $N_2 = 0{,}0011_2$ (dezimal: 0,3125 und 0,1875)

a) $D_1 = N_1 - N_2$:

$$N_1 = 0{,}0101$$
$$\text{Komplement: } 0{,}1111 - N_2 = 0{,}1100$$
$$1{,}0001$$
$$1$$
$$D_1 = 0{,}0010$$

b) $D_2 = N_2 - N_1$:

$$N_2 = 0{,}0011$$
$$0{,}1111 - N_1 = 0{,}1010$$
$$0{,}1101$$
$$\text{Komplement} \quad |D_2| = 0{,}0010$$

Das Komplement einer Dualzahl erhält man, indem man Nullen und Einsen vertauscht.

Tabelle A 2.3

d	2.	4.	2.	1	Code 9 − d			
0	0	0	0	0	1	1	1	1
1	0	0	0	1	1	1	1	0
2	0	0	1	0	1	1	0	1
3	0	0	1	1	1	1	0	0
4	0	1	0	0	1	0	1	1
	0	1	0	1				
	0	1	1	0				
	0	1	1	1				
	1	0	0	0				
	1	0	0	1				
	1	0	1	0				
5	1	0	1	1	0	1	0	0
6	1	1	0	0	0	0	1	1
7	1	1	0	1	0	0	1	0
8	1	1	1	0	0	0	0	1
9	1	1	1	1	0	0	0	0

Die Zeilen 0 1 0 1 bis 1 0 1 0 sind nicht benutzte Folgen!

3.1.4. Code mit den Gewichten 5. 4. 2. 1.

Die erste Stelle von links mit dem Gewicht 5 gibt an, ob die Ziffer kleiner 5 ist — erste Stelle mit 0 besetzt — oder ob sie größer als 5 ist — erste Stelle mit 1 besetzt.

Tabelle A 2.4

d	5.	4.	2.	1.	
0	0	0	0	0	
1	0	0	0	1	
2	0	0	1	0	
3	0	0	1	1	
4	0	1	0	0	
	0	1	0	1	Nicht benutzte
	0	1	1	0	Folgen!
	0	1	1	1	
5	1	0	0	0	
6	1	0	0	1	
7	1	0	1	0	
8	1	0	1	1	
9	1	1	0	0	
	1	1	0	1	Nicht benutzte
	1	1	1	0	Folgen!
	1	1	1	1	

3.2. Codes ohne Gewichte

3.2.1. Drei-Exzeß-Code

Dieser Code ist der wichtigste. Seine binären Folgen sind die aus dem Code mit den
Gewichten 8. 4. 2. 1. für die dezimalen Werte d + 3.

Es gibt darin nicht die Folge (0 0 0 0). Dies stellt einen besonderen Vorteil dar für die
elektronische Technik, in der die Null einem Zustand entspricht, wo kein Signal vorhanden ist. Durch die Codierung wird vermieden, das das Fehlen eines Signals wegen Störung
mit der dezimalen Null gleichgestellt wird.

3.2.2. Reflexiver Binärcode

Man geht von einer Dezimalziffer zur nächsten über durch Änderung des Wertes an einer
und nur einer Stelle der entsprechenden binären Folge.

Hat man eine Anzahl von Operationen, die man von 0 bis 9 durchnumeriert, so lassen sich
diese mit Hilfe von vier Schaltern verwirklichen, wobei beim Durchlaufen der neun Operationen von 0 bis 9 in jedem Schritt nur einziger Schalter betätigt zu werden braucht.

Tabelle A 2.5

d	Drei-Exzeß-Code				
	0	0	0	0	Nicht benutzte Folgen!
	0	0	0	1	
	0	0	1	0	
0	0	0	1	1	
1	0	1	0	0	
2	0	1	0	1	
3	0	1	1	0	
4	0	1	1	1	
5	1	0	0	0	
6	1	0	0	1	
7	1	0	1	0	
8	1	0	1	1	
9	1	1	0	0	
	1	1	0	1	Nicht benutzte Folgen!
	1	1	1	0	
	1	1	1	1	

Tabelle A 2.6

d	Code			
0	0	0	0	0
1	0	0	0	1
2	0	0	1	1
3	0	0	1	0
4	0	1	1	0
5	0	1	1	1
6	0	1	0	1
7	0	1	0	0
8	1	1	0	0
9	1	1	0	1

3.2.3. Binärer Code, bei dem jede Folge wenigstens eine und höchstens zwei Einsen enthält

Diese aus den Symbolen 0 und 1 aufgebaute Verteilung gestattet bereits, eine Kontrolle
von mehr als einem Fehler durchzuführen.

Tabelle A 2.7

d	Code
0	0 0 0 1
1	0 0 1 0
2	0 0 1 1
3	0 1 0 0
4	0 1 0 1
5	0 1 1 0
6	1 0 0 0
7	1 0 0 1
8	1 0 1 0
9	1 1 0 0

4. Fehler erkennende Codes oder redundante Codes

Die Codes des vorhergehenden Abschnittes sind Codes minimaler Länge zur Übertragung numerischer Informationen. Um Fehler, die an gewissen Stellen der Codes auftreten können, zu erkennen und zu korrigieren, muß man die Länge dieser Folgen vergrößern und hat damit *redundante Codes.*

4.1. Der biquinäre Code

Dies ist ein Code mit Gewichten, bei dem man einfache Fehler erkennen kann, und der es gestattet, Transpositionen, d.h. Vertauschungen von z.B. 0 ... 1 in 1 ... 0 und umgekehrt zwischen den ersten beiden Stellen und einer der fünf letzten Stellen zu korrigieren.

Tabelle A 2.8

d	5	0	4	3	2	1	0
0	0	1	0	0	0	0	1
1	0	1	0	0	0	1	0
2	0	1	0	0	1	0	0
3	0	1	0	1	0	0	0
4	0	1	1	0	0	0	0
5	1	0	0	0	0	0	1
6	1	0	0	0	0	1	0
7	1	0	0	0	1	0	0
8	1	0	0	1	0	0	0
9	1	0	1	0	0	0	0

4.2. „Zwei aus Fünf"-Codes

Diese Codes haben die Länge fünf. Jede Codefolge besteht aus zwei Einsen und drei Nullen.

Es sind

$$C_5^2 = \frac{5!}{2!\,3!} = 10$$

Kombinationen möglich und 10! Arten, einen solchen Code zu wählen.

Die beiden in Tab. A 2.9 mit Gewichten angegebene Codes sind die gebräuchlichsten.
Die dazu komplementären Codes ergeben neue „Drei aus Fünf"-Codes.

Tabelle A 2.9

d		„Zwei aus Fünf"-Codes								
Gew.	7	4	2	1	0	6	3	2	1	0
0	1	1	0	0	0	0	1	0	0	1
1	0	0	0	1	1	0	0	0	1	1
2	0	0	1	0	1	0	0	1	0	1
3	0	0	1	1	0	0	0	1	1	0
4	0	1	0	0	1	0	1	0	1	0
5	0	1	0	1	0	0	1	1	0	0
6	0	1	1	0	0	1	0	0	0	1
7	1	0	0	0	1	1	0	0	1	0
8	1	0	0	1	0	1	0	1	0	0
9	1	0	1	0	0	1	1	0	0	0

Anhang 3: Codes, die besonderen Erfordernissen entsprechen

1. Ein Code, der es gestattet, einen einzelnen Fehler oder eine Vertauschung zweier Ziffern in einer Zahl mit der Basis b zu erkennen

1.1. Fehlererkennung und Fehlerkorrektur

1.1.1. Fehlererkennung

Um einen Fehler in einer Zahl, die in einem System mit der Basis b dargestellt ist, zu erkennen, genügt es, dieser Zahl die Ziffer zuzufügen, die man als Summe modulo b der Ziffern dieser Zahl erhält:

$$N_b = a_n a_{n-1} \ldots a_0,$$

$$S = \sum_{i=0}^{n} a_i \ (\text{modulo } b).$$

1.1.2. Korrektur eines Fehlers

Mit Hilfe von n binären Ziffern ist es möglich, 2^n verschiedene Konfigurationen aufzuzählen, d.h. 2^n Binärzahlen von 0 bis $2^n - 1$. Um eine Zahl mit n Ziffern in einem System mit der Basis b auszudrücken, wählt man eine ganze Zahl so, daß $2^n \geqslant m$. Man schreibt an den Kopf der Spalten nacheinander die Folge $2^0, 2^1, \ldots, 2^n$ der Potenzen von zwei. Diese Zahlen entsprechen dem Platz der Ziffern, die man der zu korrigierenden Zahl in folgender Form zufügen muß:

d	Zahl N_b			Kontrollzahl $2^n \ldots 2^0$		
	2^n	2^{n-1}	......	2^2	2^1	2^0
1						1
2					1	
3					1	1
4				1		
5				1		1
...	...	...	......	...	...	...

Man braucht jetzt nur noch die anderen Stellen der Ziffern der Zahl N_b einzutragen, und zwar so, daß die Summe der Spaltenköpfe — binär ausgedrückt — die Stelle bezeichnet, die ihr in der Zahl zukommt (siehe obige Tabelle).

Die Korrektur eines Fehlers ist dann ganz einfach, wenn man folgendermaßen vorgeht:
Nachdem man die Stelle der Ziffer in der Zahl festgelegt hat, präzisiert man, wie gezeigt
wurde, den Wert der Ziffern, die von der Kontrolle betroffen werden. Man gibt dieser
Ziffer einen Wert so, daß die Summe dieser Ziffern modulo b, die sich in den angezeigten
Stellen befinden, in ihren betreffenden Spalten Null sind. Es ist dann klar, daß die Er-
kennung und Korrektur eines Fehlers sehr leicht möglich ist.

1.1.3. Beispiele

1. Für $b = 10$, $m = 4$:

Man hat hier $2^n \geqslant 4$, d.h. $n = 2$. Es ergibt sich also folgende Tafel:

d	2^2	2^1	2^0
1			1
2		1	
3		1	1
4	1		
5	1		1
6	1	1	
7	1	1	1

Die zu kontrollierende und eventuell zu korrigierende Zahl hat also die Form:

$$\underbrace{a_7 \; a_6 \; a_5 \; a_3}_{N_{10}} \qquad \underbrace{b_4 \; b_2 \; b_1}_{\text{Kontrollen!}}$$

mit

$$b_4 \oplus a_5 \oplus a_6 \oplus a_7 = 0$$
$$b_2 \oplus a_3 \oplus a_6 \oplus a_7 = 0 \qquad \text{(modulo b)}$$
$$b_1 \oplus a_3 \oplus a_5 \oplus a_7 = 0$$

Wenn z.B. $N = 4572$ ist:

Kontrollen:

$$b_4 \oplus 7 \oplus 5 \oplus 4 = 0, \qquad\qquad b_4 = 4,$$
$$b_2 \oplus 2 \oplus 5 \oplus 4 = 0, \text{ woraus } b_2 = 9,$$
$$b_1 \oplus 2 \oplus 7 \oplus 4 = 0, \qquad\qquad b_1 = 7.$$

Man erhält also

$$4572 \; 497.$$

Ein Fehler in irgendeiner Ziffer dieser Zahl wird erkannt und korrigiert, denn

$$1 \cdot (b_4 \oplus a_5 \oplus a_6 \oplus a_7) + 2 \cdot (b_2 \oplus a_3 \oplus a_6 \oplus a_7) + 4 \cdot (b_1 \oplus a_3 \oplus a_5 \oplus a_7)$$

hat den Wert Null, wenn kein Einzelfehler auftritt. Wenn ein einfacher Fehler auftritt, haben eine oder mehrere Klammern denselben Wert ungleich Null, der gleich dem Fehler ist. Die Summe der Koeffizienten dieser Klammern gibt die Stellung an, in der sich die zu korrigierende Ziffer befindet.

Ein Fehler an 5. Stelle z.B.:

$$\text{statt } 4572\,497: \quad 4592\,497 \quad \text{oder} \quad 4552\,497$$

Kontrolle:

2^2	2^1	2^0	
4	9	7	
9	2	2	
5	5	9	
4	4	4	$9 - 2 = 7$
2	0	2	

2^2	2^1	2^0	
4	9	7	
5	2	2	
5	5	5	
4	4	4	$15 - 8 = 7$
8	0	8	

Fehler in $2^2 + 2^0 = $ 5-ter Stelle von $+\,2$ $2^2 + 2^0 = $ 5-ter Stelle von $-\,2$

Man erkennt daran die Kontrollen des Codes von *Hamming*.

2. Welche Codes gestatten einfache Fehler zu korrigieren für $b = 2$ und $n < 8$?

Will man eine Information der Länge v übertragen, so sollen zur Durchführung gewisser Kontrollen u Stellen reserviert sein; das Codewort habe die Länge n, dann muß

$$n = u + v$$

gelten. Die Kontrollen sollen der Lokalisierung der Fehler dienen. Es soll nur eine der n Stellen fehlerbehaftet sein und nicht das gesamte Codewort. Die Kontrollen müssen die Aufzählung der n + 1 Möglichkeiten zulassen, und da es für diese Kontrollen nur n Stellen gibt, muß gelten:

$$2^u \geqslant n + 1$$

wegen $u = n - v$

folgt $2^{n-v} \geqslant n + 1$

oder $2^v \leqslant \dfrac{2^n}{n + 1}$

Mit Hilfe dieses Ausdrucks kann man einerseits die maximale Länge v für ein gegebenes n oder, was dasselbe ist, den minimalen Wert von n für ein gegebenes v berechnen. Die folgende Tabelle liefert die Werte v, wenn n = 1 bis 16.

n	1	2	3	4	5	6	7	8	9	10	11	12	13	14	15	16
v	0	0	1	1	2	3	4	4	5	6	7	8	9	10	11	11
u	1	2	2	3	3	3	3	4	4	4	4	4	4	4	4	5

Die Redundanz des Codes gibt man mit

$$R = 1 - \frac{v}{n} = \frac{u}{n}$$

an.

Der Fall $n = 1$, $u = 1$ ist ohne Interesse.

Für $\quad n = 3$, $u = 2$ ergibt sich:

	2^1	2^0
Kontrollstellen $\{ \, a_1$		1
a_2	1	
Informationsstelle a_3	1	1

Codeworte:

$a_3\,a_2\,a_1$
mit den Kontrollen:
$a_2 \oplus a_3 = 0$
$a_1 \oplus a_3 = 0$

Für $n = 5$ bis 7, $u = 3$ erhält man folgende Tabelle:

	2^2	2^1	2^0
Kontroll-stellen: $\{ \, a_1$			1
a_2		1	
a_4	1		
Informa-tions-stellen: $\{ \, a_3$		1	1
a_5	1		1
a_6	1	1	
a_7	1	1	1

n	Codeworte	Paritätskontrollen
5	$a_5 a_4 a_3 a_2 a_1$	$a_1 \oplus a_3 \oplus a_5 = 0$
		$a_2 \oplus a_3 = 0$
		$a_4 \oplus a_5 = 0$
6	$a_6 a_5 a_4 a_3 a_2 a_1$	$a_1 \oplus a_3 \oplus a_5 = 0$
		$a_2 \oplus a_3 \oplus a_6 = 0$
		$a_4 \oplus a_5 \oplus a_6 = 0$
7	$a_7 a_6 a_5 a_4 a_3 a_2 a_1$	$a_1 \oplus a_3 \oplus a_5 \oplus a_7 = 0$
		$a_2 \oplus a_3 \oplus a_6 \oplus a_7 = 0$
		$a_4 \oplus a_5 \oplus a_6 \oplus a_7 = 0$

1.2. Erkennung von zwei Arten von Fehlern

1.2.1. Arten von Fehlern, die erkannt werden können

Eine Zahl N_b der Länge $n + 1$ in einem Zahlensystem mit der Basis b wird durch die Folge der Symbole a_i dargestellt:

$$N_b = a_n\, a_{n-1} \ldots a_i \ldots a_1 a_0. \tag{A3.1}$$

Jedes Symbol a_i kann einen der b ganzzahligen nicht negativen Werte von 0 bis $b - 1$ annehmen.

Der Wert dieser Zahl ist also gegeben durch:

$$f(b) = a_n b^n + a_{n-1} b^{n-1} + \ldots + a_i b^i + \ldots + a_1 b^1 + a_0 b^0 \qquad (A3.2)$$

Bei der Übertragung oder dem Umschreiben einer solchen Zahl können gewisse Arten von Fehlern auftreten. Es sollen die folgenden zwei hier festgehalten werden:

1. Ein Fehler an einer Stelle

Es tritt nur ein einziger Fehler auf. Der Koeffizient a_i wird durch a_i' ersetzt, $a_i \neq a_i'$, also $N_b \neq N_b'$.

2. Vertauschungen

Es tritt nur eine einzige Vertauschung zwischen zwei Koeffizienten a_i und a_j auf, $a_i \neq a_j$.

Ist $N_b = a_n \ldots a_i \ldots a_j \ldots a_0$, so erhält man durch diese Vertauschung eine neue Zahl

$$N_b' = a_n \ldots a_j \ldots a_i \ldots a_0.$$

1.2.2. Erkennung von Fehlern und die Kontrollzahl [1])

Bei einer Zahl N_b mit $(n + 1)$ Stellen sind $\frac{1}{2} n(n + 1)$ Vertauschungen $a_k \rightleftarrows a_l$ möglich. Eine solche Vertauschung wird durch die Differenz $a_k - a_l$ der vertauschten Koeffizienten bei einer gegebenen Anordnung, z.B. $k < l$, charakterisiert.

Bildet man die Summe der $\frac{1}{2} n(n + 1)$ möglichen so definierten Vertauschungen, so ist

$$S = \sum_{j=0}^{n-1} \sum_{i=j+1}^{n} (a_j - a_i). \qquad (A3.3)$$

Diese Summe kann man in die folgende Form bringen

$$S = \sum_{k=0}^{[\frac{n}{2}]} (n - 2k)(a_k - a_{n-k}), \qquad (A3.4)$$

dabei bedeutet $[\frac{n}{2}]$ den ganzzahligen Teil von $n/2$.

Es sind nun zwei Fälle zu unterscheiden:

1. Fall: n ist ungerade

Dann enthält die Summe S alle Koeffizienten a_i der Zahl N_b. Diese Summe S ist dann die *Kontrollzahl*, die gestattet, eine der anfangs angegebenen Fehlerarten zu erkennen.

---

[1]) Wenn man nur einen einfachen Fehler an einer Stelle erkennen will, genügt es, in dem Ausdruck für S, α_i durch 1, $(a_i - a_{n-i})$ durch $(a_i \oplus a_{n-i})$ modulo b zu ersetzen und die Summe modulo b zu bilden. Für $b = 2$ erhält man daraus die Paritätskontrolle.

$$\text{mit} \quad S = \alpha_0(a_0 - a_n) + \alpha_1(a_1 - a_{n-1}) + \ldots + \alpha_i(a_i - a_{n-i}) + \ldots + \alpha_{[\frac{n}{2}]}\left(a_{[\frac{n}{2}]} - a_{n-[\frac{n}{2}]}\right)$$

$$\alpha_i = n - 2i, \quad i = 0, \ldots, [\tfrac{n}{2}]. \tag{A3.5}$$

Ändert man den Wert eines Koeffizienten a_i oder a_{n-i}, so ändert sich auch der Wert von S, denn $a_i' - a_{n-i}$ oder $a_i - a_{n-i}' \neq a_i - a_{n-i}$.

Die Vertauschung von a_i und a_{n-i} führt den Term $\alpha_i(a_i - a_{n-i})$ in $\alpha_i(a_{n-i} - a_i)$ über, der Wert von S wird also geändert.

Ist $a_i = a_{n-i}$, so ist die Vertauschung wirkungslos; der Wert der Zahl N_b und die Summe S bleiben ungeändert.

Untersucht man jetzt die Vertauschung zwischen zwei Koeffizienten in zwei verschiedenen Termen

$$\alpha_i(a_i - a_{n-i}) \text{ und } \alpha_j(a_j - a_{n-j}),$$

so sind vier Fälle zu betrachten:

$$a_i \gtrless a_j, \qquad a_{n-i} \gtrless a_{n-j},$$
$$a_i \gtrless a_{n-j}, \quad a_{n-i} \gtrless a_j.$$

Um zu sehen, wie diese Vertauschungen sich auf die Summe S auswirken, werden die Teilsummen betrachtet:

$$\text{und} \quad s_1 = \alpha_i(a_i - a_{n-i}) + \alpha_j(a_j - a_{n-j})$$

$$s_1' = \alpha_i(a_j - a_{n-i}) + \alpha_j(a_i - a_{n-j}).$$

Für den ersten Fall: $s_1 = s_1'$, wenn also $s_1 - s_1' = 0$, d.h.

$$(\alpha_i - \alpha_j)(a_i - a_j) = 0. \tag{A3.6}$$

Ist $a_i = a_j$, so ist die Vertauschung ohne Wirkung auf S.

Ist $a_i \neq a_j$, wird der Wert von S nicht geändert, denn es ist

$$s_1' = s_1 \quad \text{für} \quad \alpha_i = \alpha_j.$$

Es genügt also, verschiedene Werte für die α_k zu nehmen, damit eine Vertauschung dieser Art durch Änderung des Wertes von S erkannt werden kann.

Im zweiten Fall findet man eine identische Bedingung:

$$(\alpha_i - \alpha_j)(a_{n-j} - a_{n-i}) = 0,$$

wenn $\alpha_i = \alpha_j$ ist.

Für die beiden letzten Fälle hat man:

$$(\alpha_i + \alpha_j)(a_i - a_{n-j}) = 0 \tag{A3.7}$$

nur, wenn $a_i = a_{n-i}$, was ohne Wirkung auf den Wert von N_b ist, denn α_i und α_j sind beide ganzzahlig und positiv und

$$(\alpha_i + \alpha_j)(a_j - a_{n-i}) = 0, \text{ wenn } a_j = a_{n-i}.$$

Folgerung:

Alle Vertauschungen zweier Koeffizienten werden durch die Summe S aufgefunden, wenn die Werte der α_i alle verschieden sind. Es genügt also, als Werte für die α_i die Folge der $\frac{1}{2}(n-1)$ ersten ganzen Zahlen $1, 2, \ldots, \frac{1}{2}(n-1)$ zu nehmen.

2. Fall. n ist gerade

In

$$S = \sum_{k=0}^{n/2} (n-2k)(a_k - a_{n-k}) \tag{A3.8}$$

tritt der Koeffizient $a_{n/2}$ nicht auf, da für ihn $(n-2k) = 0$, wenn $k = n/2$.

Um also eine Veränderung des Wertes dieses Koeffizienten erkennen zu können, muß man statt des vorher angegebenen Ausdrucks für S den um ein Glied erweiterten nehmen:

$$S = \sum_{k=0}^{n/2} (n-2k)(a_k - a_{n-k}) + \alpha_{n/2}\,a_{n/2}. \tag{A3.9}$$

Alles was bisher über die Änderung eines Koeffizienten a_k und die Vertauschung zweier Koeffizienten im Falle eines ungeraden n gesagt wurde, läßt sich auch auf den Fall, daß n gerade ist, anwenden. Man braucht für die Folge der α_i nur die Folge der n/2 ersten ganzen Zahlen $1, 2, \ldots, n/2$ zu nehmen.

1.2.3. Darstellung der Kontrollzahl

Für eine Zahl N_b mit der Basis b und der vorgegebenen Länge $(n+1)$

$$N_b = a_n\, a_{n-1} \cdots a_i \cdots a_1\, a_0$$

läßt sich die Summe S schreiben:

$$S = \sum_{i=0}^{\left[\frac{n}{2}\right]} (i+1)\, d_i \quad \text{mit} \quad d_i = a_i - a_{n-i}. \tag{A3.10}$$

Ist n ungerade, kann die Summe

$$S_{[\frac{n}{2}]} = \left(\left[\frac{n}{2}\right] + 1\right)\left(\left[\frac{n}{2}\right] + 2\right)(b-1) + 1 \qquad \text{(A3.11)}$$

verschiedene Werte annehmen.

Die extremen Werte sind

$$\pm \frac{1}{2}\left(\left[\frac{n}{2}\right] + 1\right)\left(\left[\frac{n}{2}\right] + 2\right)(b-1).$$

S kann also

$$\frac{1}{2}\left(\left[\frac{n}{2}\right] + 1\right)\left(\left[\frac{n}{2}\right] + 2\right)2(b-1) + 1$$

verschiedene Werte annehmen.

Ist n gerade, kann $d_{n/2}$ nur positive Werte annehmen oder wird Null. Die extremen Werte von S sind:

$$\pm \frac{1}{2}\frac{n}{2}\left(\frac{n}{2} + 1\right)2(b-1) + \left(\frac{n}{2} + 1\right)(b-1) = \left(\frac{n}{2} + 1\right)^2(b-1),$$

und S kann

$$S_{\frac{n}{2}} = \left(\frac{n}{2} + 1\right)^2(b-1) + 1 \qquad \text{(A3.12)}$$

verschiedene Werte annehmen.

Schreibt man diese Werte von S in eine Tafel mit m Zeilen und n Spalten, wobei $m \cdot n > S_{[\frac{n}{2}]}$, so entsprechen jedem Wert von S zwei Symbole, die Zeile und Spalte der Tafel bezeichnen. Die zwei Symbole bilden eine Darstellung der Kontrollzahl S.

Bemerkung:

Es ist bemerkenswert, daß man dieser Darstellung eine spezielle Form geben kann, die zwar nicht gestattet, alle Fehler zu erkennen, die bei dieser Darstellung auftreten können, bei der aber durch die Kenntnis der besonderen vorgeschriebenen Form die Fehlermöglichkeiten begrenzt werden.

1.2.4. Praktische Methode zur Berechnung der Kontrollzahl S

Man teilt die Zahl N_b in zwei Teile von rechts ausgehend so, daß der erste Teil aus $[\frac{n}{2}] + 1$ Ziffern besteht:

$$N_b = a_n a_{n-1} \cdots a_{n-[\frac{n}{2}]} \mid a_{[\frac{n}{2}]} \cdots a_1 a_0.$$

Setzt man den rechten Teil so über den linken Teil, daß sich der Koeffizient a_i über a_{n-i} befindet, und zählt die Stellen von links nach rechts von 1 bis $[\frac{n}{2}] + 1$ durch, so erhält man:

$$
\begin{array}{cccccc}
1 & 2 & \ldots & i+1 & \ldots & [\frac{n}{2}]+1 \\[2mm]
a_0 & a_1 & \ldots & a_i & \ldots & a_{[\frac{n}{2}]} \\[2mm]
a_n & a_{n-1} & \ldots & a_{n-i} & \ldots & a_{n-[\frac{n}{2}]}
\end{array}
$$

$$S = 1(a_0 - a_n) + 2(a_1 - a_{n-1}) + \ldots + (i+1)(a_i - a_{n-i}) + \ldots + \left([\tfrac{n}{2}]+1\right)\left(a_{[\frac{n}{2}]} - a_{n-[\frac{n}{2}]}\right)$$

Subtrahiert man a_{n-i} von a_i, multipliziert mit der Spaltennummer $(i+1)$ und summiert alle Glieder, so erhält man die Kontrollsumme S.

Bemerkung:

Ist n gerade, so ist

$$a_{[\frac{n}{2}]} - a_{n-[\frac{n}{2}]} = 0, \text{ da } a_{n-\frac{n}{2}} = a_{\frac{n}{2}}.$$

1.2.5. Beispiele

1. $b = 10$, $n = 5$, $N = 852437$

Berechnung von S:

$$
\begin{array}{ccc}
1 & 2 & 3 \\
7 & 3 & 4 \\
8 & 5 & 2
\end{array}
$$

$$S = 1 \cdot (-1) + 2 \cdot (-2) + 3 \cdot 2 = 1$$

Darstellung der Kontrollzahl (nach (A3.11)):

$$S_{[\frac{n}{2}]} = (3 \cdot 4) \cdot 9 + 1 = 109$$

Man kann die 25 Buchstaben des Alphabets zur Bezeichnung der 6 Zeilen und 19 Spalten einer Tafel benutzen. Die Zeilen bezeichnet man mit den letzten Buchstaben des Alphabets und vereinbart, stets die Zeile als erste zu bezeichnen, so ergibt sich die besondere Form einer Tafel mit zwei Eingängen zur Darstellung der Summe S.

	A	B	C	D	E	F	G	H	I	J	K	L	M	N	O	P	Q	R	S	
T	0	1	2	3	4	5	6	7	8	9	10	11	12	13	14	15	16	17	18	X
U	19	20	21	22	23	24	25	26	27	28	29	30	31	32	33	34	35	36	37	Y
V	38	39	40	41	42	43	44	45	46	47	48	49	50	51	52	53	54	▨	▨	Z

$(+)$ { T U V ...   ... } $(-)$

Man würde also für das obige Beispiel erhalten

$\qquad$ N = 852 437 T.B.

2. b = 10, n = 4, N = 62 137

Berechnung von S:

$$
\begin{array}{ccc}
1 & 2 & 3 \\
7 & 3 & 1 \\
\underline{6} & \underline{2} & \\
\end{array}
$$
$$
S = 1 \cdot 1 + 2 \cdot 1 + 3 \cdot 1 = 6
$$

Darstellung der Kontrollzahl (nach (A3.12)):

$$
S_{\frac{n}{2}} = 3^2 \cdot 9 + 1 = 82
$$

Unter Benutzung obiger Tafel ist also

$\qquad$ N = 62 137 T.G.

Bemerkung:

Mit weiteren Bedingungen könnte man mit diesem Code auch Fehler korrigieren.

2. Codes, die es gestatten, Fehlergruppen zu korrigieren (Telegraphische Übertragung)

Unter einer Fehlergruppe soll eine Folge von Fehlern verstanden werden, die an höchstens s aufeinander folgenden Stellen auftritt.

2.1. Eigenschaften systematischer Codes

In 5.2.5.1 wurde gezeigt, daß man für solche Codes k = n − m binäre Beziehungen definieren kann:

$$
b_j = \sum_{i=1}^{m} a_i p_{ij}. \qquad\qquad (5.5)
$$
$$
\text{(siehe Seite 124)}
$$

Die b_j (j = 1, . . . , k = n − m) geben die Werte an k Kontrollstellen als Funktionen der m Stellen der Information a_i (i = 1, . . . , m) an.

Den Ausdruck (5.5) kann man in die Form

$$
a_i = \sum_{j=1}^{m} p_{ij} a_j \ (\text{modulo } 2), \ \ i = m + 1, . . . , n \qquad\qquad (A3.13)
$$

bringen, wofür man auch schreiben kann:

$$a_i = \sum_{j=1}^{i-1} \alpha_{ij} a_j \quad (\text{modulo } 2). \tag{A3.14}$$

Die Summation erstreckt sich in diesem Falle von $j = 1$ bis $i - 1$. Setzt man voraus, daß $\alpha_{ii} = 1$, so ist

$$\sum_{j=1}^{i} \alpha_{ij} a_j = 0. \tag{A3.15}$$

Man stellt fest, daß jede Kontrollstelle immer linear von den Stellen der Information abhängt. a_{m+1} hängt tatsächlich nur von den Stellen der Information ab, und man kann den Koeffizienten a_{m+1} durch die Linearkombination der Stellen der Information ersetzen, die ihm in der Gleichung für a_{m+2} entsprechen. In gleicher Weise geht man nacheinander vor für $a_{m+3}, \ldots, a_{m+(n-m)}$.

Der Code bleibt also ein systematischer Code.

Ein Codewort $a_1 a_2 \ldots a_n$ wird ausgesandt und empfangen als $b_1 b_2 \ldots b_n$. Ein Fehler in der i-ten Stelle ergibt

$$a_i \oplus b_i = 1.$$

Es können n Fehler dieser Art auftreten, d.h. n einfache Fehler.

Jeder einfache Fehler läßt sich durch einen Vektor $0 \ldots 0\, e_i\, 0 \ldots 0$ mit $e_i = 1$ für einen Fehler an der i-ten Stelle charakterisieren. Mehreren einfachen Fehlern an den Stellen i, j und l entspricht ein Vektor $0\, 0 \ldots e_i \ldots 0 \ldots e_j \ldots e_l \ldots 0$ mit $e_i = e_j = e_l = 1$.

Wenn man beim Empfang auf dieses Wort die k definierten Kontrollen ausübt

$$S_i = \sum_{j=1}^{i} \alpha_{ij} b_j \quad (\text{modulo } 2) \quad i = m+1, \ldots, n \tag{A3.16}$$

sind die k Werte s_i Binärzahlen, die den k Stellen einer Kontrollzahl S zuzufügen sind.

Denn addiert man (A3.15) und (A3.16), so ergibt sich

$$S_i = \sum_{j=1}^{i} \alpha_{ij} (a_j \oplus b_j) = \sum_{j=1}^{i} \alpha_{ij} e_j. \tag{A3.17}$$

Die Kontrollzahl S gestattet, nur $2^k - 1$ Fehlerkombinationen aufzuzählen. Man kann also mit diesem Code nicht mehr korrigieren.

Die Schwierigkeit besteht hier darin, eine Matrix (α_{ij}) aufzufinden, so daß die $2^k - 1$ verschiedenen Werte von S den Fehlerkombinationen entsprechen, die man korrigieren möchte.

Ist das so, nennt man den Code vollständig. Dies tritt aber selten auf, denn die verschiedenen Werte der Kontrollzahl sind noch an zusätzliche Bedingungen gebunden, die nicht unabhängig voneinander sind.

Für einen einfachen Fehler an der Stelle h gibt es eine Kontrollzahl, die durch $S_1(h)$ bezeichnet werden soll. Man muß also n verschiedene Kontrollzahlen zur Verfügung haben, um die n möglichen einfachen Fehler zu korrigieren:

$$S_1(h), \quad h = 1, \ldots, n.$$

Die erste Stelle der Kontrollzahl $S_1(h)$ ist nach (A3.17)

$$s_1 = \alpha_{m+1,h}, \text{ weil } e_j = \begin{cases} 1 & j = h \\ 0 & \text{für } j \neq h \end{cases}.$$

Wenn a_{m+1} noch dazu die Stelle h kontrolliert, hat man nach (A3.14)

$$a_{k+1} = \sum_{j=1}^{m} \alpha_{ij} a_j = 1, \quad \text{also} \quad \alpha_{m+1,h} = 1.$$

Allgemein gilt. Besitzt die Kontrollzahl $S_1(h)$ an der Stelle r eine 1, so kontrolliert die Paritätskontrolle für r die Stelle h, also $\alpha_{m+r,h} = 1$, und es gilt weiterhin:

Die Kontrollzahl $S_1(h)$ wird durch den h-ten Spaltenvektor der Matrix (α_{ij}) gebildet:

$$(\alpha_{ij}) = \begin{pmatrix} & \overbrace{1 \cdots}^{} & \overbrace{h}^{} & \cdots \overbrace{m}^{} \cdots \overbrace{m+r_1}^{} \cdots \overbrace{m+r_2}^{} & \\ & & \vdots & & (m+1) \\ & & \vdots & & \vdots \\ & & 1 & 1 & (m+r_1) \\ & & \vdots & & \vdots \\ & & 1 & & 1 \quad (m+r_2) \\ & & \vdots & & \vdots \\ & & \underbrace{}_{S_1(h)} & & \end{pmatrix}$$

Da einerseits die binären Darstellungen der Beziehungen (A3.14, 16, 17) gelten und der Code andererseits ein systematischer ist, kann man zeigen, daß die Kontrollzahl, die mehrfachen Fehlern zugeordnet ist, als Summe der Kontrollzahlen modulo 2 gebildet wird, wobei sich die einzelnen Kontrollzahlen auf einfache Fehler beziehen.

2.2. Korrektur der Fehlergruppen

Es soll jetzt angenommen werden, daß Fehlergruppen auftreten. Das bedeutet, daß die Wahrscheinlichkeit für s Fehler in s aufeinander folgenden Stellen des Codes größer ist als die Wahrscheinlichkeit der Fehler aus $(n - s)$ anderen Stellen. Man bezeichnet mit $(n, m)_s$ die Codes, die es ermöglichen, Fehler dieser Art zu korrigieren.

Ist l die Anzahl der Stellen zwischen erstem und letztem Fehler in dem so definierten Intervall, so gibt es 2^{l-2} derartige Konfigurationen möglicher Fehlerstellen in l Stellen. Diese Konfigurationen kann man mit Hilfe einer l-stelligen Binärzahl abzählen, wobei das Symbol 1 angibt, daß ein Fehler in dieser Stelle, das Symbol 0, daß kein Fehler auftritt. Diese Binärzahlen haben also die Form $1 \ldots 1$. Für $l = 5$ z.B. gibt es $2^{5-2} = 8$ derartige Binärzahlen:

$$1\ 0\ 0\ 0\ 1,\ 1\ 0\ 0\ 1\ 1,\ 1\ 0\ 1\ 0\ 1,\ldots,1\ 1\ 1\ 0\ 1,\ 1\ 1\ 1\ 1\ 1.$$

Die Gesamtzahl der Konfigurationen von mehrfachen Fehlern in s Stellen ist demnach

$$N = \sum_{l=2}^{s} 2^{l-s} = 2^{s-1} - 1. \tag{A3.18}$$

Wenn man jede Konfiguration mit einer Kontrollzahl $S_h (1 \ldots 1)$ verbindet, wobei h die letzte Fehlerstelle angibt, so sind $2^{s-1} - 1$ Kontrollzahlen möglich für einen letzten Fehler an der h-ten Stelle.

Für $s = 4$ hat man $2^3 - 1 = 7$ Kontrollzahlen:

$$S_h(11),\ S_h(101),\ S_h(111),\ S_h(1001),\ S_h(1011),\ S_h(1101),\ S_h(1111).$$

Nach dem, was im letzten Abschnitt dargestellt wurde, sind diese Zahlen Linearkombinationen (Summe modulo 2) von $S_h(1), S_{h-1}(1), \ldots, S_{h-(s-1)}(1)$. Damit die $2^k - 1$ Kontrollzahlen genau alle Gruppenfehler in s aneinander grenzenden Stellen des Codes aufzählen, kann man zeigen, daß

$$k \geqslant 2s \tag{A3.19}$$

sein muß.

2.3. Darstellung eines $(n, m)_s$-Codes

Es gibt keine einfache Methode, um die $2^k - 1$ Kontrollzahlen zu definieren, die den vorher aufgestellten Bedingungen genügen. Man kann indessen feststellen, daß die k letzten Kontrollzahlen Stellen besitzen, deren Wert sich nicht von vornherein angeben läßt.

Da $\alpha_{ii} = 1$, besitzt die erste dieser Zahlen in der ersten Stelle notwendig eine 1, die zweite eine 1 an zweiter Stelle usw. Da die erste Paritätskontrolle nur die vorhergehenden Stellen erfaßt, besitzen alle Kontrollzahlen Nullen in den Stellen, die der Eins folgen. Man erhält z.B. für k = 6 die folgende Aufstellung:

	$S_{m+1}(1)$	$S_{m+2}(1)$	$S_{m+3}(1)$	$S_{m+4}(1)$	$S_{m+5}(1)$	$S_{m+6}(1)$
1	1	0	0	0	0	0
2	+	1	0	0	0	0
r = 3	+	+	1	0	0	0
4	+	+	+	1	0	0
5	+	+	+	+	1	0
6	+	+	+	+	+	1

Man kann zur Aufstellung aller der verschiedenen Kontrollzahlen zur Korrektur der gewünschten Fehlerkombinationen alle durch ein Kreuz (+) gekennzeichneten Stellen des Schemas benutzen, um die r · m ersten Stellen der Matrix (α_{ij}) zu bestimmen. Im Prinzip bemüht man sich, die k letzten Kontrollstellen zu bilden, indem man die vorhergehenden Betrachtungen beachtet und Koeffizienten 1 an die durch eine Eins markierte Stellen setzt, aber derart, daß keine der möglichen Verwirrungen zwischen den verschiedenen Kontrollzahlen der verschiedenen Gruppenfehler entstehen kann.

Man bestimmt nacheinander außerdem die anderen Kontrollzahlen, indem man jedes Mal wieder kontrolliert, was bereits vorher festgestellt worden war. Dieses Verfahren wird schnell unhandlich, wenn n und s groß sind, und es sind zur Suche der Kontrollzahlen komplizierte Verfahren nötig unter Benutzung von Schieberegistern.

2.4. Beispiel

Der Code (11,5) kann verwirklicht werden, wie nun gezeigt werden soll. Er gestattet alle Fehler zu erkennen, die an höchstens drei benachbarten Stellen auftreten.

α_{ij}	1	2	3	4	5	6	7	8	9	10	11
6	0	1	0	0	1	1	0	0	0	0	0
7	1	0	1	0	0	1	1	0	0	0	0
8	1	1	0	1	0	0	1	1	0	0	0
9	0	1	1	0	1	0	0	1	1	0	0
10	1	0	1	1	0	1	0	0	1	1	0
11	1	1	1	1	1	1	1	1	1	1	1

Man könnte verifizieren, daß die Kontrollzahlen für drei benachbarte Fehler wie folgt lauten:

$$S_3 = 1\ 0\ 0\ 0\ 0\ 1, \quad S_6 = 0\ 1\ 1\ 1\ 0\ 1, \quad S_9 = 0\ 1\ 0\ 0\ 1\ 1,$$
$$S_4 = 1\ 1\ 0\ 0\ 0\ 1, \quad S_7 = 0\ 0\ 1\ 1\ 1\ 1, \quad S_{10} = 0\ 0\ 1\ 0\ 0\ 1,$$
$$S_5 = 1\ 1\ 1\ 0\ 0\ 1, \quad S_8 = 1\ 0\ 0\ 1\ 1\ 1, \quad S_{11} = 0\ 0\ 0\ 1\ 0\ 1.$$

Der Index bei S kennzeichnet die letzte Stelle.

Wenn 1 0 1 0 1 die zu übertragenden Nachricht ist, so lautet das entsprechende Code-wort:

1 0 1 0 1 1 1 0 0 1 0.

Wenn ein dreifacher Fehler am Kopf der übertragenen Nachricht auftritt und das empfan-gene Codewort

0 1 0 0 1 1 1 0 0 1 0

lautet, so braucht man dieses nur als Spaltenvektor mit der Matrix (α_{ij}) (modulo 2) zu multiplizieren, um die entsprechende Kontrollzahl zu erhalten:

$$(\alpha_{ij}) \begin{pmatrix} 0 \\ 1 \\ 0 \\ 0 \\ 1 \\ 1 \\ 1 \\ 0 \\ 0 \\ 1 \\ 0 \end{pmatrix} = (1 \ 0 \ 0 \ 0 \ 0 \ 1)$$

Es soll dem Leser überlassen bleiben, die 19 Kontrollzahlen zu suchen, denen doppelte Fehler entsprechen und nachzuweisen, daß alle binären Folgen verschieden sind.

3. Ein Code, der es gestattet, einen einfachen Fehler zu korrigieren, der nacheinander an derselben Stelle in den Teilen einer Nachricht auftritt

3.1. Restklassen modulo p

a und b seien ganze rationale Zahlen. Man sagt dann, daß a kongruent b modulo p (p natürliche Zahl), wenn a − b durch p teilbar ist. Man schreibt dann

$$a \equiv b \ (\text{mod } p). \tag{A3.20}$$

Wenn (a − b) durch p teilbar ist, heißt das, daß eine ganze rationale Zahl q und eine natür-liche Zahl r existieren, so daß

$$a = q\,p + r \quad \text{mit} \quad 0 \leqslant r < p. \tag{A3.21}$$

Alle ganzen rationalen Zahlen, die denselben Rest r geben, wenn man sie durch p teilt, nennt man kongruent modulo p, und die Gesamtheit dieser ganzen Zahlen bilden die Restklasse r.

Für einen festen Wert p gibt es p Restklassen

$$0,\ 1,\ 2,\ldots, p-2, p-1.$$

Es läßt sich leicht zeigen, daß die Summe und das Produkt von Zahlen der Restklassen r_i und r_j Zahlen sind, mit den Restklassen $(r_i + r_j)$ und $r_i \cdot r_j \pmod{p}$. Denn ist

$$a_i = q_i p + r_i \quad \text{und} \quad a_j = q_j p + r_j,$$

so ist

$$a_i + a_j = (q_i + q_j)\, p + (r_i + r_j) \equiv (r_i + r_j) \pmod{p} \tag{A3.22}$$

und

$$a_i \cdot a_j = (q_i q_j p + q_j r_i + q_i r_j)\, p + r_i r_j \equiv r_i \cdot r_j \pmod{p}. \tag{A3.23}$$

Man kann also eine Addition und eine Multiplikation für Restklassen modulo p definieren.

Ist p eine Primzahl, so bilden die Restklassen einen Körper, d.h., daß man mit den Zahlen, die dem Körper angehören, die Operationen der Addition und der Multiplikation, ebenso wie die Umkehroperationen Subtraktion und Division, durchführen kann. Im besonderen erhält man für alle Zahlenpaare (a und b) $<$ p, die keinen gemeinsamen Teiler haben, den Wert x in dem Ausdruck

$$ax \equiv b \pmod{p} \tag{A3.24}$$

direkt aus der Multiplikationstafel der Restklassen modulo p.

Beispiel:

Für p = 5 gelten die folgenden Additions- und Multiplikationstafeln:

+	0	1	2	3	4
0	0	1	2	3	4
1	1	2	3	4	0
2	2	3	4	0	1
3	3	4	0	1	2
4	4	0	1	2	3

$\cdot$	0	1	2	③	4
0	0	0	0	0	0
1	0	1	2	3	4
2	0	2	4	1	3
3	0	3	1	4	2
④	0	4	3	②	1

Den Wert von x in dem Ausdruck

$$3x \equiv 2 \pmod{5}$$

erhält man aus der Multiplikationstafel:

$$a = 3, \quad b = 2, \quad \text{woraus } x = 4 \text{ folgt.}$$

3.2. Fehlererkennung und -korrektur

Es soll angenommen werden, daß für Nachrichten der Länge n: $a_1 a_2 a_3 \ldots a_n$ ($a_i = 0$ oder 1) durch Hinzusetzen einer weiteren Stelle a_0 die Zahl $n + 1 = p$ eine Primzahl werde. Diese neue Stelle gestattet eine Paritätskontrolle, so daß $a_0 = \displaystyle\sum_{i=1}^{n} a_i \pmod 2$.

Es werde jede Stelle der Nachricht in folgender Weise mit einem Gewicht versehen:

$$
\begin{array}{llllll}
a_i\colon & a_0 & a_1 & a_2 & \ldots & a_n \\
p_i\colon & 0 & 1 & 2 & & n = p - 1.
\end{array}
\qquad (A3.25)
$$

Die Nachrichten werden vereinbarungsgemäß in Gruppen zu $(p + 1)$ Informationen übertragen, deren letzte die p vorhergehenden Informationen kontrollieren soll:

Um die $(p + 1)$-te Nachricht zu bilden, berechnet man die Summe der gewogenen Stellen jeder der ersten p Nachrichten:

$$
x_j = \sum_{i=1}^{n} p_i a_i. \qquad (A3.26)
$$

<table>
<tr><td></td><td colspan="6" align="center">Nachrichten:</td></tr>
<tr><td>Gewichte</td><td>1.</td><td>2.</td><td>...</td><td>j-te</td><td>...</td><td>(p + 1)-te</td></tr>
<tr><td>0</td><td>a_0</td><td></td><td></td><td></td><td></td><td></td></tr>
<tr><td>1</td><td>a_1</td><td></td><td></td><td></td><td></td><td></td></tr>
<tr><td>.</td><td>.</td><td></td><td></td><td></td><td></td><td></td></tr>
<tr><td>.</td><td>.</td><td></td><td></td><td></td><td></td><td></td></tr>
<tr><td>.</td><td>.</td><td></td><td></td><td></td><td></td><td></td></tr>
<tr><td>n</td><td>a_n</td><td></td><td></td><td></td><td></td><td></td></tr>
<tr><td></td><td colspan="3" align="center">$x_j = \Sigma p_i a_i$</td><td colspan="3" align="center">y</td></tr>
</table>

Für den Wert y, der der $(p + 1)$-ten Folge zuzuordnen ist, soll gelten:

$$
x_j + y \equiv 0 \pmod p. \qquad (A3.27)
$$

y ist eine ganze Zahl kleiner p; die Gewichte p_i der Koeffizienten $a_i = 1$ sind anzuschreiben. Die Folge wird durch eine Paritätskontrolle

$$
y = 0 \cdot a_0 + 0 \ldots + p_i a_i + 0 \ldots \qquad (A3.28)
$$

vervollständigt.

Man nimmt jetzt an, daß ein Fehler von stets gleicher Art auftritt, d.h., daß eine Null in eine Eins oder eine Eins in eine Null geändert wird, und zwar immer wieder an einer

Stelle a_i bei jeder durchlaufenden Nachricht. Wenn man nun die gleiche Rechnung wie oben durchführt, erhält man neue Werte $\Sigma\, x'_j$ und y', und es ist

$$\sum_{j=1}^{p} x'_j + y' \equiv r \ (\mathrm{mod}\ p). \tag{A3.29}$$

Also gilt:

$$\left(\sum_{j=1}^{p} x_j + y\right) - \left(\sum_{j=1}^{p} x'_j + y'\right) = (q - q')\, p - r. \tag{A3.30}$$

Ist diese Differenz positiv, also $q > q'$, so heißt das, daß an einer zu bestimmenden Stelle Koeffizienten Eins in Nullen verwandelt wurden. Oder, da man wegen der Paritätskontrolle jeder Folge die Zahl der Folgen A kennt, in denen ein solcher Fehler auftritt, schreibt sich die angegebene Differenz, indem man das Gewicht der betreffenden Stelle mit x und $q - q'$ mit Q bezeichnet:

$$\begin{aligned} Ax = Qp - r \ &= (Q - 1)\, p + (p - r) \\ &\equiv (p - r)\ (\mathrm{mod}\ p). \end{aligned}$$

Sind A und p bekannt, so ist der Wert von x bestimmt, wie im ersten Abschnitt gezeigt wurde.

Ist die Differenz negativ, so sind an einer bestimmten Stelle Nullen in Einsen umgewandelt worden, und es gilt:

$$\left(\sum_{j=1}^{p} x'_j + y'\right) - \left(\sum_{j=1}^{p} x_j + y\right) = (q' - q)\, p + r$$

oder

$$Ax = Qp + r \equiv r \ (\mathrm{mod}\ p).$$

Da man nicht die Möglichkeit hat, $\displaystyle\sum_{j=1}^{p} x_j + y$ und $\displaystyle\sum_{j=1}^{p} x'_j + y'$ zu vergleichen, sind Korrekturregeln nur für den Fall aufstellbar, in denen eine einzige Fehlerart besteht.

3.3. Beispiele

Man wählt $n + 1 = 5$.

Korrektur von Fehlern erster Art:

An einer Stelle werde ein Koeffizient 1 in eine 0 verwandelt.

Nachrichten

		1	2	3	4	5	6
0	a_0	1	0	1	0	0	1
1	a_1	1	0	1	1	1	0
2	a_2	1	1	1	0	1	0
3	a_3	0	1	1	0	0	0
4	a_4	1	0	0	1	0	1

$$x_1 = 1 + 2 + 4 = 7$$
$$x_2 = 5$$
$$x_3 = 6$$
$$x_4 = 5$$
$$x_5 = 3$$
$$\sum_{j=1}^{p=5} x_j = 26$$

$$26 \equiv 1 \ (\mathrm{mod}\ 5), \qquad 26 + 4 \equiv 0 \ (\mathrm{mod}\ 5),$$

woraus $y = 4 \cdot 1$ und eine 1 in der Stelle a_0 zur Paritätskontrolle dient.

Wenn z.B. in der Stelle a_2 die Eins in eine Null verwandelt ist, erhielte man beim Empfang der Nachricht:

$$\Sigma\, x_j' + y' = 22 \quad \text{und} \quad A = 4 \ (\text{Folgen } 1, 2, 3 \text{ und } 5)$$
$$22 \equiv 2 \ (\mathrm{mod}\ 5),$$

also

$$Ax \equiv (p - r) \ (\mathrm{mod}\ 5)$$

oder

$$4x \equiv 3 \ (\mathrm{mod}\ 5) \text{ und } x = 2.$$

Korrektur von Fehlern zweiter Art:

Die Nullen sind in Einsen an einer Stelle der Nachricht verwandelt:

$$\Sigma\, x_j' + y' = 34 \equiv 4 \ (\mathrm{mod}\ 5), \quad A = 2 \ (\text{Folgen } 4 \text{ und } 6)$$
$$Ax \equiv r \ (\mathrm{mod}\ 5), \quad \text{woraus } x = 2 \text{ folgt.}$$

Anhang 4: Vektoren und Matrizen – Der n-dimensionale Vektorraum [1])

1. Struktur des Vektorraumes

Man betrachtet die Menge E der geordneten Folgen $x_1, x_2, \ldots, x_n$ von n Elementen x_i einer Menge A. Diese Menge A gehöre dem Körper R der reellen Zahlen an. Man nennt die Elemente von R auch Skalare. Ein Element aus E, $x = (x_1, x_2, \ldots, x_n)$ [2]) mit $x_i \in R$ heißt ein Vektor mit den Komponenten x_i $(i = 1, \ldots, n)$ oder auch ein n-Tupel.

In der so festgelegten Menge E wird eine Struktur, die Vektorraum heißen soll, durch die folgenden zwei Gesetze definiert:

1. Summe zweier Vektoren:

$$x = (x_1, \ldots, x_n) \text{ und } y = (y_1, \ldots, y_n) \tag{A4.1}$$

$$x + y = (x_1 + y_1, \ldots, x_n + y_n)$$

2. Produkt eines Vektors x mit einem Skalar $a \in R$:

$$a\,x = (ax_1, \ldots, ax_n) \tag{A4.2}$$

Man stellt fest, daß mit diesen beiden Gesetzen der Vektorraum bezüglich der Addition eine Abelsche Gruppe bildet, d.h. er ist assoziativ und kommutativ, es gibt ein Nullelement, dies ist der Vektor $(0, 0, \ldots, 0)$, und es gibt weiterhin den zu x entgegengesetzten Vektor $-x = (-x_1, -x_2, \ldots, -x_n)$. Aus der Produktbildung leiten sich das distributive Gesetz:

$$(a + b)\,x = ax + bx \quad \text{und} \quad a(x + y) = ax + ay \tag{A4.3}$$

und das assoziative Gesetz her:

$$a(b\,x) = (ab)\,x \quad \text{und} \quad 1 \cdot x = x, \tag{A4.4}$$

wobei a und b Skalare sind.

Man zeigt leicht, daß aus

$$ax = (0, 0, \ldots, 0) \text{ entweder } a = 0 \text{ oder } x = (0, 0, \ldots, 0) = \mathbf{0}$$

folgt. Weiterhin gilt.

$$(-a)\,x = a\,(-x) = -\,(a\,x), \; (-a)\,(-x) = a\,x, \tag{A4.5}$$

$$\underbrace{x + x + \ldots + x}_{\text{n-mal}} = n\,x \tag{A4.6}$$

---

[1]) Weitere Darstellungen über dieses Gebiet siehe Schrifttumsverzeichnis am Ende dieses Anhanges 4 (S. 185).

[2]) Vektoren werden stets mit kleinen lateinischen Buchstaben im Fettdruck geschrieben, z.B. x, y; Matrizen dagegen mit großen lateinischen Buchstaben im Fettdruck, z.B. G, H. Die Vektoren werden aber hier stets als Zeilenvektoren aufgefaßt (im Gegensatz zu zahlreichen anderen Darstellungen).

2. Unterräume

F nennt man einen Unterraum von E, wenn aus $x_1 \in F$ und $x_2 \in F$ folgt $x_1 + x_2 \in F$ und $a\,x_1 \in F$ für $a \in R$. Unter diesen Bedingungen ist auch $a\,x_1 + b\,x_2 \in F$, wie auch die Skalare a und b aus R gewählt werden. Speziell gilt $x_1 + (-x_1) = 0 \in F$, und die oben für E definierte Struktur des Vektorraumes gilt also auch in F.

Die Menge E selbst und die Menge ϕ sind trivialerweise Unterräume von E.

3. Lineare Unabhängigkeit von Vektoren

Man sagt, daß p Vektoren x_i, $i = 1, \ldots, p$, linear unabhängig sind, wenn es nicht möglich ist, p Skalare λ_i zu finden, so daß gilt:

$$\lambda_i x_1 + \ldots + \lambda_p x_p = \sum_{i=1}^{p} \lambda_i x_i = 0, \qquad (A4.7)$$

es sei denn, daß alle λ_i Null werden.

Im entgegengesetzten Falle sind die p Vektoren linear abhängig und mindestens einen Vektor kann man durch Linearkombination der anderen erhalten. Ist $\lambda_1 \neq 0$, so gilt:

$$x_1 = \left(-\frac{\lambda_2}{\lambda_1}\right) x_2 + \left(-\frac{\lambda_3}{\lambda_1}\right) x_3 + \ldots + \left(-\frac{\lambda_p}{\lambda_1}\right) x_p. \qquad (A4.8)$$

Sind p Vektoren linear unabhängig, so läßt sich jeder Vektor des Unterraumes, den diese p Vektoren bilden, auf eine einzige Weise durch Linearkombination der p Vektoren erzeugen. Ließe sich ein Vektor x auf zwei verschiedene Arten durch Linearkombination der p Vektoren darstellen, erhielte man.

$$x = \sum_i \lambda_i x_i = \sum_i \mu_i x_i \rightarrow \sum_i (\mu_i - \lambda_i)\, x_i = 0 \qquad (A4.9)$$

und da die λ_i verschieden von den μ_i angenommen wurden, wären die p Vektoren nicht linear unabhängig.

4. Die Basis eines Vektorraumes

p Vektoren $x_1, x_2, \ldots, x_p$ einer Untermenge F von E bilden eine Basis, wenn sie linear unabhängig sind und alle anderen Vektoren sich durch Linearkombination daraus herleiten lassen. Man kann zeigen, daß zwei verschiedene Basen von F die gleiche Anzahl Vektoren besitzen.

Eine spezielle Basis wird durch die Einheitsvektoren $e_i = (0, \ldots, 0, 1, 0, \ldots, 0)$ gebildet, deren sämtliche Komponenten Null sind bis auf eine Eins an der i-ten Stelle. Diese Vektoren sind unabhängig, denn

$$\lambda_1 e_1 + \ldots + \lambda_p e_p = \sum_i \lambda_i e_i = 0 \qquad (A4.10)$$

ist dann und nur dann erfüllt, wenn alle λ_i verschwinden.

Im Raum E, dessen Vektoren geordnete Folgen von n Zahlen sind, bilden die Vektoren e_i, $i = 1, \ldots, n$, eine Basis der n Vektoren. Daher wird E ein *n-dimensionaler Raum* genannt. Die n Vektoren e_i bilden die Basis des Raumes E. Alle anderen Mengen von n linear unabhängigen Vektoren $x_1, \ldots, x_n$ bilden ebenfalls eine *Basis dieses Raumes.* Alle Vektoren dieses Raumes lassen sich stets nur auf eine einzige Art durch Linearkombination der Basisvektoren darstellen. Die Komponenten eines Vektors hängen von der gewählten Basis ab und für die Änderung der Basis erhält man:

$$\begin{pmatrix} x_1 \\ x_2 \\ \ldots \\ x_n \end{pmatrix} = P \begin{pmatrix} y_1 \\ y_2 \\ \ldots \\ y_n \end{pmatrix} \qquad (A4.11)$$

wobei P die Transformationsmatrix ist, und zwar eine quadratische, reguläre Matrix vom Rang n, die die lineare Unabhängigkeit der Basisvektoren garantiert. y_i sind die Komponenten bezogen auf die neue Basis, x_i die auf die alte bezogenen.

5. Rang einer Menge von p Vektoren in einem Unterraum F von E

Es mögen r Vektoren $r \leqslant p$, $r \leqslant n$ existieren, die eine Basis eines linearen Vektorraumes bilden. Die p Vektoren erhält man dann also durch Linearkombination von *nur* r Vektoren. Daher haben also alle Vektoren, die sie darstellen, die Dimension r. Man nennt r den Rang der Menge der p Vektoren.

6. Matrizen, die ein Vektorsystem darstellen

Eine Matrix M von p Zeilen und n Spalten

$$M = \begin{pmatrix} a_{11} & a_{12} & \ldots & a_{1n} \\ a_{21} & a_{22} & \ldots & a_{2n} \\ \ldots & \ldots & \ldots & \ldots \\ a_{p1} & a_{p2} & \ldots & a_{pn} \end{pmatrix}$$

kann man sich aus p Zeilenvektoren oder aus n Spaltenvektoren gebildet denken. Der i-te Zeilenvektor wird durch die Elemente a_{ij} der i-ten Zeile dargestellt:

$$a_i = (a_{i1}, a_{i2}, \ldots, a_{in})$$

und der j-te Spaltenvektor durch die Elemente a_{ij} der j-ten Spalte, dieser Vektor soll als Spaltenvektor durch einen oberen Index gekennzeichnet werden:

$$a^{(j)} = \begin{pmatrix} a_{1j} \\ a_{2j} \\ \ldots \\ a_{pj} \end{pmatrix}$$

Diese Matrix ist ein Operator, durch den man einen Vektor $x = (x_1, \ldots, x_n)$ des Raumes E_n in einen Vektor $y(x) = (y_1, \ldots, y_p)$ des Unterraumes F_p transformieren kann. y bezeichnet man auch als die Projektion von x auf den Unterraum F_p. Die Transformationsmatrix hängt offensichtlich von der Wahl der Basen in E_n und F_p ab.

Sind die p Zeilenvektoren linear unabhängig, so bilden sie eine Basis des Raumes F_p, und man kann von dieser Matrix ausgehen und durch Linearkombination der Zeilenvektoren alle Vektoren dieses Raumes erzeugen.

Der Rang r einer Matrix M ist die Zahl der unabhängigen Zeilenvektoren des Raumes der Vektoren y. Er ist auch die Ordnung der nicht verschwindenden Determinante größter Ordnung, die man aus der Matrix bilden kann. Die Zahl der unabhängigen Spaltenvektoren einer solchen Matrix ist ebenfalls r.

Eine (n, p)-Matrix, deren Rang p sei, besitzt also p linear unabhängige Zeilen-Vektoren $x_i = (a_{i1}, \ldots, a_{in})$, aus denen man als erzeugende Basisvektoren alle Vektoren dieses Raumes erhalten kann. Die Linearkombinationen erhält man, indem man Zahlen $x_1, \ldots, x_n$ aus dem Körper der Skalare nimmt, sie als Zeilenvektor auffaßt und mit der Matrix M von links multipliziert:

$$(x_1, \ldots, x_p) \begin{pmatrix} a_{11} \cdots a_{1n} \\ \cdots\cdots\cdots \\ a_{p1} \cdots a_{pn} \end{pmatrix} = ((x_1 a_{11} + \ldots + x_p a_{p1}), \ldots, (x_1 a_{1n} + \ldots + x_p a_{pn}))$$

$$= x_1 a_1 + x_2 a_2 + \ldots + x_p a_p \quad \text{mit } a_i = (a_{i1}, a_{i2}, \ldots, a_{in}) \quad (A4.12)$$

Man ändert den durch ein System von Vektoren aufgespannten Unterraum nicht, wenn man ihn einer oder mehrerer der folgenden Transformationen unterwirft:

a) Austausch der Anordnung der erzeugenden Vektoren;
b) Multiplikation eines dieser Vektoren mit einem nicht verschwindenden Skalar;
c) Ersetzung eines dieser Vektoren durch die Summe aus diesem Vektor und dem Vielfachen eines anderen Basisvektors.

Diese Transformationen sind die elementaren Operationen, die man an einer Matrix ausführen kann, ohne den Rang zu ändern.

7. Kanonische Form einer (m, n)-Matrix

Die bisher definierten elementaren Operationen des Matrizenkalküls gestatten, eine Matrix
auf eine kanonische Form in Quasi-Dreiecksgestalt zu bringen, d.h., es soll eine Matrix
mit folgenden Eigenschaften hergestellt werden:

a) Die erste nicht verschwindende Komponente eines Zeilenvektors soll eine Eins sein:
$$(0, \ldots, 0, 1, \ldots, a_{ij}, \ldots, a_{im});$$

b) ein Spaltenvektor, der ein solches Eins-Element enthält, habe sonst nur Komponenten
Null:

$$\begin{pmatrix} 0 \\ 0 \\ \ldots \\ 0 \\ 1 \\ 0 \\ \ldots \\ 0 \end{pmatrix}$$

c) alle ersten Komponenten vom Wert 1 eines Zeilenvektors befinden sich rechts vom
ersten nicht verschwindenden Element (das einen Wert Eins hat) des vorhergehenden
Zeilenvektors.

Beispiel: Die folgende Matrix soll auf kanonische Form gebracht werden:

$$\begin{pmatrix} 2 & 0 & 0 & 0 & 4 & 6 \\ 0 & 0 & 3 & 2 & 9 & 6 \\ 2 & 0 & 0 & 1 & 7 & 6 \\ 3 & 0 & 0 & 1 & 9 & 9 \end{pmatrix}$$

Man sucht eine Eins in der ersten Spalte zu erhalten. Daher wird die erste Zeile mit $\frac{1}{2}$
multipliziert.

$$\begin{pmatrix} 1 & 0 & 0 & 0 & 2 & 3 \\ 0 & 0 & 3 & 2 & 9 & 6 \\ 2 & 0 & 0 & 1 & 7 & 6 \\ 3 & 0 & 0 & 1 & 9 & 9 \end{pmatrix}$$

Man multipliziert die erste Zeile mit -2 und addiert die dritte Zeile dazu, dann multipliziert man die erste Zeile mit -3 und addiert die vierte Zeile hinzu. Man erhält:

$$\begin{pmatrix} 1 & 0 & 0 & 0 & 2 & 3 \\ 0 & 0 & 3 & 2 & 9 & 6 \\ 0 & 0 & 0 & 1 & 3 & 0 \\ 0 & 0 & 0 & 1 & 3 & 0 \end{pmatrix}$$

Man multipliziert die zweite Zeile mit 1/3

$$\begin{pmatrix} 1 & 0 & 0 & 0 & 2 & 3 \\ 0 & 0 & 1 & 2/3 & 3 & 2 \\ 0 & 0 & 0 & 1 & 3 & 0 \\ 0 & 0 & 0 & 1 & 3 & 0 \end{pmatrix}$$

Man multipliziert die dritte Zeile mit $-2/3$ und addiert die zweite Zeile. Dann multipliziert man wieder die dritte Zeile mit -1 und addiert dazu die vierte Zeile. Dann erhält man die gesuchte Form

$$\begin{pmatrix} 1 & 0 & 0 & 0 & 2 & 3 \\ 0 & 0 & 1 & 0 & 1 & 2 \\ 0 & 0 & 0 & 1 & 3 & 0 \\ 0 & 0 & 0 & 0 & 0 & 0 \end{pmatrix}$$

Die nicht verschwindenden Zeilen dieser Matrix bilden ein System linear unabhängiger Vektoren. Der Rang ist also 3.

Von der letzten Matrix kann man ausgehen und durch Linearkombination speziell die Zeilenvektoren der Ausgangsmatrix erhalten. Man braucht dazu die Dreiecksmatrix nur von links mit den Zeilenvektoren

$$(2, 0, 0, 0); \quad (0, 3, 2, 0); \quad (2, 0, 1, 0) \quad \text{und} \quad (3, 0, 1, 0)$$

zu multiplizieren.

Bemerkung:

Sind die Zeilen einer (n, n)-Matrix linear unabhängig, so ist die Matrix regulär. Die kanonische Form einer solchen Matrix reduziert sich auf die Einheitsmatrix, die in jeder Zeile und Spalte nur ein einziges von Null verschiedenes Element Eins hat. Dann kann man stets diese Elemente Eins in die Hauptdiagonale bringen.

$$(5,5)\text{-Einheitsmatrix:} \quad \begin{pmatrix} 1 & 0 & 0 & 0 & 0 \\ 0 & 1 & 0 & 0 & 0 \\ 0 & 0 & 1 & 0 & 0 \\ 0 & 0 & 0 & 1 & 0 \\ 0 & 0 & 0 & 0 & 1 \end{pmatrix}$$

8. Matrizenoperationen zur Reduktion einer regulären Matrix auf ihre kanonische Form

Die transponierte Matrix M^T (oft auch mit M' bezeichnet) einer (n, m)-Matrix ist eine (m, n)-Matrix, in der Zeilen und Spalten entsprechend vertauscht sind. Die Transponierte von (a_{ij}) ist die Matrix (a_{ji}), $i = 1, \ldots, n$ und $j = 1, \ldots, m$.

Für das Produkt zweier Matrizen gilt weiterhin:

a) Das Produkt einer (n, k)-Matrix (a_{ij}) mit einer (k, m)-Matrix (b_{ij}) ist eine (n, m)-Matrix (c_{ij}):

$$C = \begin{pmatrix} a_{11}\ a_{12}\ \ldots\ a_{1k} \\ a_{21}\ a_{22}\ \ldots\ a_{2k} \\ \cdots\cdots\cdots\cdots \\ a_{n1}\ a_{n2}\ \ldots\ a_{nk} \end{pmatrix} \begin{pmatrix} b_{11}\ b_{12}\ \ldots\ b_{1m} \\ b_{21}\ b_{22}\ \ldots\ b_{2m} \\ \cdots\cdots\cdots\cdots \\ b_{k1}\ b_{k2}\ \ldots\ b_{km} \end{pmatrix} \tag{A4.13}$$

mit

$$c_{ij} = \sum_{l=1}^{k} a_{il}b_{lj}.$$

Das Element c_{ij} ist das skalare Produkt des i-ten Zeilenvektors $x_i = (a_{i1}, a_{i2}, \ldots, a_{ik})$ von (a_{ij}) mit dem j-ten Spaltenvektor

$$y^{(j)} = \begin{pmatrix} b_{1j} \\ \cdots \\ b_{kj} \end{pmatrix}$$

von (b_{ij}):

$$c_{ij} = x_i\, y^{(j)}$$

b) für einen Zeilen- bzw. Spaltenvektor der Produktmatrix (c_{ij}) gilt:

$$c_i = [(a_{i1}b_{11} + \ldots + a_{ik}b_{k1}), (a_{i1}b_{12} + \ldots + a_{ik}b_{k2}), \ldots, (a_{i1}b_{1m} + \ldots + b_{ik}b_{km})]$$
$$= a_{i1}\,y_1 + a_{i2}\,y_2 + \ldots + a_{ik}\,y_k \tag{A4.14}$$

$$c^{(j)} = \begin{pmatrix} a_{11}\,b_{1j} + \ldots + a_{1k}b_{kj} \\ a_{21}\,b_{1j} + \ldots + a_{2k}b_{kj} \\ \cdots\cdots\cdots\cdots\cdots\cdots \\ a_{n1}\,b_{1j} + \ldots + a_{nk}b_{kj} \end{pmatrix} = b_{1j}\,x^{(1)} + b_{2j}\,x^{(2)} + \ldots + b_{kj}\,x^{(k)} \tag{A4.15}$$

Der i-te Zeilenvektor c_i der Produktmatrix (c_{ij}) ist eine Linearkombination der Zeilenvektoren von (b_{ij}) mit den Elementen der i-ten Zeile von (a_{ij}).

Der j-te Spaltenvektor $c^{(j)}$ der Produktmatrix (c_{ij}) ist eine Linearkombination der Spaltenvektoren von (a_{ij}) mit den Elementen der j-ten Spalte von (b_{ij}).

Aus diesen Betrachtungen folgt, daß man bei der Reduktion auf kanonische Form in folgender Weise verfahren muß:

1. die erste elementare Transformation erhält man, indem man von links die (n, m)-Matrix **M** mit einer permutierten Matrix multipliziert;

2. die zweite elementare Transformation — Multiplikation der i-ten Zeile von **M** mit einem Skalar a — ergibt sich, indem man **M** von links mit einer (n, n)-Matrix multipliziert, die das Element a in Zeile i der Hauptdiagonalen enthält, alle übrigen Elemente dieser Diagonalen seien Eins, die übrigen Elemente der Matrix aber Null;

3. die dritte elementare Transformation — das a-fache der i-ten Zeile zur l-ten Zeile addiert — läßt sich durchführen, indem die Matrix **M** von links mit einer (n, n)-Matrix multipliziert wird, die Elemente Eins in der Hauptdiagonalen, a in der i-ten Spalte und l-ten Zeile hat, alle anderen Elemente sollen aber Null sein.

Diese speziellen Matrizen sollen Elementar-Matrizen E_i genannt werden.

4. Jede reguläre (n, n)-Matrix **M** besitzt also eine linke Inverse, die ein Produkt von Elementar-Matrizen ist.

$$E_l \, E_{l-1} \, \ldots \, E_1 \, M = E \tag{A4.16}$$

Das Produkt der l Elementarmatrizen E_i ist die linke Inverse von **M**.

5. Ist **M** eine (n, m)-und **P** eine reguläre (n, n)-Matrix, so hat das Produkt **P M** denselben linearen Vektorraum wie **M**.

Beispiel:

Durch welche Elementarmatrizen wird die folgende Matrix **M** in die kanonische Form gebracht?

$$M = \begin{pmatrix} 2 & 0 & 0 & 0 & 4 & 6 \\ 0 & 0 & 3 & 2 & 9 & 6 \\ 2 & 0 & 0 & 1 & 7 & 6 \\ 3 & 0 & 0 & 1 & 9 & 9 \end{pmatrix}$$

$$\begin{pmatrix} 1/2 & 0 & 0 & 0 \\ 0 & 1 & 0 & 0 \\ 0 & 0 & 1 & 0 \\ 0 & 0 & 0 & 1 \end{pmatrix} \cdot \begin{pmatrix} 2 & 0 & 0 & 0 & 4 & 6 \\ 0 & 0 & 3 & 2 & 9 & 6 \\ 2 & 0 & 0 & 1 & 7 & 6 \\ 3 & 0 & 0 & 1 & 9 & 9 \end{pmatrix} = \begin{pmatrix} 1 & 0 & 0 & 0 & 2 & 3 \\ 0 & 0 & 3 & 2 & 9 & 6 \\ 2 & 0 & 0 & 1 & 7 & 6 \\ 3 & 0 & 0 & 1 & 9 & 9 \end{pmatrix}$$

$$\begin{pmatrix} 1 & 0 & 0 & 0 \\ 0 & 1 & 0 & 0 \\ -2 & 0 & 1 & 0 \\ -3 & 0 & 0 & 1 \end{pmatrix} \cdot \begin{pmatrix} 1 & 0 & 0 & 0 & 2 & 3 \\ 0 & 0 & 3 & 2 & 9 & 6 \\ 2 & 0 & 0 & 1 & 7 & 6 \\ 3 & 0 & 0 & 1 & 9 & 9 \end{pmatrix} = \begin{pmatrix} 1 & 0 & 0 & 0 & 2 & 3 \\ 0 & 0 & 3 & 2 & 9 & 6 \\ 0 & 0 & 0 & 1 & 3 & 0 \\ 0 & 0 & 0 & 1 & 3 & 0 \end{pmatrix}$$

$$\begin{pmatrix} 1 & 0 & 0 & 0 \\ 0 & 1/3 & 0 & 0 \\ 0 & 0 & 1 & 0 \\ 0 & 0 & 0 & 1 \end{pmatrix} \cdot \begin{pmatrix} 1 & 0 & 0 & 0 & 2 & 3 \\ 0 & 0 & 3 & 2 & 9 & 6 \\ 0 & 0 & 0 & 1 & 3 & 0 \\ 0 & 0 & 0 & 1 & 3 & 0 \end{pmatrix} = \begin{pmatrix} 1 & 0 & 0 & 0 & 2 & 3 \\ 0 & 0 & 1 & 2/3 & 3 & 2 \\ 0 & 0 & 0 & 1 & 3 & 0 \\ 0 & 0 & 0 & 1 & 3 & 0 \end{pmatrix}$$

$$\begin{pmatrix} 1 & 0 & 0 & 0 \\ 0 & 1 & -2/3 & 0 \\ 0 & 0 & -1 & 0 \\ 0 & 0 & 1 & 1 \end{pmatrix} \cdot \begin{pmatrix} 1 & 0 & 0 & 0 & 2 & 3 \\ 0 & 0 & 1 & 2/3 & 3 & 2 \\ 0 & 0 & 0 & 1 & 3 & 0 \\ 0 & 0 & 0 & 1 & 3 & 0 \end{pmatrix} = \begin{pmatrix} 1 & 0 & 0 & 0 & 2 & 3 \\ 0 & 0 & 1 & 0 & 1 & 2 \\ 0 & 0 & 0 & 1 & 3 & 0 \\ 0 & 0 & 0 & 0 & 0 & 0 \end{pmatrix}$$

9. Orthogonale Unterräume

Es soll davon ausgegangen werden, daß die beiden Unterräume F_1 und F_2 nur den Null-vektor gemeinsam haben und daß jeder Vektor v aus dem Raum E sich stets darstellen läßt in der Form

$$v = x_1 + x_2, \quad x_1 \in F_1, \quad x_2 \in F_2.$$

Zwei Unterräume nennt man orthogonale Unterräume, wenn alle Vektoren des einen Unterraumes orthogonal zu allen Vektoren des anderen Unterraumes sind. Die beiden Vektoren x_1 und x_2 sind orthogonal, wenn das Skalarprodukt der beiden Vektoren verschwindet.

Ist

$$x_1 = (a_1, a_2, \ldots, a_k) \text{ und } x_2 = (b_1, b_2, \ldots, b_k),$$

so drückt

$$(x_1 \, x_2) = a_1 b_1 + a_2 b_2 + \ldots + a_k b_k = 0 \tag{A4.17}$$

die Orthogonalität der beiden Vektoren x_1 und x_2 aus. Damit ein Vektor x_i orthogonal ist zu den durch eine reguläre (n, m)-Matrix aufgespannten Raum, muß das Produkt des Zeilenvektors x_i mit der transportierten Matrix M^T verschwinden:

$$x_i M^T = 0. \tag{A4.18}$$

Man kann zeigen, daß, wenn k die Dimension eines Unterraumes F eines Raumes E_n ist, die Dimension des dazu orthogonalen Unterraumes $n - k$ ist.

Wenn für zwei reguläre Matrizen M_1 und M_2, die n Spalten haben, die Beziehung $M_1 M_2^T = 0$ gilt, so ist der Raum der Zeilen von M_1 zum Raum der Zeilen von M_2 orthogonal und umgekehrt.

Bemerkung:

Alle diese Ergebnisse bleiben gültig, wie auch die Menge A gewählt wird, wenn sie nur die Struktur eines Körpers hat.

10. Charakteristische Gleichung einer Matrix

Die charakteristische Gleichung einer Matrix M wird dargestellt durch die Determinante der Matrix $M - x E$:

$$f(x) = |M - x E| = \det (M - x E). \tag{A4.19}$$

Es gilt z.B. für

$$M = \begin{pmatrix} 1 & 0 & 0 & 1 \\ 1 & 0 & 0 & 0 \\ 0 & 1 & 0 & 0 \\ 0 & 0 & 1 & 0 \end{pmatrix}$$

$$M - xE = \begin{pmatrix} 1 & 0 & 0 & 1 \\ 1 & 0 & 0 & 0 \\ 0 & 1 & 0 & 0 \\ 0 & 0 & 1 & 0 \end{pmatrix} + \begin{pmatrix} -x & 0 & 0 & 0 \\ 0 & -x & 0 & 0 \\ 0 & 0 & -x & 0 \\ 0 & 0 & 0 & -x \end{pmatrix} = \begin{pmatrix} 1-x & 0 & 0 & 1 \\ 1 & -x & 0 & 0 \\ 0 & 1 & -x & 0 \\ 0 & 0 & 1 & -x \end{pmatrix}$$

und

$$|M - xE| = f(x) = x^4 + x^3 + 1.$$

Bei allen Anwendungen auf binäre Operationen in der Informationstheorie werden diese Operationen modulo 2 durchgeführt!

Schrifttum

Bodewig, E.: Matrix calculus. Amsterdam, 2. Aufl. (1959)

Faddejew, D. K., Faddejewa, W. N.: Numerische Methoden der linearen Algebra, übers. aus dem Russischen, Berlin/München (1964)

Schmeidler, W.: Vorträge über Determinanten und Matrizen. Berlin (1949)

Zurmühl, R.: Matrizen und ihre technischen Anwendungen. Berlin/Heidelberg/New York, 4. Aufl. (1964)

Anhang 5. Auszüge aus Tafeln

Tafel 1. Binomialverteilung

Tafel 1.1. Binomialkoeffizienten C_n^k für $n = 2$ bis 15

n\k	0	1	2	3	4	5	6	7	8	9	10	11	12	13	14	15
2	1	2	1													
3	1	3	3	1												
4	1	4	6	4	1											
5	1	5	10	10	5	1										
6	1	6	15	20	15	6	1									
7	1	7	21	35	35	21	7	1								
8	1	8	28	56	70	56	28	8	1							
9	1	9	36	84	126	126	84	36	9	1						
10	1	10	45	120	210	252	210	120	45	10	1					
11	1	11	55	165	330	462	462	330	165	55	11	1				
12	1	12	66	220	495	792	924	792	495	220	66	12	1			
13	1	13	78	286	715	1287	1716	1716	1287	715	286	78	13	1		
14	1	14	91	364	1001	2002	3003	3432	3003	2002	1001	364	91	14	1	
15	1	15	105	455	1365	3003	5005	6435	6435	5005	3003	1365	455	105	15	1

Tafel 1.2. Wahrscheinlichkeitsverteilung

$n = 5$

A tritt k-mal auf	$P_n(k) = C_n^k p^k q^{n-k}$					
	1	3	5	8	10	p in %
0	0,9510	0,8587	0,7738	0,6591	0,5905	
1	0,0480	0,1328	0,2036	0,2865	0,3280	
2	0,0010	0,0082	0,0214	0,0498	0,0729	
3		0,0003	0,0011	0,0043	0,0081	
4				0,0002	0,0005	

A tritt höchstens k-mal auf	$P_n(j \leqslant k) = \sum_{j=0}^{k} C_n^j p^j q^{n-j}$					
	1	3	5	8	10	p in %
0	0,9510	0,8587	0,7738	0,6591	0,5905	
1	0,9980	0,9915	0,9774	0,9466	0,9185	
2	1	0,9997	0,9988	0,9955	0,9914	
3		1	1	0,9998	0,9995	
4				1	1	

$n = 10$

A tritt k-mal auf	$P_n(k)$					
	1	3	5	8	10	p in %
0	0,9044	0,7374	0,5987	0,4344	0,3487	
1	0,0914	0,2281	0,3151	0,3777	0,3874	
2	0,0042	0,0317	0,0746	0,1478	0,1937	
3	0,0001	0,0026	0,0105	0,0343	0,0574	
4		0,0001	0,0010	0,0052	0,0112	
5			0,0001	0,0005	0,0015	
6					0,0001	

A tritt höchstens k-mal auf	$P_n(j \leqslant k)$					
	1	3	5	8	10	p in %
0	0,9044	0,7374	0,5987	0,4344	0,3487	
1	0,9957	0,9655	0,9139	0,8121	0,7361	
2	0,999	0,9972	0,9885	0,9599	0,9298	
3	1	0,999	0,9990	0,9942	0,9872	
4		1	0,9999	0,9994	0,9984	
5			1	1	0,9999	
6					1	

$n = 30$

A tritt k-mal auf	$P_n(k)$					p in %
	1	3	5	8	10	
0	0,7397	0,4010	0,2146	0,0820	0,0424	
1	0,2242	0,3721	0,3389	0,2138	0,1413	
2	0,0328	0,1669	0,2586	0,2696	0,2277	
3	0,0031	0,0482	0,1270	0,2188	0,2361	
4	0,0002	0,0101	0,0451	0,1284	0,1771	
5		0,0016	0,0124	0,0581	0,1023	
6		0,0002	0,0027	0,0210	0,0474	
7			0,0005	0,0063	0,0180	
8			0,0001	0,0016	0,0058	
9				0,0003	0,0016	
10				0,0001	0,0004	
11					0,0001	

A tritt höchstens k-mal auf	$P_n(j \leqslant k)$					p in %
	1	3	5	8	10	
0	0,7397	0,4010	0,2146	0,0820	0,0424	
1	0,9639	0,7731	0,5535	0,2958	0,1837	
2	0,9967	0,9399	0,8122	0,5654	0,4114	
3	0,9998	0,9881	0,9392	0,7842	0,6474	
4	0,9999	0,9982	0,9844	0,9126	0,8245	
5	1	0,9997	0,9967	0,9707	0,9268	
6		1	0,9994	0,9918	0,9742	
7			0,9999	0,9980	0,9922	
8			1	0,9996	0,9980	
9				0,9999	0,9995	
10				1	0,9999	
11					1	

n = 50

A tritt k-mal auf	$P_n(k)$					
	1	3	5	8	10	p in %
0	0,6050	0,2181	0,0769	0,0155	0,0052	
1	0,3056	0,3372	0,2025	0,0672	0,0286	
2	0,0756	0,2555	0,2611	0,1433	0,0779	
3	0,0122	0,1264	0,2199	0,1993	0,1386	
4	0,0015	0,0459	0,1360	0,2037	0,1809	
5	0,0001	0,0131	0,0658	0,1629	0,1849	
6		0,0030	0,0260	0,1063	0,1541	
7		0,0006	0,0086	0,0581	0,1076	
8		0,0001	0,0024	0,0271	0,0643	
9			0,0006	0,0110	0,0333	
10			0,0001	0,0039	0,0152	
11				0,0012	0,0061	
12				0,0004	0,0022	
13				0,0001	0,0007	
14					0,0002	
15					0,0001	

A tritt höchstens k-mal auf	$P_n(j \leq k)$					
	1	3	5	8	10	p in %
0	0,6050	0,2181	0,0769	0,0155	0,0052	
1	0,9106	0,5553	0,2794	0,0827	0,0338	
2	0,9862	0,8108	0,5405	0,2260	0,1117	
3	0,9984	0,9372	0,7604	0,4253	0,2503	
4	0,9999	0,9832	0,8964	0,6290	0,4312	
5	1	0,9963	0,9622	0,7919	0,6161	
6		0,9993	0,9882	0,8981	0,7702	
7		0,9999	0,9968	0,9562	0,8779	
8		1	0,9992	0,9834	0,9421	
9			0,9998	0,9944	0,9755	
10			1	0,9983	0,9906	
11				0,9995	0,9968	
12				0,9999	0,9990	
13				1	0,9997	
14					0,9999	
15					1	

Tafel 2. Poisson-Verteilung

k	$P(k) = e^{-m}\, \dfrac{m^k}{k!}$					} m
	0,1	0,3	0,5	0,7	0,9	
0	0,9048	0,7408	0,6055	0,4966	0,4066	
1	0,0905	0,2222	0,3033	0,3476	0,3659	
2	0,0045	0,0333	0,0758	0,1217	0,1647	
3	0,0002	0,0033	0,0126	0,0284	0,0494	
4		0,0003	0,0016	0,0050	0,0111	
5			0,0002	0,0007	0,0020	
6				0,0001	0,0003	

k	$P(j \leqslant k) = e^{-m} \sum\limits_{j=0}^{k} \dfrac{m^j}{j!}$					} m
	0,1	0,3	0,5	0,7	0,9	
0	0,9048	0,7408	0,6065	0,4966	0,4066	
1	0,9953	0,9631	0,9098	0,8442	0,7725	
2	0,9998	0,9964	0,9856	0,9659	0,9372	
3	1	0,9997	0,9982	0,9942	0,9866	
4		1	0,9998	0,9992	0,9977	
5			1	0,9999	0,9997	
6				1	1	

k	$P(k)$					} m
	1	2	3	4	5	
0	0,3679	0,1353	0,0498	0,0183	0,0067	
1	0,3679	0,2707	0,1494	0,0733	0,0337	
2	0,1839	0,2707	0,2240	0,1465	0,0842	
3	0,0613	0,1804	0,2240	0,1954	0,1404	
4	0,0153	0,0902	0,1680	0,1954	0,1755	
5	0,0031	0,0361	0,1008	0,1563	0,1755	
6	0,0005	0,0120	0,0504	0,1042	0,1462	
7	0,0001	0,0034	0,0216	0,0595	0,1044	
8		0,0009	0,0081	0,0298	0,0653	
9		0,0002	0,0027	0,0132	0,0363	
10			0,0008	0,0053	0,0181	
11			0,0002	0,0019	0,0082	
12			0,0001	0,0006	0,0034	
13				0,0002	0,0013	
14				0,0001	0,0005	
15					0,0002	
16					0,0001	

k	$P(j \leqslant k)$					m
	1	2	3	4	5	
0	0,3679	0,1353	0,0498	0,0183	0,0067	
1	0,7358	0,4060	0,1991	0,0916	0,0404	
2	0,9197	0,6767	0,4232	0,2381	0,1247	
3	0,9810	0,8571	0,6472	0,4335	0,2650	
4	0,9963	0,9473	0,8153	0,6288	0,4405	
5	0,9994	0,9834	0,9161	0,7851	0,6160	
6	0,9999	0,9955	0,9665	0,8893	0,7622	
7	1	0,9989	0,9881	0,9489	0,8666	
8		0,9998	0,9962	0,9786	0,9319	
9		1	0,9989	0,9919	0,9682	
10			0,9997	0,9972	0,9863	
11			0,9999	0,9991	0,9945	
12			1	0,9997	0,9980	
13				0,9999	0,9993	
14				1	0,9998	
15					0,9999	
16					1	

k	$P(k)$					m
	6	7	8	9	10	
0	0,0025	0,0009	0,0003	0,0001		
1	0,0149	0,0064	0,0027	0,0011	0,0005	
2	0,0446	0,0223	0,0107	0,0050	0,0023	
3	0,0892	0,0521	0,0286	0,0150	0,0076	
4	0,1339	0,0912	0,0573	0,0337	0,0189	
5	0,1606	0,1277	0,0916	0,0607	0,0378	
6	0,1606	0,1490	0,1221	0 0911	0,0631	
7	0,1377	0,1490	0,1396	0,1171	0,0901	
8	0,1033	0,1304	0,1396	0,1318	0,1126	
9	0,0688	0,1014	0,1241	0,1318	0,1251	
10	0,0413	0,0710	0,0993	0,1186	0,1251	
11	0,0225	0,0452	0,0722	0,0970	0,1137	
12	0,0113	0,0264	0,0481	0,0728	0,0948	
13	0,0052	0,0142	0,0296	0,0504	0,0729	
14	0,0022	0,0071	0,0169	0,0324	0,0521	
15	0,0009	0,0033	0,0090	0,0194	0,0347	
16	0,0003	0,0014	0,0045	0,0109	0,0217	
17	0,0001	0,0006	0,0021	0,0058	0,0128	
18		0,0002	0,0009	0,0029	0,0071	
19		0,0001	0,0004	0,0014	0,0037	
20			0,0002	0,0006	0,0019	
21			0,0001	0,0003	0,0009	
22				0,0001	0,0004	
23					0,0002	
24					0,0001	

k	P(j ≤ k)					m
	6	7	8	9	10	
0	0,0025	0,0009	0,0003	0,0001		
1	0,0174	0,0073	0,0030	0,0012	0,0005	
2	0,0620	0,0296	0,0138	0,0062	0,0028	
3	0,1512	0,0818	0,0424	0,0212	0,0104	
4	0,2851	0,1730	0,0996	0,0550	0,0293	
5	0,4457	0,3007	0,1912	0,1157	0,0671	
6	0,6063	0,4497	0,3134	0,2068	0,1302	
7	0,7440	0,5987	0,4530	0,3239	0,2203	
8	0,8472	0,7291	0,5925	0,4557	0,3329	
9	0,9161	0,8305	0,7166	0,5874	0,4580	
10	0,9574	0,9015	0,8159	0,7060	0,5831	
11	0,9799	0,9466	0,8881	0,8030	0,6968	
12	0,9912	0,9730	0,9362	0,8758	0,7916	
13	0,9964	0,9872	0,9658	0,9261	0,8645	
14	0,9986	0,9943	0,9827	0,9585	0,9166	
15	0,9995	0,9976	0,9918	0,9780	0,9513	
16	0,9998	0,9990	0,9963	0,9889	0,9730	
17	1	0,9996	0,9984	0,9947	0,9857	
18		0,9999	0,9993	0,9976	0,9928	
19		1	0,9997	0,9989	0,9965	
20			0,9999	0,9996	0,9984	
21			1	0,9998	0,9993	
22				0,9999	0,9997	
23				1	0,9999	
24					1	

Tafel 3. Normalverteilung

Tafel 3.1. Wahrscheinlichkeitsdichte $\varphi(u)$

$$\varphi(u) = \frac{1}{\sqrt{2\pi}}\, e^{\frac{-u^2}{2}}$$

u	$\varphi(u)$	u	$\varphi(u)$
0,0	0,3989	2,0	0,0540
0,1	0,3970	2,1	0,0440
0,2	0,3910	2,2	0,0355
0,3	0,3814	2,3	0,0283
0,4	0,3683	2,4	0,0224
0,5	0,3521	2,5	0,0175
0,6	0,3332	2,6	0,0136
0,7	0,3123	2,7	0,0104
0,8	0,2897	2,8	0,0079
0,9	0,2661	2,9	0,0060
1,0	0,2420	3,0	0,0044
1,1	0,2179	3,1	0,0033
1,2	0,1942	3,2	0,0024
1,3	0,1714	3,3	0,0017
1,4	0,1497	3,4	0,0012
1,5	0,1295	3,5	0,0009
1,6	0,1109	3,6	0,0006
1,7	0,0940	3,7	0,0004
1,8	0,0790	3,8	0,0003
1,9	0,0656	3,9	0,0002
2,0	0,0540	4,0	0,0001

Tafel 3.2. Verteilungsfunktion $\Phi(u)$

$$\Phi(u) = \int_{-\infty}^{u} \frac{1}{\sqrt{2\pi}}\, e^{-\frac{u^2}{2}}\, du$$

u	0,00	0,02	0,04	0,06	0,08
0,0	0,5000	0,5080	0,5160	0,5239	0,5319
0,1	0,5398	0,5478	0,5557	0,5636	0,5714
0,2	0,5793	0,5871	0,5948	0,6026	0,6103
0,3	0,6179	0,6255	0,6331	0,6406	0,6480
0,4	0,6554	0,6628	0,6700	0,6772	0,6844
0,5	0,6915	0,6985	0,7054	0,7123	0,7190
0,6	0,7257	0,7324	0,7389	0,7454	0,7517
0,7	0,7580	0,7642	0,7704	0,7764	0,7823
0,8	0,7881	0,7939	0,7995	0,8051	0,8106
0,9	0,8159	0,8212	0,8264	0,8315	0,8365
1,0	0,8413	0,8461	0,8508	0,8554	0,8599
1,1	0,8643	0,8686	0,8729	0,8770	0,8810
1,2	0,8849	0,8888	0,8925	0,8962	0,8997
1,3	0,9032	0,9066	0,9099	0,9131	0,9162
1,4	0,9192	0,9222	0,9251	0,9279	0,9306
1,5	0,9332	0,9357	0,9382	0,9406	0,9429
1,6	0,9452	0,9474	0,9495	0,9515	0,9535
1,7	0,9554	0,9573	0,9591	0,9608	0,9625
1,8	0,9641	0,9656	0,9671	0,9686	0,9699
1,9	0,9713	0,9726	0,9738	0,9750	0,9761
2,0	0,9772	0,9783	0,9793	0,9803	0,9812
2,1	0,9821	0,9830	0,9838	0,9846	0,9854
2,2	0,9861	0,9868	0,9875	0,9881	0,9887
2,3	0,9893	0,9898	0,9904	0,9909	0,9913
2,4	0,9918	0,9922	0,9927	0,9931	0,9934
2,5	0,9938	0,9941	0,9945	0,9948	0,9951
2,6	0,9953	0,9956	0,9959	0,9961	0,9963
2,7	0,9965	0,9967	0,9969	0,9971	0,9973
2,8	0,9974	0,9976	0,9977	0,9979	0,9980
2,9	0,9981	0,9982	0,9984	0,9985	0,9986

Für größere Werte von u:

u	3,0	3,2	3,4	3,6	3,8
$\Phi(u)$	0,99865	0,99931	0,99966	0,99984	0,99993

Tafel 3.3. Irrtumswahrscheinlichkeiten

Standardisierte Variable u	Wahrscheinlichkeit, daß $\mid u \mid$ erreicht oder überschritten wird
0	1
0,25	0,80
0,50	0,60
1	0,30
1,75	0,08
2	0,04
2,6	0,01
3,3	0,001
3,9	0,0001
4,42	0,00001
4,9	0,000001
5,33	0,0000001
5,73	0,00000001
6,11	0,000000001

Tafel 4. Logarithmen mit der Basis 2

Allgemein gilt:

$$\log_2 x = 3{,}32193 \, \log_{10} x$$

Zahlen von 1 bis 99:

	·0	1	2	3	4
0		0,0000	1,0000	1,5850	2,0000
1	3,3219	3,4594	3,5850	3,7004	3,8074
2	4,3219	4,3923	4,4594	4,5236	4,5850
3	4,9069	4,9542	5,0000	5,0444	5,0875
4	5,3219	5,3575	5,3923	5,4263	5,4594
5	5,6439	5,6724	5,7004	5,7279	5,7549
6	5,9069	5,9307	5,9542	5,9773	6,0000
7	6,1293	6,1498	6,1699	6,1898	6,2095
8	6,3219	6,3399	6,3575	6,3750	6,3923
9	6,4919	6,5078	6,5236	6,5392	6,5546

	5	6	7	8	9
0	2,3219	2,5850	2,8074	3,0000	3,1699
1	3,9069	4,0000	4,0875	4,1699	4,2479
2	4,6439	4,7004	4,7549	4,8074	4,8580
3	5,1293	5,1699	5,2095	5,2479	5,2854
4	5,4919	5,5236	5,5546	5,5850	5,6147
5	5,7814	5,8074	5,8239	5,8580	5,8826
6	6,0224	6,0444	6,0661	6,0875	6,1085
7	6,2288	6,2479	6,2668	6,2854	6,3038
8	6,4094	6,4263	6,4430	6,4594	6,4757
9	6,5698	6,5850	6,5999	6,6147	6,6294

Potenzen von 10:

10	3,32193	10^6	19,93158
10^2	6,64386	10^7	23,25351
10^3	9,96579	10^8	26,57544
10^4	13,28772	10^9	29,89737
10^5	16,60965	10^{10}	33,21930

Schrifttumsverzeichnis [1])

Arbeiten zur Informationstheorie. Übersetzung a.d. Russischen, Bd. I, II, III. Berlin (1957–1959) darin insbesondere

Chintschin, A. J.: Der Begriff der Entropie in der Wahrscheinlichkeitsrechnung, Bd. I (1957).

Chintschin, A. J.: Über grundlegende Sätze der Informationstheorie, Bd. I (1957).

Faddejew, D. K.: Zum Begriff der Entropie eines endlichen Wahrscheinlichkeitsschemas, Bd. I (1957).

Kolmogoroff, A. N.. Theorie der Nachrichtenübertragung, Bd. I (1957).

Zaregradski, I, P.: Eine Bemerkung über die Durchlaßkapazität eines stationären Kanals mit endlichem Gedächtnis, Bd. II (1958).

Aylott, E. R. und *Simmonds, E. S.:* Error correction in data transmission. J. of the British Inst. of Radio Engineers 2 (1962).

Baghdady, E. J.: Lectures on communication system theory.
darin: *Elias, P.:* Coding and decoding. New York (1961).

Bell, D. A.: Information theory and its engineering applications. 4. Aufl. London (1967).

Berger, E. R. und *Caspary, I.:* Über die Wirksamkeit von verkürzten *Hamming*-Codes und von Fire-Codes gegenüber stochastisch verteilten Störungen. A. E. Ü. 20 (1966), S. 131–135.

Berger, E. R.: siehe *Steinbuch, K.*

Borel, E.: Probabilités et certitudes. Press Universitaires de France.

Borel, E.: Traité du calcul des probabilités et des ses applications. Ed. Gauthier-Villars, Paris.

Borel, E. und *Deltheil, R.:* Probabilités, erreurs, Ed. Amand Collin.

Brillouin, L.: Science and information theory. New York (1956), 2. Aufl. (1957).

Brillouin, L.: Vie, matière et observation. Ed. Albin Michel, Paris.

Broglie, L. de (Herausg.): La cybernétique, théorie du signal et de l'information (Symposium mit Beiträgen von *Loeb, Fortet* u.a.). Paris (1951).

Cherry, E. C. (Herausg.): Third London symposium on information theory. London (1955).

Cullmann, G. und *Denis-Papin, M.:*
1. Exercices de calcul matriciel et de calcul tensoriel, avec leurs solutions;
2. mit *Malgrange, Y..* Exercices de calcul booléien, avec leurs solutions;
3. Exercices de calcul des probabilités, avec leurs solutions;
4. Cours des calcul opérationel appliqué;
5. Cours de calcul matriciel appliqué,
6. Cours de calcul tensoriel appliqué;
7. Mit *A. Kaufmann:* Eléments de calcul informationnel (1960);
8. Cours de calcul booléien appliqué;
9. Cours moderne de calcul probabilités
   1.–3. Éditions Eyrolles, Paris
   4.–9. Éditions Albin Michel, Paris

Darmois, G.: Statistiques et applications. Éd. Armand Collin DIN 44301 Informationstheorie; Begriffe (Vornorm), Juni 1967.

Ducroq, A.: La Découverte de la cybernétique. Éd. René Julliard.

---

[1]) Dieses Schrifttumsverzeichnis ist vom Übersetzer aus „Eléments du calcul informationnel" übernommen und durch weitere deutsch- und englisch-sprachige Literatur ergänzt worden. Es ist keine Vollständigkeit beabsichtigt.

Elias, P.: siehe *Baghdady, E.J.*

Fano, R. M.: Transmission of information. New York (1961).

Fano, R. M.: Informationsübertragung. Eine statistische Theorie der Nachrichtenübertragung.
München-Wien (1966).

Feinstein, A.: Foundations of information theory. New York/Toronto/London (1958).

Feinstein, A.: A new basis theorem of information theory. Trans. IRE, PGIT-4 (1954), S. 2–22.

Fisz, M.: Wahrscheinlichkeitsrechnung und mathematische Statistik (übers. aus dem Polnischen).
Berlin, 4. Aufl. (1966).

Fréchet, M.: Le principes de la théorie des probabilités. Gauthier-Villars, Paris (1937), 2. Aufl. (1957).

Gabor, D.: La théorie des communications et la physique. In: La cybernétique, théorie du signal et
de l'information. Paris (1951).

Goldman, S.: Information theory. New York, 2. Aufl. (1954).

Guilbaud, G. Th.: La cybernétique. Paris (1954). Englische Übersetzung: What is cybernetics?
London-Melbourne-Toronto (1959).

Guiraud, P.: La sémantique. Presses universitaires de France.

Hamming, R. W.: Error detecting and error correcting codes. The Bell System technical Journal,
Vol. XXIX (1950), S. 147–160.

Hamming, R. M. (Coordinator): Symposium on error detection and correction. In Information-
processing Proceedings of the international Conference on information processing, UNESCO,
Paris 1959, S. 492, flg., London (1960).

Henze, E. und *Homuth, H. H.:* Einführung in die Informationstheorie.
Friedr. Vieweg + Sohn, Braunschweig, 3. Aufl. 1970.

Hoffmann, W.: Digitale Informationswandler. Braunschweig (1962).

Jackson, W.: Communication theory. London (1953).

Jacobs, K.: Die Übertragung diskreter Informationen durch periodische und fastperiodische Kanäle.
Math. Ann. 137 (1959), S. 125–135.

Jeffreys, H.: Theory of probability. Oxford, at the Clarendon Press.

Kullback, S.: Informationtheory and statistics. New York/London (1959).

Khinchin, A. I.: Mathematical foundations of information theory. (übers. aus dem Russischen)
New York (1957).

Lindner, A.: Statistische Methoden für Naturwissenschaftler, Mediziner und Ingenieure. Basel/Stutt-
gart, 3. Aufl. (1960). London symposium on information theory, 1950. New York (1953).

Mann, H. B. (Herausg.): Error correcting codes. Proceedings of a Symposium by the Math. Research
Center. U.S. Army at the Univ. of Wisconsin (1968).

Mc Millan, B.: The basic theorems of information theory. Ann. Math. Statistics 24 (1953), S. 196–219.

Meyer–Eppler, W.: Grundlagen und Anwendungen der Informationstheorie. Berlin/Göttingen/
Heidelberg (1959).

Miller, G. A.: Language and communication. New York (1951).

Moles, A.: Information et cybernétique. Onde Electrique N^0 320.

Neidhardt, P.: Einführung in die Informationstheorie. (191 Literaturstellen!), Berlin/Stuttgart (1957).

NTF-Nachrichtentechnische Fachberichte – Rauschen. NTZ, Beiheft 2. Braunschweig (1955).

Peters, J.: Einführung in die allgemeine Informationstheorie. Berlin/Heidelberg/New York (1967),
266 S.

Peters, J.: Nachrichtentechnik und Entropie. NTZ. **10**, 614–617 (966); Geltungsbereich und Anwendbarkeit der Informationstheorie außerhalb der Nachrichtentechnik. NTZ, **10** (1963) S. 621–625.

Richter, H.: Wahrscheinlichkeitstheorie, Berlin/Göttingen/Heidelberg (1956).

Roquet, R.: Théorie et technique de la transmission télégraphique. Ed. Eyrolles, Paris.

Ruyer, R.: La cybernétique et l'origine de l'information. Ed. Flammarion.

Sainte-Lague, A.: Le sondage des opinions. Science et Vie (1944).

Shannon, C. E.: The mathematical theory of communication. Urbana: The University of Illinois Press (1949), 9. Aufl. (1962).

Schmetterer, L.: Einführung in die mathematische Statistik. Wien (1956).

Schmetterer, L.: Literaturbericht zu Informationstheorie. Blätter der Deutschen Gesellschaft für Versicherungs-Mathematik IV (1960), S. 259–266.

Steinbuch, K.. Automat und Mensch. Kybernetische Tatsachen und Hypothesen. Berlin/Heidelberg/ New York, 3. Aufl. 1967.

Steinbuch, K.: Taschenbuch der Nachrichtenverarbeitung. Darin: *Berger, E. R.:* Nachrichtentheorie und Codierung. Berlin/Göttingen/Heidelberg (1962).

Symposium on Information Theory, 1956. IRE Transactions on Information Theory, IT-2, N^0 3 (1956) New York.

International Symposium on Information Theory, 1962. IRE Transactions on Information Theory, IT-8, N^0 5 (1962) New York.

Vessereau, A.: La statistique. Presses Universitaires de France.

Wiener, N.: Kybernetik. Düsseldorf (1963). Übersetzung von: Cybernetics, MIT (1948).

Wolfowitz, J.: Coding theorems of information theory. Berlin/Göttingen/Heidelberg/New York, 2. Aufl. 1964.

Wolter, H.: Zu den Grundtheoremen der Informationstheorie, insbes. in der Nachrichtentechnik. A. E. Ü. 12 (1958), S. 335–345.

Woodward, P. M.: Probability and information theory, with application to Radar. Oxford (1953).

Zemanek, H.: Alphabete und Codes. München (1967).

Zemanek, H.: Elementare Informationstheorie. Wien/München (1959).

Statistische Tafeln

Mehr oder weniger umfangreiche Tafeln enthalten fast alle Bücher über Statistik. Darüber hinaus sollen noch aufgeführt werden:

Lindner, A.: Handliche Sammlung mathematisch-statistischer Tafeln (aus „statistische Methoden" des gleichen Verf. abgedruckt). Basel/Stuttgart (1961).

Fisher, R. A. und *Yates, F.:* Statistical tables for biological, agricultural und medical research. Edinburgh, 5. Aufl. (1957).

Pearson, E. S. und *Hartley, H. O.:* Biometrical tables for statisticians, Vol. I. Cambridge, 2. Aufl. (1962).

Zusätzliche Literatur

Fey, P.: Informationstheorie. 3. Auflage, Akademie-Verlag, Berlin 1967.

Jaglom, A. M. und *Jaglom, I. M.:* Wahrscheinlichkeit und Information. 3. Auflage, VEB Deutscher Verlag der Wissenschaften, Berlin 1967.

Raisbeck, G.. Informationstheorie. Akademie-Verlag, Berlin 1971.

Rényi, A.: Wahrscheinlichkeitsrechnung, mit einem Anhang über Informationstheorie. 2. Auflage, VEB Deutscher Verlag der Wissenschaften, Berlin 1966.

Rosanow, J. A.: Wahrscheinlichkeitstheorie (WTB). Akademie-Verlag, Berlin 1970.

Woschni: Information und Automatisierung. VEB Verlag Technik, Berlin 1970.